AF344062

CHARLES BATAILLARD

L'ANE GLORIFIÉ

L'OIE RÉHABILITÉE

LES TROIS PIGEONS—L'ÉCOLE DE VILLAGE ET L'ANE SAVANT

PARIS

LIBRAIRIE D'ALPHONSE LEMERRE

PASSAGE CHOISEUL, 27–29.

1873

L'ANE GLORIFIÉ,

L'OIE RÉHABILITÉE,

LES TROIS PIGEONS, L'ÉCOLE DE VILLAGE ET L'ANE SAVANT;

PAR

Charles BATAILLARD,

Avocat, ancien Magistrat, membre de la Société des Antiquaires de France,
de la Société philotechnique de Paris, des Académies de Caen, d'Évreux,
de Troyes, etc.,... et de la Société protectrice des Animaux.

Tiré à 300 exemplaires.

PARIS

LIBRAIRIE D'ALPHONSE LEMERRE,

PASSAGE CHOISEUL, 27-29.

1873

Ce que je vois parmi les hommes m'attriste
et bien souvent soulève mon indignation. J'ai
pris le parti de tourner mon attention du côté
des bêtes et de m'attacher aux plus maltraitées.

C. B.

L'ANE GLORIFIÉ.

On trouvera dans cet opuscule un assez grand nombre de citations tirées d'auteurs latins. C'est un petit assaisonnement qui ne déplaira pas, je pense, aux lecteurs lettrés. Quant aux lectrices, ces citations ne doivent pas les effrayer : utiles pour justifier les assertions du texte, elles ne sont pas nécessaires à son intelligence, leur sens étant toujours indiqué par ce qui les précède ou ce qui les suit.

L'ANE GLORIFIÉ

CHAPITRE I.

L'ANE PRIMITIF DÉGRADÉ PAR LE CONTACT DE
DE L'HOMME.

Il semble que la nature ait pris plaisir à rapprocher certaines espèces d'un même genre ou d'une même famille pour faire valoir les unes aux dépens des autres, élever celles-ci à une sorte de noblesse et livrer celles-là à une infériorité relative, par fois même à l'ironie et aux sarcasmes. C'est ainsi que le cerf a fait tort au chevreuil, le cygne à l'oie, le cheval à l'âne.

On est généralement d'avis, aujourd'hui du moins, que le cheval l'emporte sur l'âne par la taille, la force, la vitesse, l'élégance de ses formes et la fierté de ses attitudes. L'éducation privilégiée dont il est l'objet ajoute encore aux avantages qu'il tient de sa naissance; mais si le cheval n'existait pas, ce serait certainement en pensant à l'âne que Buffon, élevant vers le ciel des yeux reconnaissants et secouant sa manchette de dentelle, eût écrit de sa plume d'or ces magnifiques paroles : « La plus noble conquête que l'homme ait jamais faite est celle de ce fier et fougueux animal (1)... » — Halte-là, s'écriera-t-on! Buffon n'aurait pas dit *fier et fougueux*... — Pardon. Vous ne connaissez d'ânes que ceux d'Europe au XIXe siècle, mais ceux d'autrefois, ceux d'Orient surtout, étaient bien plus grands, plus nobles, plus agiles, plus rapides que vos contemporains.

En Arabie, en Palestine, on les préférait aux chevaux (2). La Bible en fait foi.

Dans ces marches de quarante ans que fit Moïse à travers l'Arabie, quinze ou seize siècles avant la venue du Messie, il arriva que les Hébreux, campés à Settim s'abandonnèrent au péché avec les filles de Moab et de Madian. Moïse extermina les Madianites;

(1) BUFFON, *Le Cheval*.
(2) BARONIUS. *Annales ecclesiastici*, t. II, p. 394. — ORIG. *in Job*, lib. I, XXVI.

ses soldats passèrent tous les mâles au fil de l'épée.
Ils avaient fait prisonniers les femmes et les enfants
et amené tout le butin au prophète, bêtes et gens.
Moïse entra dans une grande colère de ce qu'on avait
sauvé les femmes : « Ne sont-ce pas elles, s'écria-t-il,
qui ont séduit les enfants d'Israël selon le conseil de
Balaam ?... Il fit en conséquence massacrer les femmes
et les enfants mâles sans en excepter un seul (1). »
Mais, avait-il ajouté, réservez pour vous toutes les
petites filles et toutes les autres qui sont vierges. »
Après cette boucherie on compta le butin dans lequel
il se trouva 675 mille brebis, 72 mille bœufs, 32 mille
vierges et 61 *mille ânes*. Tout ce *bétail* fut partagé
entre les vainqueurs et l'on réserva notamment « pour
la part du seigneur » 16 mille vierges et 31,500 ânes.
Singulier traitement moral ! on détruit toute une
nation, parce que les Israëlites ont succombé aux séductions des femmes de Moab et de Madian, et l'on
distribue à ces mêmes Israëlites 32 mille vierges
Moabites et Madianites ! C'était déjà de l'homœopathie.
Il est douteux qu'elle ait opéré guérison. Selon toute

(1) Le livre des *Nombres* attribué à Moïse, dit cependant,
qu'il était le plus doux des hommes. « Erat enim Moyses
vir mitissimus super omnes homines qui morabantur in
terra. » *Nombres*, ch. XII.

probabilité, au contraire, les malades ne demandaient
pas mieux que de subir une rechûte, ne fut-ce que
pour obtenir une seconde fois le remède. Celà du
reste s'écarte un peu de notre sujet, mais ce qu'il
importe de remarquer, c'est que, parmi les bêtes si
soigneusement dénombrées, il n'est pas fait mention
d'un seul cheval. N'est-il pas évident par là que la
cavalerie des Madianites était montée sur des ânes et
que Moïse les avait gardés pour remonter la sienne(1)?

Ce n'est pas que les chevaux fussent inconnus en
ce temps-là dans les pays traversés par les Hébreux.
On a la preuve du contraire dans le dernier livre de
Moïse (2), et surtout dans le livre de Josué. Lorsque
ce lieutenant et successeur de Moïse prit le commandement du peuple de Dieu, il eut aussi des ennemis
à combattre avant d'arriver au bord du Jourdain.
Quand il eut vaincu Jabin, Roi d'Asor et les autres
qui s'étaient ligués avec lui, « il tua tout, sans rien
laisser échapper », mit le feu aux charriots des ennemis et *coupa les nerfs des jambes de leurs chevaux...*
Il prit, ensuite Asor et les autres villes des vaincus,
les réduisit en cendre, et passa tous les habitants au

(1) *Nombres*, chap. XXXI.
(2) *Deuteronome*, chap. XVII, v. 16 : « Non multiplica-
bit sibi equos... »

fil de l'épée (1). Le massacre des hommes, des femmes et même des enfants n'est rien ici pour nous, mais les jarrets coupés aux chevaux nous intéressent particulièrement. Pourquoi mutiler ces pauvres bêtes et les mettre hors de service, tandis que l'on conservait les baudets, si ce n'est parce que les ânes étaient, en Orient, il y a trois ou quatre mille ans, préférés aux chevaux, dont on faisait alors peu de cas, ainsi que nous l'avons avancé.

L'âne était en effet, alors et dans ces contrées, la monture de prédilection non-seulement des troupes mais des personnages de distinction.

Le livre des Juges nous montre une grande dame d'Israël, Axa, cheminant sur un âne. (2).

Le même livre dit que Jaïr, juge d'Israël, « avait trente fils qui montaient sur trente poulains d'ânesses et qui étaient princes de trente villes au pays de Galaad (3) » et qu'un autre juge, Abdon, qui gouverna huit ans le peuple de Dieu, « avait quarante fils et de ces fils trente petits-fils, qui montaient tous sur soixante-et-dix poulains d'ânesses (4)! »

(1) Josué, chap. XI, v. 6 et 9.
(2) *Les Juges*, ch. I. — V. aussi sur cette monture d'Axa Josué, ch. XV, v. 18.
(3) *Ibid.*, ch. X.
(4) *Ibid.*, ch. XII.

Débora, apostrophant les princes d'Israël dans son fameux cantique, leur dit : « Parlez, vous autres, qui montez sur des ânes d'une force et d'une beauté singulières (1)... »

Est-il besoin d'autres preuves pour établir la supériorité des ânes sur les chevaux à cette époque reculée de l'antiquité?

Aristote atteste que, dans l'Inde, l'âne sauvage était doué d'une très-grande force et d'une insigne vitesse (2). »

C'est sans doute à raison de ces qualités, qu'au témoignage de Strabon, les anciens habitants du Kerman, (province de Perse), employaient les ânes à la guerre, et les immolaient au Dieu Mars (3). Il en était de même des Saracéniens (peuple de l'Arabie heureuse) qui se servaient plus volontiers des ânes pour les combats que des chevaux, et les offraient à Mars en sacrifice comme étant des animaux guerriers et sans peur (4). Les Scythes sacrifiaient aussi des

(1) *Ibid.*, ch. v.

(2) *Histoire des animaux* avec la traduction françoise, par M. Camus ; 2 vol. in-4°, Paris, 1783, t. II, p. 80.

(3) « Carmani, quod... asinis in bello uterentur, asinum Marti sacrificarunt. » Strab. xv. — Pitiscus, *Lexicon antiquit. roman.* V° *Asinus.*

(4) Strab., lib. XV ; Ælian., liv. XII, ch. xxiv ; Tris-

ânes à Mars (1). N'est-on pas autorisé à conclure de ces rapprochements que les Scythes, comme les Saracéniens et les Perses, employaient les ânes dans leurs armées ?

Quant aux Scythes cependant il faut distinguer les époques. Il fut un temps où ils ne connaissaient guère les ânes et les mulets, où surtout ils n'en avaient pas encore dans leurs armées. Ainsi, dans la guerre qu'ils soutinrent contre les Perses commandés par Darius, le cri des ânes et la vue des mulets des Perses suffisaient pour effrayer la cavalerie des Scythes. « Il arrivait souvent que celle-ci allait à la » charge, dit Hérodote ; mais si, sur ces entrefaites, » les chevaux entendaient les cris des ânes, ils dres- » saient les oreilles d'étonnement et reculaient » troublés (2). » C'est peut-être des Perses que les Scythes apprirent quels services militaires ils pouvaient attendre des ânes.

On assure qu'il y avait jadis beaucoup d'ânes sauvages en Sardaigne (3) et qu'au XVIIIe siècle on en

TAN, *Commentaires historiques*, 3 vol. in-f⁰; Paris, 1644, t. II, p. 582.

(1) MONTFAUCON, l'*Antiquité expliquée*, t. II. p. 158.

(2) HÉRODOTE, liv. IV, §§ 128 et 129, édition du *Panthéon littéraire*, p. 159.

(3) V. BUFFON et le témoignage de Marmol-Carvajal, sur lequel il s'appuie.

voyait encore en grand nombre dans les déserts de
Lybie et de Numidie, en Phrygie, en Lycaonie, où
l'on en avait vu de toute ancienneté (1), enfin en
Arabie et au cap de Bonne-Espérance (2).

La race des ânes d'Arcadie était célèbre dans la
Grèce, comme en Italie celle des ânes de Réate (3).

A Rome les ânes étaient d'une très-grande valeur
au siècle d'Auguste. Pline raconte que le sénateur
Q. Axius acheta un âne, un seul âne, quatre cent
mille sesterces, environ 80,000 fr. de notre monnaie !
Pline ajoute que, dans la Celtibérie (Arragon), une
ânesse pouvait produire par les ânons qui naissaient
d'elle jusqu'à pareille somme de quatre cent mille
sesterces (4). Que nos ânes sont loin du mérite et de
la valeur de leurs ancêtres ! Le plus magnifique
baudet reproducteur envoyé à Paris, à l'Exposition
universelle de 1867, celui qui obtint le premier prix,
n'était estimé par les connaisseurs que douze ou

(1) « ... Asinorum genera duo, unum ferum, quos vocant onagros, in Phrygia et Lycaonia sunt greges multi ;
alterum mansuetum, ut sunt in Italia omnes. » VARRON.

(2) *Dict de Trévoux*, v° *Ane*.

(3) « Asini Arcadici in Græcia nobilitati, in Italia Rea-
tini. » VARRON, *Rerum rusticarum*, lib. II, cap. I, Collect.
Nisard, p. 104.

(4) PLINE, *Hist. nat.* liv. VIII, § 68.

quatorze mille francs (1)! Encore craignait-on de le surfaire! Ne jugeons donc point du passé par ce que nous avons sous les yeux.

Du temps de Chardin, au XVIIe siècle, il existait en Perse « une race d'ânes d'Arabie qui étaient les plus jolies bêtes et les premiers ânes du monde. Ils ont, dit Chardin, le poil poli, la tête haute, les pieds légers; ils les lèvent avec action, marchent bien et l'on ne s'en sert que pour montures... On les achète fort cher... On les panse comme des chevaux, on leur apprend à aller l'amble... ils vont si vite qu'il faut galoper pour les suivre (2). »

Bien soignés, les ânes de Perse n'ont pas dégénéré. Aujourd'hui encore, « leur taille égale celle des chevaux; leurs formes sont sveltes, leur physionomie animée et intelligente. Employés à tous les usages qui, chez nous, sont l'apanage des chevaux, ils rendent les mêmes services et la rapidité des ânes de selle est si bien connue que les riches Persans préfèrent cette monture à toute autre (3). »

(1) SOCIÉTÉ D'ACCLIMATATION : La *production animale et végétale : Études faites sur l'Exposition universelle de* 1867. 1 vol. in-8°, Paris, 1867, p. 40.

(2) *Voyage de* CHARDIN, t. II, p. 26 et 27, cité par BUFFON, *l'Âne.*

(3) D'ORBIGNY, *Dict. univ. d'hist. naturelle,* grand in-8° à 2 col., Paris, 1841 et années suiv., v° *Cheval.*

« Dans les climats excessivement chauds, comme
aux Indes et en Guinée, (1), ils sont plus grands, plus
forts et meilleurs que les chevaux du pays. Ils sont
même en grand honneur à Maduré (2) où l'une des
plus considérables et des plus nobles tribus des Indes
les revère particulièrement parce qu'ils croient que
les âmes de toute la noblesse passent dans le corps
des ânes. » C'est Buffon qui parle (3), et Buffon ne
constate qu'un préjugé contre lequel nous protestons
au nom de l'égalité.

Le P. de Bourzes, de la Compagnie de Jésus, écrivait le 21 septembre 1713 de la mission de Maduré
qu'une des nombreuses castes des Indes, celle des
Cavanavadouquer « une des bonnes, la caste même
du Roi, prétendait descendre tout entière en droite
ligne d'un âne, qu'elle s'en faisait honneur et que
ceux de cette caste traitaient les ânes comme leurs
propres frères... Ils ont souvent, ajoutait-il, moins
de charité pour les hommes que pour ces sortes de
bêtes : Dans un temps de pluie, par exemple, ils
donneront le couvert à un âne et le refuseront à son

----

(1) Bosman. *Voyage en Guinée*, Utrecht, 1705, p. 239
et 240.
(2) *Lettres édifiantes*, XII⁰ recueil, p. 96.
(3) Buffon, l'*Ane*.

conducteur, s'il n'est pas d'une bonne caste (1). »

Si les ânes de Maduré avaient eu le plus petit grain de sottise ou de vanité, rien ne leur eût été plus facile que de se faire passer pour nobles. Tout les y invitait : les préjugés, l'opinion, la religion elle-même. Loin de les repousser, l'aristocratie la plus orgueilleuse le traitait « en frères ». Il ne paraît pas cependant qu'aucun d'eux ait tenté de se faire appeler *le baron Martin*, *le comte Boudet*, *le marquis du Moulin*, *le duc de Madras*, ou même simplement *Monsieur d'Aliboron*. Mais a-t-on jamais rencontré, même à Maduré, un âne « paré des plumes du paon ? »

« C'est proprement le mal françois. »

De l'Arabie, qui paraît être leur première patrie, les ânes ont passé en Barbarie (2) et en Égypte où ils ont conservé une partie notable de leurs mérites originaires parce qu'on a continué là d'avoir pour eux les égards et les bons procédés qui leur sont dus. « De nos jours encore, l'âne est la monture favorite des Égyptiens (3). » Nos savants n'en ont pas eu

(1) *Lettres édifiantes*, XIIe recueil, p. 97 et 98.
(2) *Voyage de* SHAW, t. I, p. 308.
(3) M. BOURGUIN, *Rapport à la Société d'acclimatation sur les animaux domestiques de l'antique Égypte.*

d'autre lorsqu'en 1798 ils accompagnèrent Bonaparte dans son aventureuse expédition d'Egypte. C'était sur des ânes qu'ils marchaient à la suite ou sur les flancs de l'armée. Les soldats admiraient leur bravoure et les aimaient beaucoup. Aussi, lorsque l'ennemi paraissait au loin, l'armée ne manquait-elle pas de s'écrier: « Au centre les ânes! » et les fondateurs de l'institut du Caire venaient en riant se placer au milieu des bataillons carrés ou des régiments dont ils partageaient gaiement les dangers.

C'étaient aussi des ânes que montaient d'autres savants Français lorsqu'en novembre 1869 ils assistaient à l'inauguration du canal de Suez; tous les journaux du temps l'attestent. Ils parcouraient à âne jusqu'à quatorze lieues dans une journée (1). Bon nombre de membres de l'Académie des Sciences ont fait ce voyage. Lorsqu'ils naviguaient sur le Nil vers la haute Égypte, on embarquait autant d'ânes que d'académiciens (2). En bateau les savants remorquaient les ânes. Mettait-on pied à terre, les ânes portaient les savants.

Il faut s'entr'aider...

Enfin, quand le Khédive, qui traitait royalement

(1) *Journal des Débats* du 27 novembre 1869.
(2) *Journal des Débats* du 22 novembre 1869.

ses hôtes, voulut, à la même époque, honorer l'Empereur d'Autriche de fêtes dignes de rivaliser avec les jeux Olympiques de l'ancienne Grèce, après des courses de chevaux et de dromadaires, il lui donna le spectacle très-sérieux, non burlesque, d'une course d'ânes (1)!

Il n'en est pas ainsi dans notre Occident où tout est soumis aux mobiles caprices de la mode. On y essaie aujourd'hui d'acclimater et d'atteler des hémiones auxquels on donne des soins particuliers. Des soins semblables donnés à l'âne et secondés par sa docilité lui rendraient peut-être ses vertus premières. Pourquoi pas? On en pouvait citer encore quelques exemples avant notre révolution de 1789. « M. de Père, colonel au régiment de Piémont, avait six ânes de moyenne taille qu'il attelait à sa voiture et qui galopaient comme des chevaux (2). » A la même époque « il y avait dans nos provinces méridionales des postes qui n'étaient desservies que par ces animaux : une à Saint-Symphorien, en Dauphiné, venant au faubourg de la Guillotière à Lyon; une

____

(1) Au Caire, le 22 novembre 1869, sur l'hippodrome de l'Abassieh. *Journal des Débats* du 6 déc. suivant.

(2) *Encyclopédie, Médecine*, v° *Ane*, édition in-4°, p. 694 et suiv.

autre à Lunel, dans le bas Languedoc (1). » Il y avait aussi une poste aux ânes à Melun et dans bien d'autres lieux (2).

Le Poitou est peut-être la seule partie de la France où l'âne soit resté grand, fort et beau, parce que son éducation, soigneusement dirigée, est la base de la production mulassière, l'une des industries les plus lucratives de cette contrée (3).

Partout ailleurs, chez nous, les ânes à quatre pieds sont passés de mode et négligés : Ceux même qui servent à nos plaisirs au bois de Boulogne ou à Montmorency sont maigres et ruinés. Aussi peut-on appliquer à cet intéressant animal, à bien peu d'exceptions près, cette vérité proclamée par le philosophe de Genève que « si tout est bien sortant des mains de l'Auteur des choses, tout dégénère entre les mains de l'homme (4). » Oui ! L'âne, il faut en convenir, a bien

(1) *Encyclopédie, Médecine*, vᵒ *Ane*, édition in-4º, p. 694 et suiv.

(2) *Dict. de* FURETIÈRE, vᵒ *Asne*, et *Dict. de Trévoux*, vᵒ *Ane*.

(3) *Ibid.* — V. en outre, *Société d'acclimatation* etc. *Rapport de* M. LEBLANT *sur les chevaux et les chiens*, p. 37 ; et *Rapport de* M. LE DOCTEUR RICHARD (du Cantal) *sur l'industrie mulassière*, p. 39-41.

(4) *Émile.*

dégénéré parmi nous. Au lieu de l'étriller, de lui prodiguer une nourriture de choix, de lui apprendre à aller l'amble, de le harnacher richement, de lui faire porter des guerriers, des prophètes ou des sultanes et des almées dont la blanche main caresserait amoureusement son encolure, on néglige son éducation, on laisse le soin aux bourbiers de le rafraîchir, aux ronces de peigner son toupet, sa crinière ou sa queue, on lui met une corde au cou, sur le dos un bât qui l'écorche, par-dessus le bât une lourde charge et par-dessus la charge un Gros-Jean qui l'accable d'injures et de coups de bâton, ou Javotte qui, moins bruyante mais plus féroce, fait couler le sang de la pauvre bête en lui enfonçant la lame acérée de son couteau sur la croupe, à la naissance de la queue, ou même sous la queue, par un rafinement de barbarie dont on devrait croire incapable un sexe pudique et sentimental!

Soumettez l'homme le mieux doué, le plus heureusement né, à de semblables traitements, à cette translation d'un climat dans un autre, à cette privation absolue de soins matériels et d'éducation, réduisez-le en servitude, donnez-lui des maîtres brutaux et grossiers, ne lui accordez de nourriture que tout juste ce qu'il faut pour l'empêcher de mourir de faim et j'ose affirmer que, s'il survit à tout cela, en moins de trente ans, il aura dégénéré plus vite intellectuellement et physiquement que l'âne d'Arabie, transporté loin du pays de ses pères, ne l'a fait au bout de deux cents générations ! Et le moral de l'homme, comment résisterait-il à tant d'épreuves ? son caractère s'aigrirait, il deviendrait hargneux, haineux, vindicatif ; il aurait bientôt tous les vices.

L'âne, au contraire au milieu des plus cruelles traverses, conserve intacte son intelligence, et ses vertus résistent à tout : son courage, sa sobriété, sa douceur, sa patience, sa résignation ne se démentent pas un instant. Il porterait des reliques sans orgueil, de même qu'on l'a vu, de toute ancienneté, porter sans respect humain de l'huile ou des légumes au marché :

> Sœpe oleo tardi costas agitator aselli
> Vilibus aut onerat promis... (1)

Aussi stoïcien qu'Épictète, il supporte comme lui les coups de bâton sans s'en émouvoir et même sans hâter le pas pour les éviter :

> Adspice ut auritus miserandæ sortis asellus
> Assiduo domitus verbere lentus eat (2).

(1) VIRGILII *Georg.*, lib. I, versu 274.
(2) OVID. *Amorum*, lib. II, Eleg. VII, versu 15.

Aucune torture ne saurait lui inspirer ni la moindre pensée d'insurrection ni le désir de se venger : pas un gémissement, pas un murmure ! « L'âne n'a point de fiel », a dit Aristote (1). Heureux ou malheureux, il meurt avec le même calme qu'il a vécu, pratiquant le précepte d'Horace :

> Æquam memento rebus in arduis
> Servare mentem, non secus in bonis (2).

Il est vrai que l'âne dépaysé a sur l'homme éloigné de sa patrie un avantage qui aide à supporter bien des tribulations, c'est de pouvoir s'entendre partout avec ses compagnons d'infortune. Il n'existe en effet, pour les ânes des cinq parties du monde, qu'un seul langage, tandis que transplantés seulement d'un bout à l'autre du même royaume, les hommes ne s'entendent guère mieux que les ouvriers de la fameuse tour de Babel : un bas-Breton ne comprend pas plus un basque, qu'un provençal un alsacien. L'homme est encore à la recherche de cette langue unique et universelle qui permettrait à tous les peuples du globe terrestre de converser ensemble ; l'âne possède cette langue depuis la naissance du monde.

(1) *Hist. des animaux,* t. II, p. 78.
(2) *Od.* 3, lib. II,

Ce qui doit contribuer plus encore à la résignation philosophique d'un âne malheureux, c'est la certitude de n'avoir rien fait pour attirer sur lui l'adversité. Il ne s'est pas un seul jour écarté des lois que lui a données le créateur : sa conscience est en repos. L'homme, au contraire, est la plupart du temps l'anteur de ses maux. Pourquoi? Parcequ'il est le seul animal raisonnable ou plutôt raisonneur. S'il n'avait, comme les autres bêtes, que l'instinct pour guide, il ne ferait pas de sottises, n'aurait point de vices, ne commettrait pas de crimes et ne connaîtrait point les remords.

Combien le sort de l'âne serait préférable à celui de l'homme, si l'homme n'en avait pas fait son esclave !

CHAPITRE II.

QUESTIONS NEUVES TOUCHANT LE DROIT D'AÎNESSE.

Le droit d'aînesse, les prérogatives et les difficultés qu'il a soulevées, ont de temps immémorial exercé la sagacité des physiologistes, des philosophes, des législateurs et des jurisconsultes. On a écrit sur cette matière tant de gros et savants volumes qu'on pourrait croire qu'il ne nous reste plus rien à dire. L'intérêt qui s'attachait à ces questions a été réduit à peu de chose par les principes nouveaux qui régissent la société, particulièrement la nôtre, depuis 1789 et à peu près à rien depuis que, sous le règne du roi Charles X, la plus aristocratique de nos assemblées politiques modernes, en rejetant un projet de loi fameux, a refusé de remonter le fleuve du temps.

Cependant on a vu des gouvernements

Au char de la raison attelés par derrière.

marcher à reculons dans la voie du progrès; il n'est pas impossible que certaines nations retournent vers le moyen-âge. La question du droit d'aînesse a donc quelques chances de renaître, et dès lors il est permis d'y revenir, surtout si l'on ouvre à l'esprit du lecteur des horizons nouveaux. Nous allons aborder des difficultés toutes neuves bien qu'elles remontent à la création, et d'un intérêt durable puisqu'elles sont (plusieurs d'entre elles du moins) de nature à rester pendantes jusqu'à la fin du monde.

Nous examinerons le grand problème du droit d'aînesse au triple point de vue... de l'âne, du cheval et de l'espèce humaine.

L'âne est-il l'aîné du cheval, ou le cheval l'aîné de l'âne ?

Cette question tomberait d'elle-même, s'il était démontré que les deux races n'en font qu'une (1), soit que le cheval dût être considéré comme un âne dégénéré, soit que l'on admit que l'âne est un cheval perfectionné par diverses circonstances de temps, de lieux, de climat ou d'alimentation. Cette doctrine

(1) C'est encore l'avis de M. d'Orbigny. V. son *Dictionnaire universel d'Histoire naturelle*. C'est au mot *Cheval* qu'il traite de l'*Ane*.

de l'unité d'espèce a été professée par plusieurs naturalistes frappés surtout de la ressemblance de la
charpente osseuse et des organes intérieurs des deux
animaux et de leur faculté de produire ensemble
des rejetons. Mais les dissemblances l'ont emporté
sur les analogies : ni la tête, ni la queue, ni les
oreilles, ni le cuir et le pelage, ni la voix, non plus
que les aptitudes et les qualités physiques et morales
du cheval et de l'âne ne sont les mêmes. Le produit
commun n'est semblable ni à son père ni à sa mère :
c'est un être hybride, qui tient de l'un et de l'autre
et qui cependant ne forme pas une espèce nouvelle
puisqu'elle ne saurait se perpétuer. Il est admis aujourd'hui que si le cheval et l'âne appartiennent à
la même famille, ils forment néanmoins deux espèces
distinctes sorties séparément des mains du Tout-
Puissant. La question d'aînesse reste donc entière.

Mais comment la résoudre ? L'âne et le cheval,
comme tous les animaux terrestres, ont fait partie
de la création du sixième jour, sans que la Genèse
nous dise lequel des deux quadrupèdes a le premier
ouvert les yeux à la lumière. Nous avons beau in-
terroger les révélations que les archéologues ont
obtenues de l'âge de la pierre brute ou de la pierre
polie, de l'âge de bronze ou de l'âge de fer, nous
n'en sommes pas plus avancés : obscurité complète

dans l'état actuel de la science. Nous engageons donc les savants à se livrer avec ardeur à de nouvelles études pour trouver la solution du problème.

Devons-nous, quant à présent, nous contenter de la déclaration de Buffon, « que la noblesse de l'âne est tout aussi bonne, tout aussi ancienne que celle du cheval, quoiqu'elle soit moins illustre (1)? » Non.

Si la noblesse tient moins au hasard d'une date de naissance qu'à l'ancienneté et à l'utilité des services rendus, nous pouvons affirmer que l'âne est plus noble que le cheval. La paléontologie n'en dit rien, il est vrai, mais il ne restera guère de doute à cet égard si nous consultons les monuments les plus anciens de l'éducation de l'homme et de sa civilisation. Pénétrons, avec M. Bourguin (2), dans le temple égyptien de l'Exposition universelle; nous y trouverons à côté des hiéroglyphes et des produits les plus anciens de la statuaire, musée et spécimen de l'art des Pharaons, des peintures ornant les tombeaux de deux fonctionnaires de la IVe dynastie,

(1) Buffon, l'*Âne*.

(2) *Les animaux domestiques de l'antique Égypte*, Rapport de M. Bourguin, dans un vol. intitulé : *Société imp. d'acclimatation. La production animale et végétale. Études faites à l'Exposition universelle de 1867*. in-8°, Paris, 1867.

nommés l'un Ti et l'autre Phtah-Hotep. Les égyptologues, dont l'opinion fait autorité, estiment que ces peintures datent de quatre mille ans environ avant notre ère. Elles sont divisées en stèles ou panneaux qui nous offrent les scènes les plus variées de la vie des champs et des habitudes de cette époque. Dans l'une de ces stèles « deux jeunes gens conduisent une troupe d'ânes. » Dans une autre « on charge un âne d'un panier très-haut de forme, assez semblable à ces paniers couverts de rideaux, dans lesquels voyagent les femmes arabes à dos de chameau. » Dans une autre encore, « trois ânes sont conduits par un homme. » « De l'ensemble de ces peintures, il résulte qu'à l'époque la plus reculée de leur histoire les Égyptiens avaient l'âne parmi leurs animaux domestiques... et, de l'absence du cheval sur tous ces tableaux, qu'il ne vivait pas dans la demeure des anciens habitants de l'Égypte... Les Égyptiens ne le connurent que beaucoup plus tard (1). » C'est ce qu'affirme aussi M. Mariette-Bey. « L'Égypte, dit-il, n'a pas connu les chevaux jusqu'aux campagnes de Toutmès III (XVIIIe dynastie) en Asie, bien que de toute antiquité elle ait connu les ânes. » — « C'est donc vers la fin du XVIIe siècle

(1) *Ibid.*, p. 24 et 25.

avant notre ère que le cheval, animal asiatique, fut
introduit en Égypte (1). » Cette opinion de M. Mariette-Bey s'accorde avec la Genèse qui fixe l'é-
poque de l'apparition du cheval en Égypte au temps
où cette contrée fut gouvernée par Joseph.

Un savant archéologue, M. François Lenormant,
a cependant émis l'opinion que le cheval aurait
servi en qualité d'animal domestique dès la plus
haute antiquité chez les peuples Aryens avant que
leurs tribus réunies dans la Bactriane, leur patrie
primitive (aujourd'hui province de l'empire persan),
se fussent divisées pour se répandre les unes dans
l'Europe, les autres dans la Perse et dans l'Inde.
« Nous n'avons ici pour nous guider, avoue M. Lenormant « ni représentations monumentales, ni in-
scriptions, ni textes formels, » mais notre opinion se
fonde « sur ce qu'on a nommé, par une expression
très-heureuse, la paléontologie linguistique... Les
mots qui se retrouvent à la fois dans le sanscrit,
langue sacrée de l'Inde, dans le zend, antique
idiôme des Iraniens et dans les langues de l'Europe,
sans avoir sensiblement changé de forme et de si-
gnification, donnent la mesure du degré de civilisation qu'avaient atteint les diverses tribus des Aryas

(1) *Ibid.*, p. 25, note.

occidentaux et orientaux lorsqu'elles vivaient encore côte à côte dans la Bactriane... Le nom du cheval est le même dans tous les idiômes Aryens. C'est le sanscrit *açva*, le zend *açpa*, le persan *asp*, l'arménien *asb*, le lithuanien *aszwà*, le latin *equus*, le grec ἵππος... Pour ce qui est de l'âne, au contraire, il n'était ni connu ni employé des Aryas avant leur séparation et dans leur patrie primitive, car il n'a pas de nom commun chez les divers peuples qui en descendent... Les conclusions sont faciles à tirer de ces faits linguistiques : Le cheval a *été employé* par les Aryas, *comme animal domestique*, dès l'époque la plus ancienne où nous puissions remonter dans leur histoire... l'âne, au contraire, à la même époque, était totalement inconnu des Aryas (1)... »

Ces assertions et leurs conséquences nous semblent un peu hasardées :

1° Si la paléontologie linguistique reconnaît une racine commune dans les mots *açva*, *açpa*, *asp*, *asb* et *aszwà*, il est difficile de reconnaître la même racine dans les mots *equus* et ἵππος. La physionomie de ces derniers mots est si différente de celle des quatre premiers qu'elle nous rappelle presque malgré nous

----

(1) *Comptes-rendus hebdomadaires des Séances de l'Académie des Sciences*, t. LXX, p. 276, séance du 7 fév. 1870.

cette épigramme bien connu du chevalier de Cailly :

> *Alfana* vient d'*equus*, sans doute,
> Mais il faut avouer aussi
> Qu'en venant de là jusqu'ici
> Il a bien changé sur la route.

2° Les Aryas ont pu, comme les Israélites, connaître les chevaux longtemps avant de savoir s'en servir. Tout ce que l'on peut conclure de la ressemblance des noms du cheval dans plusieurs langues dérivées de celle des anciens Aryas, c'est que les Aryas *connaissaient* les chevaux, mais non qu'ils les aient attelés à leurs chars *comme animaux domestiques*. Or, à notre point de vue spécial, c'est là ce qu'il faudrait prouver, c'est le *quod erat probandum*. Si les noms du lion dans les langues dérivées de l'Aryen sont les mêmes, peut-on en conclure que les Aryas aient *employé* le lion *comme animal domestique* ? Non ; mais seulement que le lion ne leur était pas inconnu.

Conclusion. — L'avantage reste à l'âne qui a pour lui « des représentations monumentales, » c'est-à-dire des titres authentiques. Donc, jusqu'à ce que le contraire nous soit prouvé, nous maintiendrons que l'âne est entré dans les voies de la civilisation deux mille deux cents ans au moins avant le cheval. C'est quelque chose que deux mille deux cents ans d'antériorité de services ! La noblesse la plus exigeante n'en demande pas tant aujourd'hui pour décorer ses armoiries de seize quartiers.

Autre point à traiter. Lequel est l'aîné de l'homme ou de l'âne ? La réponse est simple, mais les conséquences de la solution sont d'une extrême gravité, et ce sont peut-être ces conséquences qui, jusqu'à présent, ont empêché d'envisager la question en face.

L'homme date du même jour que les animaux terrestres, mais il n'a été créé qu'après eux. Combien de temps après ? Quelques heures, quelques minutes ? Ce serait peu ; cependant le droit d'aînesse n'en demanderait pas davantage. Mais l'antériorité peut être immense, incalculable, si les jours de la création ne sont pas nos délais légaux de vingt-quatre heures, mais, comme on le croit assez généralement, des époques de la nature dont chacune a pu durer des milliers de siècles. En tout cas, la question d'aînesse est résolue en faveur de l'âne.

Et les conséquences ?... Oh ! les conséquences ! voilà ce que je ne sais comment aborder, car enfin si personne ne parvient à détruire les prémisses qui y conduisent, celui qui tient ici la plume devra reconnaître son infériorité relativement à l'âne, et sa seule consolation sera de voir son sort partagé par l'humanité tout entière.

Suivez bien mon raisonnement.

L'âne ayant été créé avant l'homme, n'a pu être mis au monde pour servir l'homme, puisque celui-ci n'existait pas. D'où il faut conclure *à contrario* que l'homme a été créé pour servir l'âne. Si l'âne avait la parole (ce qui a tenu, comme je le dirai ailleurs, à fort peu de chose) il ne manquerait pas de bonnes raison pour soutenir cette thèse. A voir la manière dont les choses se passent, il pourrait bien avoir raison. En effet, de même que pour interpréter les contrats un peu anciens on considère la manière dont les ont exécutés les parties intéressées, de même les intentions du créateur peuvent être interprétées par la nature des relations établies de toute ancienneté entre l'âne et l'homme.

Avez-vous jamais vu Martin faire la barbe à son maître, l'étriller, le laver, lui faire les crins ou la queue (quand les hommes portaient leurs cheveux en queue), récolter pour lui des grains ou du foin, lui préparer sa nourriture, lui assurer un logement convenable, se préoccuper de ses alliances et de l'éducation de sa famille? — Non. C'est précisément le contraire qui a lieu... — Eh bien ! alors...

— Alors, homme superbe, tu n'es plus le roi de la création.

Tyran, descends du trône et fais place à ton maître !

C'est à l'âne qu'il appartient de dire :

L'homme est né mon esclave ; il me panse, il me ferre,
Il m'étrille, il me lave, il prévient mes désirs,
Il bâtit mon sérail, il conduit mes plaisirs :
Respectueux témoin de ma noble tendresse,
Ministre de ma joie, il m'amène une ânesse ;
Et je ris, quand je vois cet esclave orgueilleux
M'envier l'heureux don que j'ai reçu des cieux (1).

Ami lecteur, si vous pouviez réfuter victorieusement mon argumentation, vous me rendriez ma dignité souveraine et, du même coup, vous auriez recouvré la vôtre.

(1) VOLTAIRE, *VIe discours sur l'homme*.

CHAPITRE III.

LES ANES DES TEMPS HÉROÏQUES.

Les ânes se sont signalés, dès l'époque la plus reculée des temps fabuleux, par des exploits dont les détails nous ont été fidèlement transmis.

Ab jove principium (1). Racontons d'abord le service qu'ils ont rendu à Jupiter.

Titan avait cédé avec son droit d'aînesse l'empire du monde à Saturne, à condition que celui-ci dévorerait tous ses enfants mâles. Par suite de cet arrangement de famille, Saturne ne devait point laisser de fils et l'empire ne pouvait manquer de revenir, par droit de légitime héritage, à ses neveux, fils de Titan. Mais lorsque la femme de Saturne, appelée par les uns Cybèle et par les autres Rhéa ou Tellus, accoucha le même jour de Jupiter et de Junon, elle substitua une pierre à Jupiter. Les ogres des contes

____

(1) Virg. *Egl.* III, v. 60.

de Perrault n'auraient pas mangé un caillou pour
de la chair fraîche... Saturne cependant s'y trompa,
dit-on, de bonne foi, erreur d'autant plus difficile
à croire qu'on lui aurait aussi caché la naissance
de Neptune et celle de Pluton ! Il faut convenir que
ce Dieu était bien mal informé de ce qui se passait
dans son ménage... Bref, lorsque l'existence de Jupiter fut divulguée, celui-ci était devenu grand
comme père et mère et fort comme un turc : il régnait sur tout l'univers et le gouvernait.

Les Titans, indignés et confiants dans leur bon
droit, réclamèrent en vain le trône paternel. Mal
accueillis, ils résolurent de prendre le ciel d'assaut.
Jupiter qui, d'un signe de tête faisait trembler l'O-
lympe, tremble à son tour. En dépit de l'arc d'argent d'Apollon, du marteau de Vulcain, de la massue
d'Hercule, Jupiter est en danger. Minerve en vain
s'élance,

Minerve au casque orné du quadruple panache,
Qui pourrait à la fois, sous ses crins agités
Cacher les fantassins de cent vastes cités (1) !

Mars arrive à son tour, armé de pied en cap;
cependant,

(1) *Iliade*, chant V, traduction de M. Bignan, édit. in-12,
Paris, 1853, p. 104.

. . . . Ni l'aspect de ses membres guerriers
Qui chargent de leur poids sept arpents tout entiers (1),

ni son cri de guerre,

Comparable aux clameurs de dix mille soldats (2),

n'intimident les Titans. La foudre et les éclairs semblent n'être pour eux que feux de Bengale. Jupiter est débordé. En vain faisaient rage toute
l'armée céleste, les Dieux, les demi-Dieux, le ban
et l'arrière-ban... Les Titans entassaient Ossa sur
Pélion ou Pélion sur Ossa aussi facilement que des
enfants auraient joué au pied-de-bœuf, et finalement ils allaient demeurer vainqueurs, ce qui eût
relégué Jupiter parmi les usurpateurs de mauvaise
foi, lorsque les Satyres et les Sylvains qui formaient
la dernière réserve de cavalerie, se précipitèrent
dans la mêlée montés sur leurs ânes! Ceux-ci firent
entendre tous à la fois leurs voix formidables. Les
Titans, terrifiés par cet épouvantable tintamare,
prirent la fuite et laissèrent les Dieux maîtres du
champ de bataille. Mis en déroute, les Titans ne

(1) *Iliade*, chant XXI, même traduction, p. 243.
(2) *Ibid.*, chant V, p. 107.

furent plus que des séditieux, tandis que Jupiter,
couronné par la Victoire, devint le maître légitime
et absolu du ciel et de la terre. On lui décerna le
titre de Père des Dieux et des hommes et tout s'inclina devant lui.

Il ne laissa pas, du reste, ses libérateurs sans ré-
compense. Ne pouvant ou ne voulant les placer tous
dans le ciel, il en admit deux parmi les astres. Ce
sont deux petites étoiles, dans le signe du Cancer,
nommées *les Anons*, et la partie nébuleuse du ciel
qui les sépare, s'appelle leur étable ou leur râte-
lier (1). « *Sunt in in signo Cancri duæ stellæ parvæ,
Aselli appellatæ, exiguum inter illas spatium obti-
nente nubecula, quam præsepia appellant* (2). » Ce
n'est pas d'aujourd'hui, comme on voit, que les
étoiles servent à récompenser les vainqueurs! Les
savants de tous les siècles ont ratifié la sentence de
Jupiter. Aucun d'eux n'a contesté aux ânons les

(1) Hoc narrant Hygini Astronomicon, II, 23 et Lactant. I, 21.

(2) Pline, XVIII, 35, 80. Lactance parle aussi de ces
deux étoiles du Cancer : « …. De duabus stellis Cancri,
quas Græci ὄνους vocant… finxerunt Asellos esse, quorum
uni Liber dederat humana voce loqui facultatem. » *Apparatus ad bibliothecam maximam veterum Patrum*, t. II, p.
1062, *Dissertatio tertia De omnibus Lactantii operibus*.

honneurs de l'apothéose. C'est toujours sous le nom d'*Aselli* que les deux étoiles susdites sont connues dans le ciel et sur la terre. On les distingue l'une de l'autre, dans les catalogues modernes, par γ et δ. γ du cancer est l'ânon boréal et δ l'ânon austral. Piazzi, dans son catalogue, les appelle *asellus borealis* et *asellus australis*. Enfin, la nébuleuse du Cancer, autrefois l'*étable*, est toujours entre les deux ânons (1).

Il sied bien aux héros de protéger l'innocence des vierges et la vertu des dames. L'âne a pratiqué ces beaux sentiments longtemps avant qu'ils devinssent les fondements de la chevalerie.

Vesta s'était endormie sous un laurier-rose dans les sombres vallons de l'Ida. Elle était belle comme le jour le plus pur. Un songe ravissant agitait légèrement son sein, ses lèvres souriaient présentant aux regards deux rangées de perles. Dans le demi sommeil où flottait sa pensée, sa tunique et son voile un peu dérangés laissaient découvrir ou deviner des trésors divins. Un vieux mauvais sujet mal bâti,

(1) V. aussi dans l'*Encyclopédie* au supplément de 1776, in-f°, l'article *Anes* de M. de Lalande : « Le nom de ces étoiles est ancien, dit-il, car il se trouve dans l'*Almageste* de PTOLOMÉE.

très-laid, mal famé, Priape survient, monté sur son âne. Frappé de tant d'attraits, il fait halte, se laisse glisser de sa monture, approche à pas de loup, s'arrête, hésite, avance encore... il craint d'éveiller la Déesse... Il est bientôt près d'elle... Il est clair qu'il médite un affreux attentat qu'on jugerait de nos jours à huis clos... L'âne est galant de son naturel; mais l'idée d'un crime le révolte; son indignation se manifeste par un éclat de voix à couvrir le bruit du tonnerre... Vesta s'éveille et fuit... son honneur est sauvé.

En mémoire de ce signalé service l'âne, consacré aux Vestales, et décoré d'un collier et même d'une couronne de petits pains, figurait à Rome dans les cérémonies religieuses du culte de Vesta (1). C'est Lactance qui nous l'apprend. Son témoignage est confirmé par Ovide :

Quem tu, Diva memor, de pane monilibus ornas (2).

Enfin, dans un calendrier antique, on lit à la date du 6 des Ides de juin : Fête de Vesta ; couron-

____

(1) « Apud Romanos asellum Vestalibus sacris, in honorem pudicitiæ conservatæ panibus coronari. » *Apparatus ad bibliot. veterum Patrum*, t. II, p. 1062.

(2) OVID. *Fast.*, lib. VI, versu 347.

nement de l'âne : *festum Vestæ; asinus corona-
tur* (1).

Par sa voix de Stentor l'âne de Priape sauva
pareillement des coupables ardeurs de son maître
la nymphe Lotis qui s'était imprudemment endormie sur l'herbe aux fêtes de Bacchus. Cette fois, il
paya de sa vie le salut de l'innocence et de la
beauté.

> Morte dedit pœnas auctor clamoris.... (2)

Ane trois fois heureux ! O mort digne d'envie !...
A Lampsaque, capitale de la Mysie, on immolait
l'âne à Priape :

> Lampsacus hoc animal solita est mactare Priapo (3).

On en fit autant à Rome plus tard (4). Pourquoi
ce sacrifice de l'âne à Priape ? « Parce que, dit Montfaucon, l'âne était le favori de Priape, à raison de

(1) Ce calendrier est en tête d'un manuscrit des *Fastes*
d'Ovide. V. PITISCUS. *Lexicon antiquitatum romanarum*,
v° *Asinus.*
(2) OVID. *Fast.*, lib. I, vers. 333–339.
(3) OVID. *Fast.*, lib. VI, versu 345.
(4) *Apparatus, ibid.*, p. 1062. PITISCUS, *ibid.* : « Priapo
etiam immolabatur Romæ. »

l'utilité qu'on tire de lui pour le jardinage et la culture des terres (1), » car, si Priape était le Dieu des mauvais sujets, il était aussi le Dieu des jardiniers, ce qui n'est pas absolument incompatible. D'autres prétendent que l'âne était sacrifié à Priape parce qu'il dévore volontiers les fruits et les légumes des jardins, et d'autres enfin pour le punir d'une certaine lutte qu'il avait osé engager contre ce Dieu, ou même pour l'avoir trahi dans ses rencontres avec Vesta et Lotis (2). Accorde qui pourra ces explications contradictoires.

L'âne était encore la monture ordinaire de Silène et parfois celle de Bacchus (3).

Enfin, la religion des anciens reconnaissait à côté des Centaures, qui avaient le corps d'un cheval, les *Onocentaures*, qui avaient le corps d'un âne avec la tête, la poitrine et les bras d'un homme ou d'une

(1) L'*Antiquité expliquée*, *Priape*, t. I, IIᵉ partie, p. 277 et t. II, p. 159.

(2) A l'appui de ces dernières opinions, V. les autorités citées par Facciolati, *Lexicon*, vᵒ *Asinus*; notamment *Hygini Astronomicon*, II, 23; Lactant. I, 21; Ovid. *Fast.* VI, 320 et 345.

(3) Montfaucon, *ibid. Bacchus*, t. I, IIᵉ partie, p. 236 et *Silène, ibid.*, t. I, IIᵉ partie, p. 264.

femme (1). On ignore laquelle de ces deux espèces
hybrides avait le pas sur l'autre et si elles formaient
ensemble des alliances.

Il serait difficile d'expliquer pourquoi les Égyptiens, qui regardaient Typhon, frère d'Osiris, comme
le principe du mal, considéraient « l'âne comme le
symbole de Typhon ; mais c'était pour cela que cet
animal était fort maltraité à Coptos et que ceux de
Busiris, d'Abidos et de Lycopolis haïssaient le son
de la trompette, comme ressemblant au cri de l'âne.
Ochus, roi de Perse, qui dominait sur l'Égypte, ayant
appris que les Égyptiens l'appelaient l'*âne*, après
avoir tué Apis, commanda aux Égyptiens d'adorer
l'âne à la place du bœuf, mais à son grand malheur;
car Bagoas ou Vagao, égyptien, son eunuque, in-
digné de l'injure qu'Ochus avait faite à un Dieu de
sa nation, le tua et donna son corps à manger aux
chats, afin qu'une bête consacrée à Isis réparât l'injure faite à cette Déesse (2). »

(1) MONTFAUCON, *Supplément au livre de l'Antiquité expliquée*, t. I, p. 140.

(2) MONTFAUCON, *l'Antiquité expliquée*, *Typhon*, t. II,
II⁰ partie, p. 292 et 293. — Le bœuf Apis était censé l'incarnation de l'âme d'Osiris. Il était consacré à la lune,
Biog. univ. de Michaud, *Partie mythologique*, v⁰ *Apis*. Sur
l'antipathie des gens de Busiris et autres pour la voix de

Homère n'est pas tombé dans ces vulgaires et superstitieuses aberrations.

S'il n'admet point les ânes à l'honneur de servir dans la cavalerie des Grecs et des Troyens, il n'en rend pas moins justice à leur courageux sang-froid. Lorsque, dans son immortelle *Iliade*, il représente les Grecs en déroute et le vaillant Ajax, fils de Télamon, soutenant seul l'effort de l'armée ennemie qui l'accable de traits et de javelots, reculant pour ne point se séparer des siens, mais sans s'effrayer du nombre de ses adversaires, à qui le poète compare-t-il ce héros sans peur et sans reproches ? Écoutez !

> Lorsqu'un âne obstiné, dans sa marche tranquille
> Ravage les épis d'une moisson fertile,
> Une troupe d'enfants, en criant, l'investit
> Et le bâton brisé sur ses flancs retentit ;
> Mais des coups redoublés il méprise l'insulte,
> Résiste, et, toujours calme au milieu du tumulte,
> Attend, pour s'éloigner, que les vastes guérets
> De sa faim dévorante aient émoussé les traits :
> Ainsi les alliés et le peuple de Troie,
> Acharnés à poursuivre une si noble proie,
> Sur le grand bouclier qui défend le héros,

l'âne et pour le bruit de la trompette. V. Jean TRISTAN, *Commentaires historiques*, t. II. p. 582, édit. in-f° de 1644.

A l'envi font pleuvoir de nombreux javelots.
Tantôt en rappelant son invincible audace,
Terrible il se retourne et brave leur menace,
Tantôt se met à fuir, et le fer, dans ses mains
De la flotte aux vainqueurs ferme tous les chemins.
Invincible, debout entre la double armée,
Seul il contient la foule à sa perte animée... (1)

Grâces vous soient rendues, ô père des poètes, d'une comparaison qui met l'âne au-dessus de tous les mépris et lui fait autant d'honneur qu'au fils de Télamon ! Merci !

Homère n'a pourtant point surfait les ânes et c'est ce qui double le prix de ses éloges. Il leur préfère les chevaux qui jouent un grand rôle dans ces combats

Où du sang des Dieux même on vit le Xanthe teint.

Les chevaux des Grecs et des Troyens portaient de nobles noms qu'Homère nous a transmis (2). Ils partageaient les exploits et les sentiments de leurs maîtres. Ceux d'Hector comprenaient son langage,

(1) *Iliade*, chant XI, p. 218. — Toutes les citations d'Homère sont tirées des traductions de M. Bignan.

(2) Ceux d'Hector s'appelaient Xanthe, Podarge, Ethon, Lampus ; *Iliade*, ch. VIII ; ceux d'Achille Xanthe, Balie, Pédase ; *Iliade*, ch. XXIII.

car il leur adresse une harangue (1). Ceux d'Achille avaient le don de la parole et des larmes (2). Comme les héros et les demi-Dieux, ces illustres coursiers avaient leur généalogie.

Homère n'en partageait pas moins son estime entre eux et l'espèce asine.

Ils ne dédaignaient pas de faire avec les ânesses des alliances dont les rejetons obtiennent à leur tour du prince des poètes plus d'une mention honorable.

Il est plusieurs fois question des mulets dans l'*Iliade*. Dès le premier chant ils sont signalés parmi les victimes de la peste qui afflige le camp des Grecs. Au deuxième chant, on vante la plaine des Enètes guerriers,

Cette plaine fertile en sauvages mulets ;

On voit ailleurs ces estimables animaux

Dans un âpre sentier, traînant loin d'un coteau
La poutre d'un palais ou le mât d'un vaisseau (3).

Ce sont des mulets qui vont chercher dans les forêts de l'Ida le bois destiné au bûcher de Patrocle (4)

(1) *Iliade*, ch. VIII.
(2) *Iliade*, chant XVII et XIX.
(3) *Iliade*, chant XVII, p. 357.
(4) *Ibid.*, chant XXIII, p. 451.

et leur rôle ainsi s'ennoblit. Dans les jeux donnés aux funérailles de Patrocle, Achille offre, comme premier prix du pugilat, une mule

> Qui, déjà parvenue à sa sixième année,
> Grande et superbe, au joug n'a pas plié son front (1).

Lorsque Priam vient supplier Achille de lui rendre les restes d'Hector, c'est sur un char traîné par des mules que le père infortuné porte la rançon du héros et remporte le corps de son fils (2).

Enfin dans l'*Odyssée*, les mulets, parvenus à l'apogée de leur gloire, forment les attelages des princesses. C'est sur un char attelé de mulets que la fille du Roi des Phéaciens, la belle Nausicaa, porte à la rivière le *linge sale* qu'elle va, de ses propres mains, *laver en famille* avec ses dames d'honneur (3). C'est

(1) *Ibid.*, chant XXIII, p. 467.
(2) *Iliade*, chant XXIV.
(3) Même usage chez les Troyens : Ils avaient, hors des murs de leur ville, aux sources du Scamandre, de très-beaux lavoirs. *Iliade*, chant XXII. — L'usage des tissus de lin existait de toute ancienneté chez les Égyptiens. Toutes leurs momies sont enveloppées de bandelettes de toile. Les prêtres d'Isis et d'Annubis étaient vêtus de lin. L'usage de cette plante textile était aussi très-ancien dans la Grèce. Les Athéniens en faisaient un grand commerce. Tous ceux

au milieu de ces détails de ménage qu'elle est surprise par Ulysse échappé du naufrage dans le costume
du premier homme avant l'usage de la feuille de
figuier. Comme Ulysse avait grand besoin d'une chemise, il lui sembla qu'une fille qui lavait des vêtements
était une providence. Il l'interpella donc en ces mots :

O Reine, je t'implore, ou mortelle ou déesse...

. . . .

Des voiles, dont ici tu portes un monceau,
Daigne, pour me vêtir, me céder un morceau (1)!...

Un âne de bronze figurait dans le temple de Delphes
à côté des statues de Minerve et d'Apollon. Ce monument avait été consacré à l'âne par la reconnaissance des Ambraciotes que sa voix avait avertis des
embûches nocturnes dressées contre eux par les

qui voulaient pénétrer dans l'antre de Trophone, pour y
consulter l'oracle, devaient, dit Pausanias, porter une robe
de lin. Néanmoins on ne sait quand les Grecs ont commencé
à faire de ces tissus des tuniques intérieures ou chemises.
Il serait plus que téméraire d'affirmer que Nausicaa ait eu
des chemises de toile dans sa garde-robe. V. MONTFAUCON,
l'*Antiquité expliquée*, t. III, 1re partie, chap. 1er, in-fo,
Paris, 1749). Mais « laver son linge sale en famille » est
une expression proverbiale qu'on ne saurait modifier.

(1) *Odyssée*, chant VI.

3.

Molosses, comme les oies du Capitole avaient éveillé Manlius. Les Ambraciotes, en conséquence, culbutant leurs ennemis à la faveur des ténèbres les avaient taillés en pièces (1). Si les Gaulois, commandés par Brennus, au lieu de se faire battre par les Grecs au pied du Parnasse, trois siècles avant l'ère nouvelle, avaient réussi à conquérir Delphes, son temple et ses innombrables trésors (2), peut-être les statues de l'âne, de Minerve et d'Apollon, apportées dans notre patrie, orneraient-elles aujourd'hui l'un de nos musées.

L'âne n'a pas été seulement le sauveur de Jupiter, de Vesta, de Lotis et le serviteur des héros. Dès la plus haute antiquité il a rendu au genre humain tout entier un service dont nous recueillons aujourd'hui les fruits : c'est à l'âne que l'on doit l'art de tailler la vigne ! Il l'a même enseigné *de bouche...* en broutant les rameaux d'un cep qu'il rendit ainsi plus productif pour la récolte suivante. C'est à Nauplie, dans la province de Corinthe, que s'est passé ce fait dont la date se perd dans la nuit des temps. On croira

(1) PAUSANIAS, *Description de la Grèce*, liv. X, *Phocide*, chap. XVIII, traduction de Clavier, t. V, p. 377.

(2) PAUSANIAS, *ibid.*, liv. X, chap. XIX à XXIII, t. V, p. 382 à 426.

peut-être que le professeur reçut, pour prix de ses leçons, au moins un picotin d'orge où d'avoine? Erreur! Souvenez-vous du sort de Socrate, de Galilée, de Christophe Colomb... L'âne de Nauplie dût subir le sort commun : Soyez-en sûr, il reçut d'abord des coups de bâton et ce fut longtemps après sa mort, comme il arrive aux grands hommes, qu'il lui fut érigé, sur le théâtre de son enseignement, une statue de pierre.

Au IIe siècle de l'ère chrétienne, Nauplie était déserte. Il n'en restait plus que quelques pans de murailles, un temple de Neptune, et une fontaine merveilleuse où Junon recouvrait tous les ans sa virginité; mais les rares Naupliens, assis sur ces ruines silencieuses, entretenaient Pausanias du service que l'âne avait rendu à leurs ancêtres et de la statue dont on avait honoré sa mémoire (1).

O injustice des hommes! Les bustes de Socrate, de Galilée, de Colomb se trouvent dans tous nos mu-

(1) PAUSANIAS, liv. II, *Corinthie*, chap. XXXVIII. — Sur d'autres statues et monuments, v. le chapitre VII, *des ânes augures*, et le chapitre XV, *trois proverbes menteurs*, § 3, *le coup de pied de l'âne*, où il est fait mention d'une médaille de Décius, ornée au revers d'une tête d'âne.

séum. La mode est aux statues : on en dresse partout, en pied, à cheval, aux plus petits grands hommes et nulle part on ne voit la tête du professeur de Nauplie !

CHAPITRE IV.

LES ANES DU PENTATEUQUE.

Chez les Hébreux, l'âne, loin d'être l'emblème du mal ou d'un génie malfaisant comme chez les Égyptiens (1), était le symbole de la sagesse (2). Aussi était-il la bête de prédilection des plus respectables patriarches.

Dans la Genèse, il n'est point question de lui avant le déluge, ni même longtemps après l'inondation universelle. C'est avec Abraham que le baudet fait son apparition dans l'histoire et dès-lors il y joue un rôle important. Compté parmi les principales richesses des peuples pasteurs, il est mêlé à leurs transactions et même aux aventures de leurs familles.

Il paraît qu'en cet âge d'or des temps primitifs

(1) V. le chapitre précédent sur *les ânes aux temps héroïques*.

(2) « Apud Hebræos, præsertim cabalistas, notante Pierio Hierogl. xii, 22, asinus est sapientiæ symbolum. » Pitiscus, *Lexicon antiquit. roman.*, v° *Asinus*, t. I, p. 190.

où l'on craignait d'offenser Dieu, quand une femme mariée plaisait au roi d'Égypte il l'enlevait et, afin de pouvoir vivre avec elle sans commettre le péché d'adultère, il faisait tuer le mari. En conséquence, lorsque Abraham s'éloigna de la terre de Chanaan où régnait la famine pour aller vivre en Égypte avec tous les siens, il jugea prudent de faire passer pour sa sœur Saraï, sa femme, qui était fort belle. Il arriva ce qu'il avait prévu : Saraï fut enlevée et menée au palais du roi... Du reste, « on en usa bien avec lui, et il reçut des brebis, des bœufs, *des ânes*, des serviteurs et des servantes, *des ânesses* et des chameaux. Mais le Seigneur frappa de très-grandes plaies Pharaon et sa maison à cause de Saraï, femme d'Abraham. » Pharaon découvrit que tous ses malheurs provenaient de ce que Saraï était mariée. Il la rendit donc au patriarche et le fit reconduire très-poliment hors d'Égypte avec tout ce qu'il possédait (1). C'est à cette occasion qu'il est fait mention pour la première fois des baudets dans les livres saints : un puissant roi les donnait en présent.

C'est sur son âne qu'Abraham chargea le bois qui devait servir à l'immolation d'Isaac (2).

(1) *Genèse*, ch. XII.
(2) *Ibid.*, ch. XXII.

Lorsque ce même Abraham fit demander la main de Rebecca pour son fils par le plus ancien de ses serviteurs, celui-ci, avant de faire connaître l'objet de sa mission, et pour en assurer d'autant mieux le succès, commença par vanter les richesses de son maître.

« Le Seigneur, dit-il, a comblé mon maître de bénédictions; il l'a rendu grand et riche. Il lui a donné des brebis, des bœufs, de l'argent, de l'or, des serviteurs et des servantes, des chameaux *et des ânes* (1) ! » Ce que les ânes pesèrent dans la balance des résolutions de Bathuel, l'Écriture ne le dit pas ; mais le lendemain sa fille, accordée à Isaac, prenait, avec le vieux serviteur, le chemin des tentes d'Abraham.

Jacob, fils d'Isaac et de Rébecca, devint très-riche à son tour : « Il eut, disent les textes sacrés, de grands troupeaux, des serviteurs et des servantes, des chameaux *et des ânes* (2). » Il avait, à la vérité, abusé de l'appétit d'Ésaü pour obtenir à bon marché son droit d'ainesse, surpris par fraude la bénédiction de son père, et, pour arrondir sa fortune, dupé Laban, son beau-père, par sorcellerie, afin

(1) *Genèse*, ch. XXIV, v. 35.
(2) *Ibid.*, ch. XXX, v. 43.

d'obtenir des troupeaux de celui-ci des produits de
couleurs mélangées ; enfin, il avait vécu comme un
véritable Mormon entre trois femmes et une multitude de servantes (1). De tout cela ce qui a particulièrement rapport à notre sujet, c'est ce fait que,
dans le dénombrement des trésors, les ânes sont
au-dessus de l'argent et de l'or puisqu'ils sont toujours nommés les derniers et comme le couronne-
ment de ces grandes fortunes patriarcales.

La même progression nous frappe dans l'énumération des cadeaux de Jacob à Esaü : pour se ré-
concilier avec lui, il lui « donne deux cents chèvres,
vingt boucs, deux cents brebis et vingt béliers,
trente femelles de chameaux avec leurs petits, quarante vaches, vingt taureaux, *vingt ânesses* et *dix
ânons* (2). »

Lorsque les enfants de Jacob, pour punir les violences commises sur la personne de leur sœur Dina,
massacrèrent le prince Sichem et les Sichémites
mâles, ses sujets, ils ne manquèrent pas de prendre
les brebis, les bœufs *et les ânes* des vaincus (3).

(1) La loi de Moïse permettait la polygamie. *Deuteronome*, ch. XXI, v. 15.

(2) *Genèse*, ch. XXXII, v. 14 et 15.

(3) *Genèse*, chap. XXXIV, v. 28.

Esaü et Jacob devinrent tellement riches que leurs troupeaux et leurs gens ne pouvaient plus vivre dans le même pays. Esaü, quittant la terre de Chanaan avec toutes ses femmes, ses innombrables enfants et ses bêtes (1), dût aux ânes d'Ana, l'un de ses petits-fils, un nouveau bienfait : ils firent découvrir à leur maître la première source d'eaux thermales dont il soit question dans les livres saints (2).

Il est vrai que certains érudits refusent à l'âne le mérite de cette découverte. Ils prétendent que le mot hébreu traduit par eaux chaudes dans la *Vulgate* (*aquas calidas*) a été traduit aussi par *mulet*, en sorte que les ânes d'Ana qui devaient tout naturellement chercher de l'eau dans un pays aride et désert (*in solitudine*), auraient trouvé des mulets, découverte bien extraordinaire, car des mulets *supposeraient* l'existence des chevaux en Syrie au temps d'Esaü, tandis qu'il n'en est question dans la Genèse que plus tard et seulement en Égypte, comme on le verra tout à l'heure (3).

(1) *Ibid.*, chap. XXXVI, v. 6.

(2) *Ibid.*, chap. XXXVI, v. 24 : « Iste est Ana qui invenit aquas calidas in solitudine, quum pasceret asinos Sebeon patris sui. » *Vulg.*

(3) Voir les discussions auxquelles a donné lieu à l'Académie des Sciences l'interprétation du 24° verset du chap.

Les fils de Jacob vendent leur frère Joseph. Celui-ci explique les songes de Pharaon, devient son premier ministre, prédit les sept années d'abondance et les sept années de disette pour lesquelles il amasse des grains qui nourriront toute l'Égypte, et lorsque ses frères viennent du pays de Chanaan chercher par deux fois du blé, c'est sur leurs ânes qu'ils l'emportent (1). Craignant d'être accusés d'un larcin, ils tremblent de se voir réduits en servitude par l'ordre de Joseph, qui ne s'est pas encore fait reconnaître par eux, et ce qu'ils redoutent le plus de perdre avec la liberté, ce sont leurs ânes (2). Jusque-là, pas la moindre mention des chevaux dans les livres de Moïse.

C'est lorsque Joseph gouverne l'Égypte, c'est-à-dire environ 1700 avant Jésus-Christ, qu'on voit apparaître les chevaux et seulement dans les États de Pharaon. Joseph a pardonné à ses frères, il les a

XXXVI de la *Genèse*, discussion à laquelle ont pris part MM. Fr. Lenormant, Faye, Roulin, Hément et Milne Edwards, dans les *Comptes-rendus hebdomadaires de l'Académie des Sciences*, t. LXIX, p. 1221 et 1379, séances des 20 et 27 déc. 1869, et t. LXX, p. 276, séance du 7 fév. 1870.

(1) *Genèse*, chap. XLII, v. 26; chap. XLIII, v. 24, et chap. XLV, v. 17.

(2) *Ibid.*, chap. XLIII, v. 18.

envoyés chercher son père ; il apprend l'arrivée de
Jacob. Pour aller au-devant de lui dans la terre de
Gessen, qui faisait partie de l'Isthme de Suez et des
États de Pharaon, « il fait mettre les chevaux à son
charriot, » disent la plupart des traductions françaises du quarante-sixième chapitre de la Genèse.
Les textes hébreu et chaldéen font-ils ici mention
des chevaux ? Notre ignorance de ces deux langues
ne nous permet pas de nous prononcer ; mais ce
que nous voyons clairement dans les textes latins,
c'est qu'il n'en est nullement question. Dans la traduction de Saint-Jérôme, adoptée par la plupart des
anciens Pères de l'Église, on lit : « *Juncto Joseph
curru suo, ascendit obviam patri ad eumdem locum
(in Gessen)* (1) ; » Et la version vulgate, déclarée
authentique par le Concile de Trente, » s'exprime
dans les mêmes termes : « *Juncto Joseph curru
suo* etc. (2). » Si donc ce passage était le seul sur

(1) *Biblia sacra* hebraice, chaldaice, græce et latine,
etc. 5 vol. in-f° sur quatre colonnes, Anvers, 1569-1574 ;
t. I, p. 164, *Genése,* chap. XLVI.

(2) *Sainte Bible* en latin et en françois, avec des notes
littéraires, critiques et historiques, tirées des commentaires
de Dom Calmet, de l'abbé de Vence, etc., in-8°, Toulouse
et Nismes, 1779 ; t. I, *Avertissement,* p. iij et textes latin
et français sur deux colonnes, p. 921. La traduction dit :

lequel pût s'appuyer notre assertion, elle manquerait de base.

Mais l'existence des chevaux au temps de Joseph est attestée par un autre chapitre de la Genèse, le chapitre XLVII. Au commencement des sept années de disette, les Égyptiens achètent du blé de Joseph. Lorsqu'ils n'ont plus d'argent, ils obtiennent, à force de supplications, que Joseph leur donne du blé en échange de leurs troupeaux et de leurs bêtes de somme. Ici, saint Jérôme et la vulgate sont d'accord, et parmi les animaux que livrent les affamés, figurent les chevaux : « *Dedit eis alimenta pro equis et ovibus et bobus et asinis : sustentavit que eos illo anno pro commutatione pecorum.* » On sait qu'en la seconde année de disette, les Égyptiens affamés furent réduits à se vendre eux et leurs terres pour avoir de quoi manger et semer, et que « Joseph acquit de cette sorte à Pharaon toute l'Égypte avec tous les peuples, depuis une extrémité du royaume jusqu'à l'autre. »

Il résulte de ces citations qu'à l'époque dont nous parlons, les Égyptiens avaient des chevaux parmi leurs animaux domestiques. Mais les habitants des

---

« Joseph fit mettre *les chevaux* à son charriot, etc. ; » et le texte : « Juncto Joseph curru suo... »

pays situés au Nord et à l'Orient de la mer Rouge n'en avaient pas. Ils ne se servaient que des ânes, et l'on a vu plus haut (1) qu'au temps de Moïse, c'est-à-dire beaucoup plus tard, s'ils connaissaient les chevaux, ils n'en faisaient aucun usage.

Tel était, au contraire, le cas qu'ils faisaient des ânes, que quand Jacob, alors nommé Israël, mourant et se sentant échauffé de l'esprit du Dieu vivant, bénit ses douze fils et prédit les destinées des douze tribus dont ils devaient être les fondateurs, il dit à Issachar, l'un d'eux, qu'il était comme un âne fort et dur au travail : « *Issachar asinus fortis...* (2). » Certes rien n'était plus éloigné de la pensée de Jacob qu'une plaisanterie ou une épigramme dans cet instant suprême où, après avoir comparé Juda à un jeune lion « *catulus leonis Juda,* » il prophétisait en ces mots la venue du Messie : « Le sceptre ne sera point ôté à Juda, ni le prince de sa postérité, jusqu'à ce que celui qui doit être envoyé soit venu ; et c'est lui qui sera l'attente des nations (3) ! »

(1) V. chap. Ier.

(2) *Genèse*, ch. XLIX, v. 14, textes de saint Jérôme et de la *Vulgate*.

(3) « Non auferetur sceptrum de Juda, et dux de femore ejus, donec veniat qui mittendus est : et ipse erit expectatio gentium. » *Genèse*, chap. XLIX, v. 10 ; mêmes textes.

Moïse s'était établi et marié dans le pays de Madian. Il reçoit du Seigneur l'ordre d'aller retrouver en Égypte le peuple d'Israël et de le tirer de la servitude. C'est sur un âne qu'il fait monter sa femme et ses enfants pour se mettre en route avec eux (1) : nouvelle preuve que, dans les régions connues aujourd'hui sous le nom d'Arabie Pétrée, les chevaux, s'il en existait, étaient fort rares et ne servaient pas de monture, tandis qu'au contraire, à l'Occident de la mer Rouge, on les retrouve parmi les victimes de la peste, qui fut l'une des plaies dont le Seigneur frappa l'Égypte, afin d'obliger Pharaon à laisser partir les Israélites pour aller sacrifier à leur Dieu dans le désert (2).

Une particularité résultant des ordres du Tout-Puissant instituant la Pâque en souvenir de la délivrance de son peuple, c'est que, de tous les bestiaux, dont les premiers-nés mâles étaient de droit consacrés au Seigneur (3) l'âne était le seul qui ne pût être

---

(1) « Tulit ergo Moyses uxorem et filios suos et imposuit eos super *asinum*, reversus que est in Egyptum » *Exode*, chap. IV, v. 20.

(2) « Et super *equos* et *asinos* et camelos et boves et oves pestis valde gravis. » *Exode*, chap. IX, v. 3.

(3) « ... Quod primitivum est in pecoribus... » *Exode*, chap. XIII, v. 12.

offert en sacrifice. Le premier ânon mâle sorti d'une
ânesse devait être remplacé par une brebis et, s'il ne
pouvait être racheté par cet échange, il fallait le
tuer (1). Pourquoi l'âne ne pouvait-il être offert en
sacrifice? Parce qu'il était déclaré impur! Par cette
raison il était défendu aux Juifs de le manger (2) et
à plus forte raison de l'offrir à Dieu. Mais pourquoi
était-il impur? Parce qu'il ne rumine pas, qu'il a de
la corne au pied et que cette corne n'est point
fendue (3). C'est la raison donnée par l'*Exode* : il
n'en faut pas demander d'autre (4).

Pourquoi encore Dieu permit-il à Moïse de mentir
pour tirer son peuple de la servitude d'Egypte?
Moïse trompait Pharaon lorsqu'il lui demandait la
permission d'emmener les Israélites à trois jours de

____

(1) « Primogenitum asini mutabis ove ; quod si non re-
demeris, interficies. » *Exode*, chap. XIII, v. 13 et chap.
XXXIV, v. 20.

(2) *Lévitique*, chap. XI. v. 4 à 26.

(3) Omne animal quod habet quidem ungulam, sed non
dividit eam, nec ruminat, immundum erit. » *Lévit.*, chap.
XI, v. 26. V. aussi *Deuteronome*, chap. XIV, v. 3-8.

(4) Les payens ont souvent mangé de l'âne ; les chrétiens
aussi et ils en mangent encore. V. plus loin le chapitre
intitulé : *Trois proverbes menteurs*, § 1, *Dur comme chair
d'âne*.

marche de sa capitale pour sacrifier à leur Dieu dans le désert (1); il savait bien qu'il ne les ramenerait pas. Ce n'est pas tout. Les Israélites volaient les Égyptiens en leur empruntant, toujours pour servir au prétendu sacrifice, des vases d'or et d'argent et beaucoup d'habits qu'ils se proposaient de ne jamais restituer (2). Contraint, par toutes les plaies dont ses États avaient été frappés, de consentir à l'excursion dont le sacrifice était le prétexte (3), Pharaon apprend que ses captifs, partis au nombre de six cent mille hommes de pied, sans compter les femmes et les enfants (4), ne rendront point ce qu'ils ont emprunté et ne reviendront pas (5)!... Il avait bien quelque raison d'être mécontent. Il poursuit les fugitifs avec toute son armée. La mer Rouge s'ouvre pour laisser passer les voleurs et se referme sur les Égyptiens qu'elle engloutit avec leurs six cents charriots de guerre (6) et toute leur cavalerie, hommes et *chevaux* « *Equum et ascensorem dejecit in mare;* » ce sont les

(1) *Exode,* chap. VII, v. 16.

(2) *Exode,* chap. XII, v. 35 et 36.

(3) « Ite, immolate Domino sicut dicitis. » *Exode,* chap. XII, v. 31.

(4) *Exode,* chap. XII, v. 37.

(5) *Exode,* chap. XIV, v. 5.

(6) *Exode,* chap. XIV, v. 7.

expressions des cantiques d'actions de grâces chantés par Moïse et par la prophétesse Marie, sœur d'Aaron, quand, parvenus sur l'autre rive de la mer, ils virent leur salut assuré par la destruction de l'armée d'Égypte (1).

Après ce passage miraculeux à travers les flots, l'Exode ne s'occupe plus que des quarante ans de voyages des Israélites (2), de leurs quarante-deux campements et des guerres d'extermination qui signalent ce long pèlerinage. Il n'est plus question dès-lors des Égyptiens ni de leurs chevaux, tandis qu'au contraire il est fait mention des ânes pour ainsi dire à chaque page (3) et jusque dans la loi donnée par Dieu lui-même sur le mont Sinaï (4) au milieu des éclatants témoignages de sa puissance et de sa gloire.

La loi divine ordonne de recueillir l'âne égaré et de relever celui qui tombe sur un chemin ; elle défend

(1) *Exode*, chap. XV, v. 1, 20 et 21. V. aussi *Deutéronome*, chap. XI, v. 4.

(2) *Exode*, chap. XVI, v. 35.

(3) *Exode*, chap. XXI, v. 33 ; chap. XXII, v. 4, 9 ; chap. XXIII, v. 4, 5, 12 et *passim*.

(4) « Non concupisces... proximi tui uxorem, non servum, non ancillam, non bovem, non *asinum*... » *Exode*, chap. XX, v. 17 et *Deuteronome*, chap. V, v. 21.

de l'atteler avec un bœuf (1). Elle fait plus : elle
pourvoit au repos des ânes ! elle interdit de les faire
travailler le septième jour de la semaine, non plus
que les gens et les autres bêtes (2). L'âne est enfin,
dans le Pentateuque, l'objet d'une sorte de prédilection du créateur et des créatures qu'il a faites à son
image.

Moïse prévoit que, par la suite, les rois d'Israël
pourraient bien avoir *des chevaux* (3) ; mais il est
certain que de son temps, ni les Hébreux ni leurs
chefs n'en faisaient usage. Aussi a-t-on vu que, dans
leurs combats contre le roi d'Asor et ses confédérés,
les Israélites, trouvant parmi le butin des chevaux,
les détruisirent, tandis qu'ils conservèrent précieuse-
ment 61,000 ânes pris dans le camp des Madianites (4).

Perdre son âne était pour un Hébreu le comble
du malheur. Lorsque Moïse, sur le point de mourir,
verse un torrent d'imprécations et de malédictions
sur ceux de son peuple qui n'écouteront point la loi
du Seigneur et n'observeront pas les cérémonies
prescrites, il ne se borne pas à leur dire : Vous serez

(1) *Deuteronome*, chap. XXII, v. 3, 4, 10.
(2) *Ibid.*, chap. V, v. 14,
(3) *Ibid.*, chap. XVII, v. 16.
(4) V. plus haut chap. 1er, p. 9.

maudits, vous et vos biens ; vous souffrirez la famine,
la fièvre et la peste ; vous serez couverts de gale,
d'ulcères et de démangeaisons incurables ; vous serez
frappés de frénésie, d'aveuglement et de fureur ; vos
fils et vos filles seront livrés à un peuple étranger ;
« vous épouserez une femme et un autre la prendra
pour lui ; vous bâtirez une maison et vous ne l'habi-
terez point ; » Il ajoute encore : « Votre bœuf sera
immolé devant vous et vous n'en mangerez point !
Votre âne sera ravi devant vos yeux et on ne vous
le rendra point (1) !!!..

L'aventure de l'ânesse de Balaam se rattache à la
guerre des Madianites et fournirait, comme conclusion du présent chapitre un épisode plein d'intérêt.
Mais cet intérêt même nous engage à consacrer à
cette illustre bête un article à part (2).

(1) *Deuteronome*, chap. XXVIII. v. 45 à 32 : « Asinus
tuus rapiatur in conspectu tuo, et non reddatur tibi. »
(2) V. le chap. suivant.

CHAPITRE V.

A QUOI TIENT-IL QUE LES ANES NE PARLENT PAS?

A ces animaux si intelligents, il ne manque que la parole. A quoi tient-il qu'ils ne parlent pas? A peu de chose : on le verra bientôt.

Je passe sous silence l'âne à qui Bacchus avait donné, dit-on, la faculté de converser avec les hommes et que certains savants prétendent reconnaître dans une des constellations du Cancer (1). Mais il est constant, c'est l'Écriture qui l'atteste, qu'il s'est trouvé une bête asine douée de la parole, quinze cents ans avant notre ère, ce qui a suffi pour l'élever au-dessus de toutes les autres et faire arriver son renom jusqu'à nous.

(1) Lactant. loquitur « de duabus stellis Cancri, quas Græci ὄνος vocant... finxerunt asellos esse, quorum uni Liber dederat humana voce loqui facultatem. » *Apparatus ad bibliotecam veterum Patrum*, II, p. 1062 ; et BOCHART, lib. II, *De anim. sacr. script.*

Le fait est assez merveilleux pour en raconter sommairement les circonstances et pour rapporter littéralement le dialogue qui s'établit entre cette bête qui avait raison et son maître qui avait tort.

Balaam ne fut pas toujours inspiré du Saint-Esprit (1). Avant d'être prophète, il avait été sorcier (2) et sorcier très-expert dans l'art des enchantements. Moïse et saint Augustin l'affirment. Balaam n'avait point alors le pouvoir de bénir, qui vient de Dieu, mais il avait celui de maudire au nom des démons et de faire le mal. C'était lui qui avait poussé les Israélites à céder aux séductions des femmes des Madianites et à adorer leurs idoles (3).

Balac, roi des Mohabites, voyant le peuple de Dieu envahir son pays avec des forces supérieures aux siennes et désespérant de rester vainqueur s'il n'employait quelque moyen surnaturel, s'adressa, pour maudire ses ennemis, à Balaam dont il connaissait et avait fréquemment éprouvé le savoir faire (4). Il lui envoya des députés et des présents

(1) *Apparatus*, I, p. 252, *Dissert.* XII. cap. III, § 3.

(2) Les livres de Moïse admettent l'existence des devins et des sorciers. V. notamment *Lévitique*, ch. XIX, v. 31, ch. XX, v. 6, etc., etc.

(3) S. JEAN, *Apocalypse,* ch. II, v. 14.

(4) Balaam sorcier, *Nombres.* ch. XXII, v. 5. — « Balaam

pour le faire venir, et le devin se mit en route en
disposition d'accomplir son œuvre diabolique.

Il voyageait sur son ânesse lorsqu'elle s'arrêta
tout-à-coup. Elle voyait distinctement un ange armé
d'une épée nue et qui lui barrait le chemin. Comme
elle se jetait à travers champs, Balaam la corrigea
vertement pour la ramener sur la route. Un peu

famosissimus erat *in arte magica et in carminibus noxiis
præpotens.* Non enim habebat potestatem vel a se verba ad
benedicendum, sed habebat ad maledicendum. Dæmones
enim ad maledicendum invitantur, non ad benedicendum.
… Certus ergo Balach de hoc et *frequenter expertus*, omis-
sis omnibus instrumentis et auxiliis bellicis, mittit ad eum
legatos dicens : Veni nunc, maledic populum hunc *(sic)*,
quia fortior hic est quam nos… Ascendit ergo asinam Balaam. Occurrit ei Angelus… Magus dæmones vidit, asina
tamen angelum videt, etc… Culpabilis est cum consilium
pessimum dat ut populus decipiatur per mulieres Madia-
nitas et cultum idolorum. Rursus laudabilis est, cum ver-
bum Domini ponitur in ore ejus. » T. X, operum D. A.
AUGUSTINI, Hipponensis Episc., pag. 294. Édit. in-f°,
1576. — V. aussi BARONIUS, *Annales Ecclesiastici*, t. II,
p. 394. Édit. in-f°, 33 vol. ; 1738-1759. On sait que des
magiciens imitèrent les premières plaies dont le Seigneur
frappa l'Egypte pour obliger Pharaon à permettre aux Israélites de sortir de ses états. *Exode*, VII et VIII. Le *Deutéronome* admet aussi les sorciers et les faux prophètes,
chap. XIII et chap. XVIII, v. 10 et suiv.

plus loin, dans un défilé formé par deux murs,
même apparition de l'ange menaçant : l'intelligente
bête, de nouveau maltraitée, frotta contre le mur
le pied du sorcier. Enfin, dans un troisième passage
tellement étroit qu'il était impossible de s'écarter
à droite ni à gauche, l'ânesse voyant l'ange s'opposer
à elle, se laissa tomber entre les jambes de Balaam
qui, furieux, la rossa de plus belle.

« Alors, dit le texte, le Seigneur ouvrit la bouche
de l'ânesse et elle dit à Balaam : Que vous ai-je fait ?
Pourquoi m'avez-vous déjà frappé trois fois ? —
Balaam répondit : Parce que tu l'as mérité et que tu
t'es moquée de moi. Que n'ai-je une épée pour te
tuer ! — L'ânesse lui dit : Ne suis-je pas votre bête
sur laquelle vous avez toujours accoutumé de monter jusqu'aujourd'hui ? Dites-moi si je vous ai jamais
rien fait de semblable ? — Jamais, lui répondit-il.

» Aussitôt le Seigneur ouvrit les yeux à Balaam
et il vit l'ange qui se tenait dans le chemin ayant
une épée nue, et il l'adora s'étant prosterné en terre.
L'ange lui dit : Pourquoi avez-vous battu votre
ânesse par trois fois ? Je suis venu m'opposer à vous
parce que votre voie est corrompue et qu'elle m'est
contraire. Et si l'ânesse se fut détournée de mon
chemin en me cédant la place, lorsque je m'oppo-
sais à son passage, je vous eusse tué et elle serait

demeurée en vie. — Balaam lui répondit : J'ai péché... (1). »

Balaam repentant remonta sur sa bête et continua son voyage, mais pour aller bénir trois fois, à la barbe de Balac et selon la volonté du Seigneur, le peuple d'Israël que Balac aurait voulu voir ensorceler (2). Cette bénédiction et la victoire qui s'en suivit n'inspirèrent pas aux soldats de Moïse une bien vive reconnaissance : ils passèrent Balaam au fil de l'épée en même temps que les Madianites vaincus (3).

S'il se fût trouvé, parmi les contemporains de l'ânesse du prophète un âne doué de la parole, un seulement !... et s'ils eussent fait alliance, la race des ânes parlants se serait propagée et peut-être couvrirait-elle aujourd'hui la terre. Pourquoi pas ? Le hasard qui a fait naître dans le même temps un

(1) *La Sainte Bible* en latin et en français, 3 vol. in-f°, Paris, 1715, t. I, p. 495 *Les Nombres*, chap. XXII.

(2) *Deutéronome*, chap. XXIII, v. 4 et 5.

(3) *Nombres*, chap. XXXI, v. 8. Voici sur la conversation de l'ânesse biblique le jugement du grave Dom Calmet : « Il est très-possible à Dieu de faire proférer à une ânesse quelques paroles articulées. *La chose est miraculeuse* et au-dessus des facultés ordinaires de cet animal, *mais elle n'est pas contre les lois de la nature.* » *Dict. de la Bible*, v° *Anesse de Balaam.*

taureau et une vache sans cornes, a bien formé les *Sarlabots*... Le sort s'amuse à produire des phénomènes; l'homme les rapproche et c'est ainsi que les genres se subdivisent en espèces et celles-ci en variétés.

Autre question, mais d'un intérêt purement théorique. Si le baudet, contemporain de l'ânesse de Balaam, eût parlé une autre langue que l'hébreu, l'arabe, par exemple, comme on l'a dit de l'âne de Silène (1), ou le grec, comme les chevaux d'Achille, quelle langue eussent parlée leurs enfants ? Celle du père ou celle de la mère ? Ni l'une ni l'autre peut-être, mais une langue hybride et nouvelle, qui eût ouvert une carrière de plus aux savantes recherches des philologues.

Personne n'ose avouer aujourd'hui qu'il croit à à la métempsychose. Bien des gens néanmoins sont persuadés que beaucoup d'ânes parlent encore, mais par la bouche des hommes, car on entend dire tous

(1) « Les métamorphoses étaient très-communes dans toute l'antiquité. L'âne de Silène avait parlé et les savants ont cru qu'il s'était expliqué en arabe. C'était probablement un homme changé en âne par le pouvoir de Bacchus, car on sait que Bacchus était arabe. » VOLTAIRE, *Questions sur l'Encyclopédie*, v° *Ana*, t. I, p. 193, édit. in-4°, Genève, 1774.

les jours d'un ignorant qui bavarde à tort et à travers : *c'est un âne*. Pour moi, je n'en crois rien. Il
est injuste de mettre sur le compte des ânes toutes les
sottises qui se disent dans ce bas-monde, puisque le
seul être de cette espèce qui ait parlé n'a dit que
des chose sensées.

Remarquez même que l'ânesse de Balaam n'a
jamais repris la parole. Quel exemple de discrétion
et de modestie ! Combien d'orateurs gagneraient à
l'imiter ? Savoir se taire !... talent plus rare que
celui de parler ! Ah ! si ce genre de mérite était plus
répandu, on lirait moins souvent dans *le Moniteur* :
« mouvements divers, — murmures, — vive inter-
ruption ! » et autres parenthèses officielles, attestant
une intempérance de langue dont l'ânesse de Balaam
ne s'est jamais rendue coupable.

Bast ! après tout, Dieu fait bien ce qu'il fait. S'il
n'a pas créé d'âne parlant au temps du roi Balac, il
avait sans doute pour cela de bonnes raisons. Qu'arri-
verait-il, en effet, si les baudets parlants s'étaient
multipliés ? L'homme prétend que l'âne est obstiné.
L'âne adresserait le même reproche à l'homme.
S'ils pouvaient raisonner à l'envi l'un de l'autre,
on ne sait quand prendraient fin les disputes qui
s'élèvent parfois entre eux, tandis que l'homme
parlant seul est toujours sûr d'avoir le dessus... à

u moins pourtant que son adversaire ne le matte
h dessous, en se roulant avec lui dans la poussière ou
b dans la boue, ce qui est l'*ultima ratio* de l'espèce
u asine.

CHAPITRE VI.

LES ANES DE ROMANS OU LES ANES D'OR.

LUCIUS, LUCIEN, APULÉE, MACHIAVEL.

Un âne qui fit grand bruit et eut un prodigieu
succès aux premiers temps du moyen-âge, c'est *l'An
d'or* d'Apulée, ou, si vous l'aimez mieux, l'âne d
Lucius de Patras, ou, si vous le préférez enfin, celu
de Lucien ; car ces trois ânes, bien que les deux plu
anciens en date soient grecs et que le plus récen
soit latin, n'en font en réalité qu'un seul.

Lequel des deux ânes grecs fut le père de l'autre
C'est ce que nous ne saurions dire aujourd'hui, puis
que celui de Lucien n'est pas venu jusqu'à nous
Photius, savant patriarche de Constantinople a
IXᵉ siècle, qui nous a transmis l'analyse de près d
trois cents ouvrages, dont plusieurs ont échappé
toutes recherches ultérieures (1), est le seul auteu

(1) *Myriobiblon*, seu Bibliotheca librorum quos legit e
censuit Photius, patriarcha Constantinopolitanus.

de vieille date qui les ait eus l'un et l'autre sous les
yeux et dont le témoignage nous soit parvenu. Or,
Photius lui-même ne sait à quoi s'en tenir. Il ignore
si c'est Lucius qui a copié Lucien ou si c'est Lucien
qui a copié un livre des métamorphoses de Lucius,
« car, ajoute-t-il, nous n'avons pu découvrir qui des
» deux est le plus ancien (1). » Les doutes de Photius étaient d'autant plus légitimes, que Lucius et
Lucien florissaient à peu près à la même époque,
sous les Antonins, au n^e siècle de l'ère nouvelle.

Beroaldo, le premier commentateur d'Apulée, déclare que le livre d'Apulée est « imité de Lucius de
» Patras, dans la vigne duquel Apulée a fait ven-
» dange ; » ce sont les termes qu'il emploie (2).

Moréri adopte complétement cette opinion (3).

Paul-Louis Courier, qui a donné en 1818 une traduction de l'Ane de Lucius de Patras, suivie de variantes et de notes philologiques, pense que le roman
de Lucius, intitulé *La Luciade*, est l'aîné de tous ces

(1) *La Luciade* ou l'Ane de Lucius de Patras, avec le
texte grec, 1 vol. in-12, Paris, 1818. Voir en tête de cette
traduction, la préface de Paul-Louis COURIER, p. i et ij.

(2) M. BÉTOLAUD, traduction d'Apulée, *avant-propos
des Métamorphoses*. Collect. Panckoucke, in-8°, Paris,
1835-1838, t. Ier, p. xcij.

(3) *Dict. histor.*, v° *Apulée*.

écrits. Le texte que l'on possède aujourd'hui est,
dit-il, le premier jet de l'auteur, « l'original enfin du
» livre des Métamorphoses qui n'était qu'un déve-
» loppement ou plutôt une pitoyable amplification
» de celui-ci, écrite par quelque autre que Lucius,
» ou, si l'on veut, par Lucius vieilli, mal inspiré,
» brouillé avec les muses, ayant perdu toute sa
» verve ; » et il ajoute qu'au surplus « ce livre au-
» jourd'hui perdu des Métamorphoses, nous l'avons
» en latin, traduit par Apulée... ou plutôt imité,
» paraphrasé (1). » Cette opinion sur l'antériorité de
La Luciade est partagée par un autre helléniste qui
a donné une nouvelle traduction de ce livre, n'étant
pas satisfait de la version du Vigneron de La Chavon-
nière auquel il reproche « d'ajouter, de retrancher,
» d'amplifier... et de préférer le gaulois du xvi⁰ siècle
» à la langue de Bossuet et de Racine (2). » M. J.-A.
Maury, dans l'*Avis* qui précède sa traduction des
œuvres principales d'Apulée, n'hésite pas non plus
à faire honneur à Lucius de Patras de l'invention
première (3). Enfin, cette opinion est celle de M. Bé-

(1) *La Luciade*, traduction de Courier, p. x et xij.

(2) *La Luciade* ou l'Ane de Lucius de Patras, traduction
nouvelle, texte en regard, 1 vol. petit in-18, Blois, 1827.
Avertissement, p. viij et x.

(3) *L'Ane d'or* d'Apulée précédé du *Démon de Socrate*,

tolaud, dont les savantes et consciencieuses recherches font autorité (1).

Bien qu'Apulée soit né au commencement du
IIe siècle, en l'an 114 de Jésus-Christ, qu'il ait vécu
jusque vers l'année 184 (2) et qu'il ait pu dès-lors
être plus ou moins longtemps le contemporain de
Lucius et de Lucien, son *Ane d'or* est incontesta-
blement le cadet de la famille, puisqu'il reproduit à
peu près littéralement « l'âne grec... mais démesu-
» rément étendu par de froides amplifications et des
» épisodes sans fin (3). » Ainsi s'exprime Paul-Louis
Courier, et nous souscririons sans réserve à son
jugement, s'il eût excepté de sa réprobation l'épisode
de l'Amour et Psyché, dont il ne fait pas même
mention, et qui seul, à notre avis, peut justifier le

traduction nouvelle, avec le latin en regard, par J.-A.
MAURY, 2 vol. in-8°, Paris, 1822, *Avis*, p. vj.

(1) *Apulée*, traduction nouvelle par M. BÉTOLAUD, dans
la Bibliothèque latine-française de Panckoucke, 4 vol.
in-8°, Paris, 1835-1838. M. Bétolaud a donné, en 1862,
une nouvelle édition de sa traduction, avec le texte latin
au bas des pages, en 2 vol. in-12 ; mais elle est beaucoup
moins complète que l'édition de 1835.

(2) M. BÉTOLAUD. — V. aussi la traduction donnée par
la Collection Nisard.

(3) COURIER, *ibid*. Préface. p. xij.

nom sous lequel le roman d'Apulée a passé à la postérité.

Pourquoi, en effet, son livre a-t-il été connu, de temps immémorial, sous le nom de *l'Ane d'or?* Son âne n'est point d'or ; il est de chair et d'os. La fiction dont il est le héros a été intitulée *Lusus asini, L'Ane, facétie.* Ce titre même est contesté ; les meilleurs manuscrits ne donnent à l'œuvre d'Apulée d'autre titre que celui de *Métamorphoses en XI livres.* C'est le titre définitivement adopté par la critique. Le nom *d'Ane d'or* ne paraît avoir été donné à ce livre qu'assez longtemps après la mort d'Apulée, et pour le charme que l'on trouvait à sa lecture (1). Ce charme ne pouvait être que dans le récit primitif et dans la fable de Psyché, les autres digressions ajoutées à la composition de Lucius n'étant guère de nature à charmer personne.

Pour donner une idée aussi exacte que possible du canevas des trois romans dont nous venons de parler, il nous suffira d'analyser celui de Lucius de Patras, omettant toutefois à dessein les nombreux passages sur lesquels la décence interdit d'appeler l'attention des lecteurs.

(1) M. Bétolaud, *Notes sur les Métamorphoses,* p. 274. — M. Maury, *Avis,* p. vj.

Nous parlerons ensuite, mais plus brièvement, de l'*Ane d'or* de Machiavel.

Lucius se dirige vers la Thessalie, pays renommé pour les sortiléges. Il arrive à Hypate avec des lettres de recommandation pour un avare nommé Hipparque, dont la femme se livre aux pratiques de la magie. Grâce à la servante Palestre, Lucius voit, à travers les fentes d'une porte, la femme d'Hipparque, dans son laboratoire, se déshabiller, se frotter du contenu d'une fiole et jeter dans une lampe deux grains d'encens ; elle murmure des paroles mystérieuses, se métamorphose en chat-huant et s'envole par la fenêtre. Lucius veut savoir par lui-même si, en quittant sa nature d'homme, il aurait aussi l'âme d'un oiseau. Palestre se prête à cette expérience, mais elle se trompe de fiole et Lucius se trouve métamorphosé en âne. « Ne t'inquiète pas, mon ami, lui dit Palestre. Reste pour cette nuit sous ta peau d'âne. Demain, au petit jour, je t'apporterai des roses ; dès que tu en auras goûté, tu reprendras ta première forme. » « J'avais bien, ajoute l'auteur, toute l'encolure d'un âne, mais, quant au sens et à la pensée, j'étais encore Lucius comme devant, à la parole près. »

Lucius se rend à l'écurie près de son propre cheval

et d'un autre âne. Des voleurs surviennent, pillent
la maison d'Hipparque, chargent leur butin sur les
trois bêtes de somme et les emmènent. Voilà donc
Lucius au service des brigands. Après trois jours de
marche, on arrive le soir dans le repaire des mal-
faiteurs. C'est une vaste caverne au milieu des bois.
Il y avait là une vieille femme assise et un grand feu
allumé. La vieille avait préparé le souper des voleurs.
Ceux-ci se réchauffent. Un instant après, entre une
troupe de jeunes gens apportant un riche butin, de
la vaisselle, des vases d'or et d'argent, des vêtements
d'homme et de femme et des bijoux. Ils sont de la
même bande que les premiers. On sert un repas
copieux, on raconte les exploits de la troupe, et la
conversation devient fort tumultueuse. Le lendemain, les bandits sortent pour une expédition, laissant Lucius et son cheval sous la surveillance de la
vieille et d'un jeune homme qui aidait au service et
avait soin de bien fermer la porte. Au bout de quelques jours, les brigands rentrent au gîte. « Cette fois
ils n'apportaient ni or, ni argent; ils n'amenaient
qu'une jeune fille à la fleur de l'âge et belle à mer-
veille. Elle jetait des cris lamentables... ne voulait
point manger... » La vieille cuisinière est chargée
de la garder. Le lendemain, autre expédition; on
tue un riche voyageur, et Lucius reçoit sur son dos

une partie de ses dépouilles, qu'il rapporte à la caverne. Les brigands retournent sans lui dans la forêt pour chercher le reste. Lucius n'étant point attaché profite de leur absence; il tente de s'évader. La vieille se cramponne à sa queue pour le retenir et appelle à son aide la jeune captive; mais celle-ci, au contraire, saute sur le dos de l'âne, le talonne, et tous deux prennent la fuite, l'un portant l'autre. Par malheur, ils rencontrent en route les voleurs qui les ramènent, avec force moqueries pour celle-ci, et coups de bâton pour celui-là. Des soldats, guidés par le fiancé de la jeune fille, découvrent la caverne des brigands et les font prisonniers. La belle, délivrée, est reconduite chez elle sur le dos de Lucius. L'âne est donné au père de la jeune fille et subit de cruelles tribulations. La maison de son nouveau maître est à son tour dévalisée, et Lucius, conduit à Beroë, en Macédoine, est vendu à une bande de mauvais garnements, promenant de village en village la statue de la déesse de Syrie, se donnant pour les prêtres de cette divinité et menant, aux dépens de la crédulité publique, la vie la plus désordonnée. Admis à passer la nuit dans un temple, les dignes pontifes y volent une coupe d'or. Ils sont garrottés, emmenés, et leur âne, vendu encore une fois, devient la propriété d'un boulanger, puis d'un jardinier, puis

d'un soldat, qui le revend aux cuisiniers de Ménéclès,
homme opulent de Thessalonique, ville principale
de la Macédoine. Lucius avait conservé le goût de la
bonne chère : il mangeait les restes de la table.
Informé du fait, le richard fait servir Lucius dans
la salle à manger, lui fait verser du vin, s'en amuse
et l'achète de ses domestiques. Lucius devient un
âne savant : il apprend à se coucher sur un lit, à
s'appuyer sur *le coude* pour dîner, à lutter, à danser ;
il est réputé un prodige, car nul ne se doute qu'il y
a dans l'âne un homme caché. Ménéclès le fait voir
à ses amis et à ses convives. Une dame, aussi riche
que belle, devient amoureuse de Lucius et lui donne
des preuves de sa passion. Ménéclès produit son âne
en plein théâtre, dans une fête publique, à table,
couché sur un lit près d'une femme condamnée aux
bêtes. Des esclaves servaient ces deux convives dans
des coupes d'or. Lucius, honteux d'être ainsi donné
en spectacle, se précipite sur un individu qui portait
des fleurs parmi lesquelles il y avait des roses ; il les
dévore. Sa forme de bête se perd peu à peu et
s'évanouit tout à fait, tant et si bien qu'il ne restait
plus d'âne, mais à sa place Lucius tout nu. Les
spectateurs sont stupéfaits. On le serait à moins. Le
métamorphosé, revenu à figure humaine, s'approche
alors du préfet, qui assistait aux jeux publics, et lui

raconte comment il a été changé en âne par une femme de Thessalie. « Mon nom, à moi, dit-il au préfet, est Lucius, et celui de mon frère, Caïus... Nous sommes de Patras, ville d'Achaïe, etc. » C'est ainsi que l'auteur de *La Luciade* révèle son nom et celui de sa ville natale. Décemment vêtu et mis en liberté, Lucius se fait un devoir d'aller rendre ses hommages à la belle dame qui l'avait tant aimé lorsqu'il était bête ; mais cette dame, ne trouvant plus rien en lui de ce qui l'avait séduite, le fait mettre à la porte par ses gens. Le lendemain, Lucius s'embarque, retourne avec son frère dans son pays et offre un sacrifice de reconnaissance aux dieux « qui l'ont fait sortir, après tant de dangers, non d'un chien, comme dit le proverbe, mais de la peau d'un âne où l'avait enfermé sa sotte curiosité. » Ainsi finit la comédie.

Elle est reproduite presque littéralement dans les Métamorphoses d'Apulée *(Apuleius)*. Les noms des personnages sont changés, mais leurs rôles sont les mêmes. Ainsi, l'avare d'Hypate se nomme Milon au lieu d'Hipparque ; sa servante, Fotis au lieu de Palestre, et ainsi de suite. Les deux romans ne diffèrent que par le dénouement et surtout par les nombreux épisodes au moyen desquels Apulée allonge le récit

de son devancier au point d'en composer onze livres.
Dans le premier, on trouve deux additions de cette
nature : l'histoire ridicule d'un Aristomène et d'un
Socrate et celle d'un marché de poissons. Au
deuxième livre est intercalé, dans un festin, l'interminable discours d'un convive nommé Téléphron,
qui, à Larisse, a eu le nez et les oreilles coupés par
des sorcières pendant qu'il gardait un mort. Au
troisième livre, autre incident : c'est une accusation
d'assassinat contre Lucius, qui a percé de son épée
des outres pleines de vin.

C'est seulement à la fin de ce troisième livre que
Lucius voit la femme de son hôte se changer en
hibou et que lui-même, par suite d'une erreur de la
suivante, se trouve métamorphosé en âne. Ane il
restera jusqu'à ce qu'il ait mangé des roses que Fotis
promet de lui donner dès le lendemain.

Dans la caverne des voleurs, nouvelle digression :
c'est l'histoire de Trasiléon, l'un des chefs des brigands, mort dans une expédition où il s'était déguisé
en ours, afin de s'introduire à Platée chez un homme
riche qui réunissait des bêtes féroces pour donner
des réjouissances publiques.

L'épisode de l'Amour et Psyché se rattache peut-
être moins encore que tous les autres au sujet principal. Lorsque la jeune fiancée est amenée dans le

souterrain des voleurs et mise sous la garde de leur vieille cuisinière, ce hideux geôlier lui dit : « Je vais vous distraire par un conte du bon vieux temps... Il y avait une fois, dans un certain pays, un roi et une reine qui avaient trois filles... » et elle lui raconte les aventures de Psyché, qui remplissent la moitié du IVe livre, le Ve tout entier et les trois premiers quarts du VIe. Cette fable est à peu près telle que l'ont reproduite Molière en tragédie-ballet, avec la collaboration du grand Corneille et de Quinault, et La Fontaine dans son délicieux roman.

Après ce récit, l'histoire de Lucius métamorphosé reprend son cours ; puis viennent la tentative d'évasion avec la belle captive, la rencontre des voleurs, qui ramènent les fugitifs dans leur repaire, et les autres événements qui, comme dans *La Luciade*, font changer si souvent l'âne de maître et de condition.

Le dénouement d'Apulée, avons-nous dit, n'est pas celui de Lucius de Patras. En effet, dans l'*Ane d'or*, Lucius ne revient pas à la forme humaine en mangeant des roses au milieu des jeux où il est donné en spectacle avec une femme ; il s'échappe, au contraire, pendant les préparatifs de la fête, à la fin du Xe livre, et va s'endormir au bord de la mer Égée.

Le XIe et dernier livre des *Métamorphoses* d'Apulée commence par un songe. Lucius supplie la Lune de lui venir en aide, de lui faire quitter l'indigne figure d'un quadrupède et de le rendre aux siens et à lui-même. A cette invocation, la déesse apparaît. C'est Isis, la divinité unique adorée sous mille formes, sous mille noms et par mille rites divers. Une solennité religieuse va m'être consacrée, dit Isis. Le grand prêtre portera, de sa main droite, une couronne de roses. Approche doucement comme pour lui baiser la main, broute les roses, et ta vilaine peau de bête tombera tout à coup; mais souviens-toi qu'ensuite tu devras me consacrer ta vie jusqu'à ton dernier soupir. Lucius s'éveille. La pompe annoncée se déploie. Lucius suit les inspirations qu'il a reçues d'Isis, dévore la couronne de roses entre les mains du pontife et redevient homme. « Cette couronne, dit un commentateur, représente celle dont les initiés étaient ornés, et la vertu des roses figure celle des mystères (1) qui éloignent l'homme des passions terrestres pour le ramener à la vertu et le rapprocher de la divinité. » Quoi qu'il en soit, la foule admire le miracle où se manifeste la puissance de la déesse, et l'un des prêtres, quittant sa robe blanche, s'empresse d'en couvrir la nudité de Lucius.

(1) WARBURTON, cité par M. MAURY, *Avis*, p. x.

Ainsi sauvé entre les bras de la religion, Lucius reconnaissant s'attache à la sainte milice des pastophores, dont se compose le collége des prêtres d'Isis : il ne la quitte plus, s'applique au culte assidu de la déesse et se prépare à l'initiation par des méditations et par l'abstention de toute nourriture profane. Des apparitions l'éprouvent ou l'encouragent. Vêtu de la *robe olympique*, tenant dans sa main droite un flambeau allumé, paré d'une couronne de palmier, Lucius est enfin initié par le grand pontife Mithra. Les détails multipliés et très-curieux sur les cérémonies de l'initiation mystérieuse et sur les sacrifices pécuniaires qu'elle impose au néophyte ne comportent guère l'analyse. Lucius donne au grand prêtre Mithra le baiser d'adieu, s'embarque et se rend à Rome.

Là, nouvelle apparition de la déesse, qui l'engage à se faire initier aux mystères de l'invincible Osiris, le souverain père des dieux, et nouveaux détails sur cette initiation, plus solennelle et plus ruineuse que la première. Lucius a la gloire d'être admis aux fêtes nocturnes du grand Sérapis, dont la religion est une avec celle d'Isis. Favorisé par le dieu, il suivait le forum et rétablissait sa fortune en plaidant en latin.

Ordre itératif d'en haut de se faire initier une

troisième fois, ce qui étonne un peu Lucius ; mais enfin, reconnaissant de la libéralité des dieux, qui le favorisaient largement par ses profits au barreau, il est, après de nouvelles préparations, élevé par le Dieu des Dieux, par le dominateur suprême, par Osiris lui-même, au rang de ses pastophores.

Il est probable que, dans certaines parties de son roman, et particulièrement dans le livre consacré aux initiations, Apulée raconte ses propres aventures. Il paraît, en effet, qu'après avoir passé sa première jeunesse en Afrique, son pays natal, il voyagea plusieurs années en Grèce et en Orient, montra une insatiable curiosité de s'instruire, d'approfondir la philosophie platonicienne, dont il professait les doctrines, et de pénétrer les secrets surnaturels, ce qui le fit soupçonner et même accuser de magie. Il fut successivement admis en Grèce aux mystères d'Isis, et à Rome à ceux d'Osiris, et parvint à une haute dignité sacerdotale. A Rome, à Madaure, à Carthage, il se livra à l'exercice de la profession d'avocat avec autant de succès pour sa réputation que pour le rétablissement de sa fortune. L'une des causes où il montra le plus d'esprit et de talent est celle qu'il plaida pour lui-même contre les héritiers de sa femme Pudentilla. On l'accusait d'avoir ensorcelé cette dame pour s'en faire épouser et s'emparer de

sa fortune. Sans cela, disaient les adversaires
d'Apulée, comment Pudentilla, veuve depuis quatorze ans et âgée de plus de quarante, aurait-elle
consenti à prendre un mari beaucoup plus jeune
qu'elle? Apulée n'avait voulu recevoir de son con-
trat aucun avantage; il était beau, spirituel. Il répondit à ses contradicteurs que s'il y avait, dans le
mariage qui faisait la base du procès, quelque chose
de merveilleux, c'était que Pudentilla fut restée
quatorze ans sans prendre un nouveau mari, et que
c'était précisément la jeunesse de ce mari qui prou-
vait que la magie aurait été superflue. Sa plaidoierie,
qui nous a été conservée (1), est un persiflage fort
amusant. Elle mit les rieurs de son côté et contribua
à lui faire gagner sa cause, qui d'ailleurs était
excellente.

L'*Ane d'or* de Machiavel est, sans contredit, né des
trois autres. Le titre seul indique assez que l'auteur
du *Prince* reconnaissait cette filiation. Son début le
dit plus clairement encore : « Je chanterai les diverses aventures, les peines et les douleurs que j'ai
éprouvées sous la forme d'un âne... Malheur à qui
me touche...! » L'œuvre de Machiavel diffère cepen-

(1) C'est son *Apologie*.

dant autant des trois œuvres anciennes, que le xv° et le xvi° siècles diffèrent des temps où vivaient Lucius, Lucien et Apulée. Ces trois écrivains ont dévoilé en prose les désordres de certaines classes de la société qu'ils avaient sous les yeux. Machiavel a commencé un poème qu'il a laissé inachevé au VIII° chant, avant même d'avoir été métamorphosé en âne, et son but, quoi qu'il en ait dit (sans doute par mesure de prudence), paraît avoir été d'écrire une satire contre un grand nombre de ses contemporains, plutôt que de censurer d'une manière générale les mœurs de son siècle. Malheureusement, la plupart de ses allusions sont perdues pour nous.

L'auteur raconte qu'un soir d'été il rencontra, dans un lieu aride, une nymphe d'un éclat éblouissant, conduisant un troupeau de bêtes, ours, loups, lions furieux, cerfs et blaireaux. La nymphe était une des jeunes filles qui aidaient Circé à gouverner son empire. « Tous les animaux que tu vois, dit-elle au survenant, étaient, comme toi, des hommes, lorsqu'ils habitaient le monde ; c'est ma souveraine qui les a métamorphosés ainsi. Viens avec mon troupeau, et, pour que Circé ne t'aperçoive pas, marche au milieu à quatre pattes. » Ainsi dit, ainsi fait : la nymphe emmène le nouveau venu chez elle, le comble de ses faveurs (comme Palestre et Fotis avaient comblé Lucius des leurs), et lui prédit qu'avant que les étoiles se montrent bienfaisantes envers lui, il devra perdre, pendant un temps, la figure humaine, errer par le monde sous une peau nouvelle, et paître avec le troupeau de Circé.

Le lendemain, la nymphe fait voir à son prisonnier une vaste enceinte, une immense ménagerie, où sont d'innombrables oiseaux et animaux terrestres : ici les lions, ce sont les cœurs magnanimes qui ont pris cette forme à la voix de Circé, là les ours, gens de mœurs brutales et violentes.

Dans l'impossibilité de les décrire tous, le héros de l'aventure se borne à dépeindre ceux de ces animaux qui ont le plus attiré son attention :

» Je vis, dit-il, un chat, par un excès de patience, laissant échapper sa proie, quoi qu'il ne manquât pas de sagesse et fût de bonne race.

» Je vis ensuite un dragon livré à la plus vive agitation, se tourner, sans jamais trouver le moindre repos, tantôt sur le côté droit, tantôt sur le côté gauche.

» J'aperçus un renard méchant et importun, qui, jusqu'à présent, n'a pu trouver un filet qui l'ait pris ; et un chien corse qui aboyait à la lune.

» Je vis un lion qui s'était arraché lui-même et

les griffes et les dents, trompé par des conseils per-
fides et imprudents...

» J'aperçus ensuite une girafe qui baissait le cou
devant chaque personne, et à ses côtés un ours
fatigué qui ronflait profondément... »

Ne sont-ce pas là des portraits et presque des
signalements de personnages contemporains, que
Machiavel livrait, par les traits principaux de leurs
visages ou de leurs caractères, à la risée ou au mépris public?

Sur le désir manifesté par l'âne futur d'entrer en
conversation avec quelques-uns des métamorphosés,
sa conductrice le dirige vers un porc se vautrant
dans une fange immonde : « Dieu te donne un meilleur sort, si tu le désires, lui dit le survenant! Dieu
te conserve celui dont tu jouis, si tu es satisfait! »
Voici la réponse du porc, traduite et résumée par
Voltaire :

Animaux à deux pieds, sans vêtements, sans armes,
Point d'ongle, un mauvais cuir, ni plume, ni toison,
Vous pleurez en naissant, et vous avez raison !
Vous prévoyez vos maux ; ils méritent vos larmes.
Les perroquets et vous ont le don de parler.
La nature vous fit des mains industrieuses ;
Mais vous fit-elle hélas! des âmes vertueuses?
Et quel homme en ce point nous pourrait égaler ?

L'homme est plus vil que nous, plus méchant, plus sauvage :
Poltrons ou furieux, dans le crime plongés,
Vous éprouvez toujours ou la crainte ou la rage.
Vous tremblez de mourir et vous vous égorgez.
Jamais de porc à porc on ne vit d'injustices.
Notre bauge est pour nous le temple de la paix.
Ami, que le Bon Dieu me préserve à jamais,
De redevenir homme et d'avoir tous tes vices !

Ce discours philosophique clôt le VIIIe chant de l'*Ane d'or*, et le poème en reste là.

Dans la fable des *Compagnons d'Ulysse*, La Fontaine a traité le même sujet. L'a-t-il emprunté à Plutarque (1) ou à Machiavel ? Peut-être à tous deux. Quoi qu'il en soit, l'*Ane d'or* du florentin est un peu oublié : peut-être nous saura-t-on gré d'en avoir rafraîchi le souvenir.

L'*Ane d'or* d'Apulée a eu les honneurs d'une multitude d'éditions, de quinze traductions en français, d'autres traductions en allemand, en anglais, en italien, en espagnol, même en suédois (2), et de

(1) Plutarque, *Œuvres morales. Que les bêtes usent de raison*, en forme de devis : Dialogue entre Ulysse, Circé, Grillus.

(2) M. Bétolaud, *Notice sur Apulée*, p. lxvij.

commentaires, dont quelques-uns nous étonneraient
fort aujourd'hui.

Apulée passa pour un si grand magicien que Oea,
Carthage et d'autres villes lui érigèrent, dit-on, des
statues (1).

Cependant « aucun de ses contemporains, dit
M. Bétolaud, ne fait mention de lui, pas même Tertullien... Ceux qui parlent de lui dans les âges suivants
sont des Pères de l'Église qui lui sont postérieurs
d'un siècle et demi... Saint Jérôme dit positivement
qu'il faisait des miracles, comme autrefois les mages
devant le roi d'Égypte. Lactance, Marcellin, repro-
duisent cette assertion... Saint Augustin convient
qu'il a été un orateur éloquent et un très-célèbre
philosophe platonicien ; mais il attaque et blâme
ses études magiques. Il dit avec gravité qu'Apulée
devait à ses connaissances un pouvoir surnaturel. En parlant du livre des *Métamorphoses*, il laisse
entièrement à douter, s'il prend ce livre pour un
badinage de pure fantaisie ou pour une œuvre
sérieuse. « C'est ainsi, dit-il, à propos de « quelques opérations magiques, c'est ainsi qu'Apulée
rapporte avoir été changé en âne ; soit qu'il l'ait

____

(1) *Vie d'Apulée*, en tête de la traduction de M. Maury,
p. xxiv.

cru, soit qu'il ait voulu se servir d'une fiction : *aut judicavit, aut finxit.* » Enfin, il nous apprend que les païens opposaient Apulée à Jésus-Christ, et que quelques-uns même le plaçaient au-dessus : « *Apuleium cœterosque artium magicarum peritissimos conferre Christo, vel etiam præferre conantur.*» « Sa réputation, comme on le voit, ajoute M. Bétolaud, avait singulièrement grandi dans ces cent cinquante ans (1). »

Cette crédulité des anciens Pères et même de Saint Augustin ne doit pas nous surprendre. En France, en 1663, en plein siècle de Louis XIV, le Parlement de Paris condamnait à mort et faisait brûler vif, comme atteint et convaincu de magie, un pauvre homme nommé Simon Morin, qui se disait incorporé à Jésus-Christ. A Séville, le 7 novembre 1781, on brûlait encore une femme accusée d'avoir eu commerce avec le diable (2) ! On pourrait multiplier les exemples.

Fulgence, évêque africain du vi^e siècle, a commenté gravement l'épisode de l'Amour et Psyché.

____

(1) M. Bétolaud, *Notice sur la vie et les ouvrages d'Apulée,* en tête de sa traduction, t. I, p. xij-xiv.

(2) Mercier, *Tableau de Paris,* ch. cccxliv, *le Parlement,* et ch. ccclxxxvii, *Prônes.*

où il a vu, sous la forme d'une allégorie « et dans toute sa rigidité, la doctrine de l'Église sur le péché de concupiscence (1) » ; et il a soutenu son dire par des raisonnements d'une bizarrerie tout-à-fait en rapport avec celle de la thèse elle-même.

Apulée, disait au XVᵉ siècle Philippe Beroaldo (de Bologne), a voulu nous donner un emblème de ce qui se passe dans la vie humaine ; les hommes deviennent des brutes, des ânes, quand ils se livrent sans mesure aux voluptés... Les roses représentent l'étude et la science, qui les rendent à la forme humaine (2).

Suivant Warburton, l'*Ane d'or* est « un traité ingénieux écrit dans le but de montrer l'utilité des mystères » ; la transformation de Lucius en âne est par lui rapprochée « de la métempsychose, l'une des doctrines fondamentales des mystères (3). » De ces deux assertions, la première n'est guère soutenable, puisque sur onze livres, il n'y en a qu'un seul (le dernier) où il soit question d'initiations, et la seconde

(1) M. MAURY, *Avis*, p. vij, xij et xiij.

(2) M. BÉTOLAUD, avant-propos des *Métamorphoses*, p. xcij.

(3) WARBURTON, *Dissertation sur l'union de la religion, de la morale et de la politique.* — M. MAURY, *Avis*, p. vij et viij.

repose sur une confusion d'idées. La métempsychose est un système, une doctrine, qui suppose la migration des âmes dans divers corps, dont elles subissent successivement les appétits et les passions, tandis qu'une métamorphose est la transformation merveilleuse, isolée, en quelque sorte accidentelle, d'un corps en un autre corps, l'âme restant toujours la même et conservant ses idées premières. Mais Warburton, évêque de Glocester, commentateur de Shakespeare, et controversiste fort persiflé par Voltaire pour ses paradoxes sur l'immortalité de l'âme(1), ne s'est pas fait ces objections. « Le but moral d'Apulée, dit-il, fut de recommander l'initiation aux mystères en haine du christianisme, qui s'introduisait partout. Le dernier livre ne roule que sur ce sujet, traité avec toute la gravité que l'on devait attendre d'un auteur aussi sincère dans son idolâtrie (2). »

La bizarrerie de la thèse de Warburton a été signalée par les continuateurs de Moréri, dans la nouvelle édition de son *Dictionnaire* (3).

(1) VOLTAIRE, *Questions sur l'Encyclopédie*, v° *Ame*, sect. V.

(2) M. MAURY, *Avis*, p. xj.

(3) MORÉRI, *Dict. histor.*, v° *Apulée*.

« Les chercheurs de la pierre philosophale prétendirent trouver dans l'*Ane d'or* les mystères du grand œuvre (1). » Bayle, qui rapporte cette incroyable aberration d'esprit, ne voit dans les Métamorphoses d'Apulée « qu'une satire continuelle des désordres dont les magiciens, les prêtres, les impudiques, les voleurs, etc., remplissaient le monde (2). »

« L'*Ane d'or*, dit M. Maury, est une fiction allégorique où régnent partout l'esprit et la variété dans une foule de descriptions, de portraits, d'épisodes *naturellement amenés* (!) et de leçons de morale cachées sous d'ingénieuses plaisanteries ; c'est une continuelle et joyeuse satire des désordres dont les magiciens, les impudiques, les voleurs, les grands et les prêtres remplissaient le monde... » M. Maury s'approprie non-seulement l'opinion, mais jusqu'aux expressions de Bayle. « Lucius, ajoute-t-il, d'abord sous sa forme naturelle, puis sous une forme dont l'idée lui vint de Lucius de Patras, éprouve une multitude de fortunes, parcourt le monde, observe et raconte (3). »

(1) BAYLE, *Dict. philos.*, v° *Apulée*, t. I, p. 300, note R, Édit. in-f° de Rotterdam, 1715.
(2) BAYLE, *Ibid.*, p. 300.
(3) M. MAURY, *Avis*, p. vj et xiij.

Le livre est bien ce que disent Bayle et M. Maury, mais peut-être ce dernier fait-il honneur à Apulée d'une pensée philosophique que Beroaldo lui a prêtée le premier, et qu'il pourrait bien n'avoir pas eue, tout philosophe platonicien qu'il était.

Apulée vivait à une époque de décadence littéraire où les récits d'aventures merveilleuses, surnaturelles, incroyables, absurdes, étaient fort à la mode en Grèce et à Rome. Il s'est conformé au goût de son temps en paraphrasant *La Luciade*. Pourquoi chercher dans son roman autre chose que ce qu'il déclare lui-même avoir voulu y mettre ? « Je vous présenterai, dit-il (ce sont ses premiers mots), *diverses fables* dans le genre milésien. Puissent-elles flatter d'un agréable murmure votre oreille bienveillante. Si vous ne dédaignez point de parcourir ce papyrus égyptien, sur lequel s'est promenée la pointe d'un roseau du Nil, vous verrez avec étonnement des créatures humaines changer de figure, de condition, et réciproquement revenir ensuite à leur premier état. Je commence... » — « *Ut ego tibi sermone isto milesio varias fabulas conseram, auresque tuas benevolas, lepido susurro permulceam : modo si papyrum æyiptiam, argutia nilotici calami inscriptam, non spreveris inspicere; et figuras fortunasque hominum in alias imagines conversas, et in se rursum mutuo nexu refectas ut mireris, exordior* (1). »

Par *fables milésiennes*, l'auteur entend ce genre de littérature dont nous parlions tout à l'heure, roulant sur des sujets plaisants, pleins d'événements impossibles et de folies. Le papyrus d'Égypte et le calamus rappellent les principaux instruments de l'écrivain au temps d'Apulée, le papyrus, dont l'Égypte faisait un immense commerce (2), étant la matière la plus usitée et la plus recherchée pour recevoir l'écriture, et les bords du Nil étant en possession de fournir les roseaux fins et légers dont se servaient alors les écrivains, comme l'atteste, ce vers de Martial :

> Dat chartis habiles calamos Memphitica tellus.

C'est seulement par la représentation fidèle, par la constatation d'une multitude de détails sur les goûts littéraires, la langue, les mœurs, les usages d'une époque ancienne, que peuvent se recommander des romans tels que *La Luciade* et l'*Ane d'or*. Ces détails sont d'un prix infini pour l'antiquaire. Aussi sont-ils fréquemment cités par Montfaucon, dans son *Anti-*

(1) Texte et traduction de M. BÉTOLAUD, dans la Bibliothèque latine-française de Panckoucke.

(2) MONTFAUCON, *L'Antiquité expliquée*, Supplément in-folio en 5 vol., t. III, liv. IX, ch. 1 et suiv., p. 199-249.

quité expliquée, par Pitiscus, dans son *Lexicon antiquitatum Romanarum,* et par la plupart des antiquaires dont les écrits font autorité. S'ils ne servaient à l'histoire de l'esprit humain et de la civilisation, les écrits des Lucius et des Apulée seraient justement dédaignés : ils ont peu de valeur au point de vue de la composition littéraire.

Le meilleur de ces ouvrages extravagants est le plus extravagant de tous ; il est amusant, précisément parce qu'il se moque des autres, comme Don Quichotte s'est moqué des romans de chevalerie, qui, eux aussi, ont eu leur temps de vogue, et que Cervantes a tués avec l'arme du ridicule. Cet écrit, qui fait ressortir l'absurdité des contes à dormir debout, des Jamblique et des Lucius de Patras, c'est l'*Histoire véritable* de Lucien.

Lucien engage, dès le début, ses lecteurs à ne pas croire un mot de ce qu'il va leur dire. Il raconte ses voyages dans une île, dont les habitants ont le pied long d'un arpent, île arrosée par des rivières de vin, et dont les poissons ont le goût du vin. Dans cette île, il sort des vignes des femmes dont les baisers enivrent et dont on ne saurait approcher sans prendre racine à côté d'elles. Lucien voyage ensuite dans la lune où il n'y a point de femmes, où les hommes portent leurs enfants dans le mollet et ne meurent pas, mais s'évaporent en fumée. Il visite la ville des lampes : les grosses lumières y sont les grands personnages, et les petites lampes la populace. Le vaisseau du voyageur est avalé par une baleine d'une telle dimension, qu'on trouve dans son corps des contrées spacieuses, des lacs, des montagnes, des forêts, des peuplades qui se font la guerre et dont on raconte les combats. Ailleurs, au milieu d'une mer de lait, se trouve une île de fromage. Les habitants se nourrissent à même ce fromage et marchent sur les flots, grâce à leurs pieds de liége. On peut juger par là, du reste. Il est inutile de prolonger l'analyse de ce voyage imaginaire, dont les pérégrinations d'Ulysse, au milieu des sirènes, des cyclopes, de Charybde et de Scylla, pourraient bien être le prototype *(Odyssée)*, et qui, sans doute, a donné naissance à plusieurs autres, notamment aux excursions de *Pantagruel* et de *Panurge*, à travers tant d'îles et de pays fabuleux, pour visiter l'oracle de la dive bouteille (1), aux *Nouvelles des régions de la lune*, suite assez embrouillée du Catholicon de la *Satyre Ménippée* (2), au *Voyage dans la lune*, de

(1) Rabelais, du ch. xlvii du liv. III, au ch. xlvii et dernier du liv. V.

(2) *Satyre Ménippée*, t. II, p. 235-336 ; édit. en 2 vol in-8°, Paris, 1824.

Cyrano de Bergerac, à l'*Histoire comique des états et de l'empire du soleil,* du même auteur, et, enfin, aux *Voyages* plus connus *de Gulliver* et *de Micromégas*.

Le *Lusus Asini* ou le livre des *Métamorphoses,* à part l'épisode de Psyché, ne rachète pas même la faiblesse de composition par le mérite du style. Courier, qui affectait d'employer la langue d'Amyot, reproche à Apulée d'avoir « parlé, sous les Césars, » la langue de Numa (1). » Ce qu'il y a de certain, c'est que le latin d'Apulée ne ressemble en rien à celui du siècle d'Auguste, ni même du siècle suivant. C'est bien le latin le plus *baroque* (nous demandons grâce pour cette expression) qu'il soit possible de lire. Un des plus récents traducteurs d'Apulée appelle ce latin « un style insolite et barbare » (2) ; ce style serait inexplicable, si l'on ne savait qu'Apulée, né à Madaure, en Afrique, avait passé une notable partie de sa jeunesse à Carthage et en Grèce, et n'était venu que plus tard à Rome, où il avait appris alors et tout seul le latin, qu'il ne sut jamais qu'imparfaitement, ce qui ne l'empêchait pas d'être un avocat éloquent et spirituel, parce que l'éloquence

(1) *Préface* de sa traduction de *La Luciade,* p. xviij.

(2) Collection des auteurs latins, publiée par M. Nisard, *Notice sur Apulée.*

vient du cœur, et qu'il n'est pas indispensable d'être
un grammairien pour avoir de l'esprit.

Peut-être nous trouverait-on bien téméraire, si
nous hasardions ici l'opinion que Le Sage a pu emprunter à *La Luciade* ou à l'*Ane d'or*, l'idée première
de son meilleur roman. Gil Blas ne s'introduit dans
la peau d'aucun animal, parce qu'au xviii⁰ siècle on
ne croyait plus guère aux sorciers, et que les métamorphoses, passées de mode, n'auraient pas obtenu
le moindre succès; mais, par des procédés plus en
harmonie avec les mœurs de son temps, il passe,
comme l'âne de Lucius et d'Apulée, par une multitude de conditions différentes, qui lui donnent
autant d'occasions de peindre toutes les classes de
la société et d'en faire la satire. De plus, le roman
de Le Sage est fréquemment interrompu par des
histoires aussi étrangères au récit principal, que les
digressions ajoutées par Apulée à *La Luciade*.
Ces rapprochements sans doute ne suffiraient pas
pour justifier notre conjecture, à laquelle on pourrait
objecter que certains romans espagnols, publiés
avant *Gil Blas*, fournissaient à Le Sage de plus récents modèles. Mais si l'on veut bien lire dans Lucius
et dans Apulée d'une part, et dans Gil Blas de l'autre,

l'épisode de la caverne des voleurs, on s'assurera que Le Sage a parfaitement connu les deux auteurs anciens, et qu'il leur doit presque tous les détails de cet incident. Des deux côtés, on verra les voleurs et leurs chevaux logés, au milieu des bois, dans de vastes souterrains, en sortant par bandes pour des expéditions au dehors, y organisant des magasins de vivres et de butin, s'y faisant servir par une vieille cuisinière et un domestique, s'y livrant à la bonne chère et bruyants à table; rapportant d'une expédition de riches vêtements, des joyaux, de la vaisselle d'argent; d'une autre sortie, ramenant une jeune personne belle, bien faite et de noble maison, tremblant pour son honneur. On la rassure, on la donne en garde à la vieille cuisinière, qui s'efforce de la consoler en attendant qu'on rançonne sa famille. Dans les romans anciens, Lucius, dans le nouveau, Gil Blas, sont touchés des malheurs de la jeune captive. Des deux côtés, on trouve aussi l'incident d'une tentative d'évasion et de son insuccès. Enfin la prisonnière est délivrée saine et sauve, dans l'*Ane d'or* par le courage de son fiancé, qui découvre le repaire des brigands et les extermine, et dans le roman de Le Sage, par les ruses de Gil Blas, qui la sauve et s'échappe avec elle de la caverne.

Tant de points de ressemblance ne sauraient être

l'effet du hasard. Il faut donc reconnaître que Le Sage
a pris à Lucius et à Apulée l'épisode de la caverne
avec ses principaux détails, et qu'il pourrait bien
leur devoir aussi le canevas de son roman.

CHAPITRE VII.

LES ANES AUGURES ET ASTROLOGUES.

En ce temps-là il y avait à Rome des Augures. Ils suivaient des yeux le vol des oiseaux, les écoutaient chanter, les regardaient boire ou manger. Grâce au caractère sacré dont ils étaient revêtus il n'en fallait pas davantage pour leur faire découvrir et pronostiquer l'avenir. Initiés aux secrets de l'Olympe par ces contemplations, ils rendaient des oracles et leur parole était, bien entendu, la parole des Dieux. Ces ministres suprêmes de la religion des Romains formaient un collége peu nombreux dans lequel on n'admettait que les premiers personnages de la République. Cette circonstance contribuait à leur donner une très-grande considération. Il en résultait aussi que ces personnages s'entendaient facilement avec leurs collègues, on pourrait dire avec leurs compères, pour faire dire par les Dieux tout ce qu'ils

voulaient. Si, par exemple, ils étaient jaloux d'un
consul dont le commandement militaire allait ex-
pirer et qui avait pris toutes ses mesures pour
vaincre l'ennemi, les augures déclaraient que les
Dieux s'opposaient à la bataille. Elle était dès-lors
ajournée. Le succès était réservé à un autre général.
Et si l'ennemi avait profité du retard, tant pis pour
la République. Elle pouvait-être battue, mais la
haine sacerdotale était satisfaite et les Dieux seuls
étaient responsables. César était-il inquiet du résultat d'une élection, il faisait déclarer par les augures
que les Dieux s'opposaient à ce que les Comices
fussent tenues au jour indiqué. César empruntait de
l'argent, achetait des suffrages et l'emportait quelques jours plus tard sur ses concurrents : *vox populi,
vox Dei.*

Les augures gardaient en public une imposante
gravité, mais on sait qu'entre eux, en famille, en
tête à tête, ils ne pouvaient se regarder sans rire.
J'en suis fâché pour Cicéron, qui fut de leur compagnie ou plutôt de leur bande, mais, à mon avis,
les augures étaient la fine fleur de la friponnerie et
du charlatanisme.

Au-dessous d'eux, bien au-dessous, les aruspices
étaient proprement la plèbe sacerdotale du Polythéisme. Ils cherchaient des présages dans les mou-

vements de la victime avant le sacrifice et dans ses
entrailles après qu'elle avait été immolée.

Ignorant, crédule, fataliste, ami du merveilleux,
le peuple, qui voyait les grands s'incliner par politique devant ces bouchers et ces gardeurs de volailles,
s'inclinait à son tour devant eux par superstition.
La première guerre punique offrit un exemple fameux de la crédulité populaire. C'était en l'an 504
de la fondation de Rome. Appius Claudius Pulcher
voulait livrer bataille aux Carthaginois. Les augures
consultés déclarèrent que les présages étaient fu-
nestes, les poulets sacrés ayant refusé de manger.
Appius ordonna de les jeter à l'eau pour les faire
boire. Il en coûta cher aux romains : frappés de stu-
peur de l'impiété de leur général, et persuadés qu'ils
seraient vaincus, ils se battirent comme des poules
mouillées et perdirent 30 mille hommes, dix mille
tués et 20 mille prisonniers!...

A mesure que la république pencha vers son dé-
clin, le crédit des augures et des aruspices diminua
et dès le temps des premiers empereurs, on vit paraître à Rome quelques esprits forts. Virgile osait
douter que les Dieux eussent mis les bêtes dans la
confidence de leurs desseins, qu'ils en eussent fait les
interprètes de leurs volontés.

Et que du ciel en eux la sagesse immortelle
D'un rayon prophétique eut mis quelque étincelle.

Haud equidem credo quia sit divinitus illis
Ingenium, aut rerum fato prudentia major (1)...

néanmoins, au fond de l'âme d'un esprit fort, il se
trouve parfois, surtout dans les moments de cruelles
épreuves ou de sérieuses anxiétés, un reste des préjugés de son siècle.

On ne sera donc pas trop surpris de voir des
hommes illustres et qui, certes, n'étaient pas des
esprits faibles, s'en rapporter à des ânes sur le parti
qu'ils devaient prendre dans des conjonctures d'où
dépendaient le salut d'une nation tout entière ou
même les destinées du monde.

Tacite raconte que les Juifs mouraient de soif dans
le désert, lorsque Moïse vit un troupeau d'ânes sauvages marchant dans une certaine direction. Le
Prophète suivit les baudets dans l'espoir d'arriver
à quelque bon pâturage. Il trouva mieux que de
l'herbe : le troupeau lui fit découvrir de l'eau qui
s'échappait de sources abondantes (2). On ne saurait

(1) *Georg.* lib. I, vers 415 et traduction de Delille.
(2) Nihil æque Judæos quam inopia aquæ fatigabat,
jamque haud procul exitio totis campis procubuerant :

garantir ce fait, dont les livres du Pentateuque ne contiennent nulle mention. On sait d'ailleurs que Moïse n'avait pas besoin des ânes pour trouver de l'eau puisque sa baguette en faisait sortir d'un rocher. Mais il existe d'autres faits mieux avérés et qui se rattachent plus directement à notre sujet.

Marius, dans le moment où sa fortune était le plus désespérée, dût à un baudet son retour au pouvoir!... Et Octave à un autre baudet la victoire d'Actium!...

Lorsque Marius, chassé de Rome par Sylla, et réduit à se cacher, fut trouvé tout nu dans un bourbier par les Minturniens, ils donnèrent leur prisonnier en garde à une femme nommée Fannia que Marius, durant son sixième consulat, avait notée d'infamie pour ses escapades conjugales. Or, écoutez ce qui lui arriva. Nous cédons la parole à Plutarque : « Ainsy qu'on le menoit, Marius quand il feut près du logis de ceste Fannia, estant la porte toute ouverte, il en estoit sorti un asne courant pour aller boire à une fontaine qui couloit près de là, et, trou-

cum grex asinorum agrestium e pastu in rupem memore opacam concessit. Secutus Moses, conjectura herbidi soli, largas aquarum venas aperuit. TACITI *Histor.* V, IV, 2. PITISCUS, *Lexicon antiquitatum roman.,* II, p. 193, édit. in f°., 1713.

vant en son chemin Marius, le reguarda d'une façon
toute gaye et enjoüée, s'arrestant premiérement tout
court devant luy et puis se prenant à braire fort
haut. Sur quoy Marius fondant sa conjecture, disoit
que les Dieux lui signifioyent qu'il se saulveroit plus
tost par eau que par terre, pource que l'asne, au
partir d'auprès de luy s'en estoit allé boire, sans se
soucier de manger (1). » L'âne n'avait point trompé
Marius : il parvint à s'embarquer pour l'Afrique, et
revint à Rome où il rentra vainqueur l'épée à la
main, avec toute la rage d'une bête féroce. Sylla
prit la fuite à son tour. Les Romains avaient changé
de bourreau.

Passons à la victoire d'Actium.

Octave, au moment de livrer sur terre et sur mer
cette bataille fameuse qui devait décider de l'Empire
du monde entre lui et Antoine, était fort perplexe.
Antoine était ensorcelé par Cléopâtre. Octave fut
électrisé par un âne. « Le matin, devant le jour,
comme il sortoit de sa tente pour aller tout à l'en-
tour visiter ses navires, il rencontra un homme qui
touchoit devant luy un asne; si luy demanda qui il
estoit et comment il avoit nom. J'ay, dit le bon

(1) PLUTARQUE, *Marius*. Traduction d'Amyot. Édit.
Bastien, Paris 1787, t. III, p. 569.

homme à nom *Eutychus* qui veult autant dire
comme *bien fortuné* et mon asne *Nicon*, c'est-à-dire
vainqueur (1)...» Auguste ne douta plus de la victoire ;
il combattit. « Et pour ce, après la bataille guaignée,
ornant le lieu avecque les ésperons des gualères
captifves pour marque de sa victoire, y feit aussy
dresser un homme et son asne de bronze (2). »
Suétone ajoute que ce fut dans un temple bâti à
l'endroit où il avait campé, qu'Auguste plaça la
statue de l'âne (3).

Au sujet de cette victoire résultant de la confiance
superstitieuse qu'un âne avait inspirée à Octave,
Voltaire a fait une réflexion : « Il se peut très-bien,
dit-il, qu'en méprisant toutes les sottises du vulgaire,
Octave en eût conservé quelques-unes pour lui (4). »

Alexandre-le-Grand avait consacré un mausolée
à Bucéphale et donné son nom à la ville de Bucé-
phalie. Auguste avait aussi élevé un monument sur
la tombe de son cheval. Agrigente enfin possédait

(1) PLUTARQUE, *Antonius*, ibid. t. VII, p. 219.
(2) *Ibid.*
(3) *Histoire des XII Césars*, traduction de Laharpe,
Auguste, XCVI.
(4) *Dictionnaire philosophique*, v° *Augure*, t. XXXVII,
p. 202, édit. de Lequien.

plusieurs sépultures de chevaux ornées de pyramides (1). Une statue érigée à Nicon n'a donc rien de surprenant ; plusieurs de ses confrères ont obtenu le même honneur ; l'âne d'Actium n'est même pas le seul que l'on ait logé comme un Dieu (2).

Aux quadrupèdes à longues oreilles, si heureusement inspirateurs de Marius et d'Octave, il convient d'ajouter le souvenir de plusieurs autres dont les augures ont été réalisés. Il est à regretter que l'histoire n'ait pas enregistré les détails de leurs prédictions ; mais il faut qu'elles aient été souvent confirmées par les événements pour que l'antiquité ait enfin offert dans une ville d'Étrurie le spectacle, qui nous étonnerait peut-être aujourd'hui, d'un âne élevé sur un tribunal du haut duquel il rendait ses oracles (3).

(1) PLINE, *Hist. naturelle*, traduite par Ajasson de Grandsagne, in-8° Paris, t. VI, liv. VIII, § 64.

(2) V. Chap. III *(les Anes des temps héroïques)* p. 49 et 51, une statue de bronze consacrée à un âne dans le temple de Delphes, et une statue de pierre érigée à un autre âne à Nauplie.

(3) « Asinus, Mario et Augusto auspicatus, aliis *ominosus* fuit. » *Ammian.* XXVII, 3. «.. In oppido Pistoriensi asinus, tribunali ascenso, audiebatur *destinatius rudens*... postea quod portendebatur evenit... » PITISCUS, *Lexicon*

Au moyen-âge les bêtes et les augures étaient passés de mode. On fit parler les astres. Ceux qui prédisaient l'avenir furent en conséquence appelés *astrologues*. Leur meilleur temps fut aux xve et xvie siècles. On y croyait encore au xviie. Plusieurs Rois et Reines de France en entretenaient à leur cour et leur donnaient des gages. Le plus célèbre de tous fut Ruggieri, amené de Florence par Catherine de Médicis : il mourut en 1615, abbé de St-Mahé en Basse-Bretagne et athée.

Louis XI qui, comme son père, consultait souvent les astrologues, en eut successivement sept à son service dont un était chanoine de Paris et un autre fut archevêque de Vienne (1). Il leur préféra, dit-on, certain jour un âne qui l'avait mieux renseigné qu'eux. Le roi hésitait à partir pour la chasse : il craignait la pluie. Son astrologue, examen fait des cieux à l'aide de ses instruments, assura que le temps serait clair et serein. Louis XI part. Arrivé près de la forêt il rencontre un charbonnier conduisant devant lui un âne chargé de charbon, qui lui

antiquitatum romanarum, t. I, p. 190. — Pistorium, aujourd'hui Pistoja.

(1) NAUDÉ, *addition à l'Hist. du Roi Louis XI*, à la suite des *Mém. de Commines*, édit. in 8° de 1744, t. IV, p. 55.

conseille de retourner sur ses pas, lui prédisant une
tempête. L'orage éclate en effet et disperse l'escorte.
Demeuré seul, le roi rentre au galop. Le lendemain,
Louis fait venir le charbonnier et lui demande où
il a appris l'astrologie, pour prédire si juste le temps
qu'il fera. « Je n'ay jamais esté en écolle, répondit
le pauvre homme et ne sçay ny lire ny escrire.
Toutefois je tiens un bon astrologue en ma maison,
qui ne me trompe jamais... C'est l'asne que votre
majesté me veit hier mener chargé de charbon. Si
tost que le mauvais temps s'appreste, il baisse les
oreilles, va plus lentement qu'à l'accoustumée et se
frotte contre les murailles. Par ces signes donc, sire,
je prévois la pluie assurée... Ce qu'entendu par le
Roy, fit chasser son astrologue et donna petit gage
au charbonnier afin qu'il eust de quoy traicter son
asne, en disant : Vive Dieu ! Je n'aurai désormais
d'autre astrologue que l'âne d'un charbonnier ! (*Vivit
enim Dominus, quia deinceps alio non utar astrologo
quam carbonarii asino) !* (1). »

Nous n'avons plus aujourd'hui d'augures, d'aruspices ni d'astrologues. D'autres charlatans les ont
remplacés. A peine reste-t-il au fond de nos cam-

____

(1) Bayle. *Dict. histor.*, édition in f° de Rotterdam,
1715, t. II, p. 798, v° *Louis XI*.

pagnes quelques diseurs de bonne aventure et quelques tireuses de cartes; mais les ânes sont toujours
bons à consulter pour savoir à quoi s'en tenir sur
la pluie et sur le beau temps.

CHAPITRE VIII.

DU RÔLE DE L'ANE DANS LA LITURGIE CHRÉTIENNE.
L'OFFICE DE L'ANE.

Ce n'est pas seulement dans la Mythologie et l'Histoire sainte, parmi les augures et les astrologues, et dans les romans du moyen-âge et de la renaissance, que l'âne a joué un rôle important. On le retrouve, encore, avec tous les honneurs qui lui sont dus, dans la liturgie du christianisme.

Les fêtes de Noël, de saint Étienne, de saint Jean l'Évangéliste et des saints Innocents, de la Circoncision et de l'Épiphanie (du 25 décembre au 6 janvier) étaient autrefois, dans certaines églises, les époques ordinaires d'offices religieux mêlés de bouffonneries.

Le jour des Innocents, les enfants de chœur revêtaient le costume et les insignes des évêques, des préchantres et des premiers dignitaires de l'église, et les imitaient dans l'exercice de leur ministère. C'était le jour de la Circoncision que les sous-diacres usurpaient à leur tour les titres, les attributs et les fonctions de leurs supérieurs ecclésiastiques et qu'avait lieu la fête des Fous, appelée aussi *la fête de l'Ane* ou des sous-diacres.

L'usage en remontait à la primitive église, car saint Augustin se plaignait du scandale dont ces réjouissances, empruntées au polythéisme, étaient déjà de son temps le prétexte ou l'occasion. Il reprochait à ce sujet aux chrétiens « *de paganorum consuetudine aliquid observare* (1). »

Tous les savants sont d'accord pour reconnaître dans ces folies une tradition du paganisme. La faculté de théologie de Paris, dans une fameuse lettre de 1244, contre la fête des Fous, déclare qu'elle est un vestige des solennités que les Romains célébraient aux calendes de janvier en l'honneur de Janus (2). « Guillaume d'Auxerre regarde la fête des Fous comme une imitation des Parentales antiques. Du Tillot la rattache aux Saturnales (3)... Les satur-

(1) *Sermo* 215 *de tempore et Homel.* de *Kalendis Januarii*, sub medio.

(2) V. cette lettre dans les ŒUVRES DE PIERRE DE BLOIS, édit. Paris, 1667, in f°, p. 782-788.

(3) *Mém. sur la fête des Fous*, p. 1re et suiv.

nales étaient en effet l'une des coutumes païennes que les Pères de l'Eglise reprochaient aux premiers chrétiens d'avoir conservées (1)... Mais il y avait dans les saturnales, malgré tous les désordres que ce nom rappelle, une pensée philosophique et religieuse que le christianisme ne devait pas répudier, c'est que la supériorité des riches et des puissants n'est pas une supériorité éternelle, et que les humbles et les pauvres doivent avoir leurs jours de compensation. Le paganisme, qui matérialisait tous ses dogmes, avait traduit cette pensée par une institution populaire. De là les saturnales; de là, ensuite, la fête des Innocents, la fête des Sots, la fête des Fous, c'est-à-dire la fête de tous les êtres faibles ou affligés; la fête de l'Ane, c'est-à-dire la fête du plus humble et du plus laborieux des animaux. » Ainsi s'exprime M. Aimé Cherest dans un très-savant mémoire sur cette matière (2).

Que ces fêtes aient tiré leur origine des Saturnales, nous le pensons comme la faculté de théolo-

(1) V. Tertullien, *de Idolo*.

(2) *Nouvelles recherches sur la fête des Innocents et la fête des Fous*, par M. Cherest (*d'Auxerre*), dans le *Bulletin de la Société des Sciences historiques et naturelles de l'Yonne*, in-8º, t. VIII, p. 7-82, 1863.

gie de Paris, comme Du Cange (1) et M. Cherest ;
mais nous ne partageons pas le sentiment de M. Cherest sur le sens philosophique qu'il leur attribue,
non plus que sur la décence qui, selon lui, y aurait
été généralement observée. Nous ne partageons pas
davantage l'opinion d'un autre antiquaire, dont la
mort subite et prématurée ne pouvait manquer
d'inspirer d'unanimes regrets, de M. Bourquelot,
qui voit, dans les travestissements et les jeux burlesques des enfants de chœur, « de joyeuses répré-
sailles du peuple contre les grands, du bas clergé
contre les hauts dignitaires (2). » Les évêques et les
chapitres subventionnaient ces réjouissances, ce
qu'il n'eussent certainement pas fait si elles eussent
été dirigées contre eux. M. Bourquelot nous paraît
beaucoup plus près de la vérité lorsqu'il ajoute :
« Jadis la religion, mêlée à tous les actes de la vie,
occupant la place principale dans la pensée des

(1) *Glossaire*, v° *Kalendæ*.

(2) *Office de la fête des Fous à Sens* ; *introduction, texte
et notes*, par M. *Félix* BOURQUELOT ; dans le *Bulletin de la
Société archéologique de Sens*, année 1854, in-8°, pages
87-186. — Il a été fait de ce remarquable et consciencieux
travail un tirage à part avec quelques additions ; in-8°,
Sens, 1856, de 103 pages. C'est de ce tirage à part que
nous indiquerons la pagination.

grands et des petits, devait parfois se dérider..., les mœurs autorisaient à cet égard de grandes libertés (1). »

A notre avis, les scènes principales de l'ancien et du nouveau Testament ont été représentées par les hommes d'église dans les basiliques, puis au théâtre par les confrères de la Passion, sans que de part ni d'autre on eût l'intention de tourner en ridicule les choses saintes et sacrées. On mêlait, dans la même scène, les divinités païennes, le vrai Dieu et les saints, avec une singulière candeur, ayant soin seulement de donner les beaux rôles aux personnages du christianisme (2). On croyait ne pouvoir mieux

---

(1) *Ibid.*, *Introduction*, p. 6.

(2) Exemple. La ville de Romans, en Dauphiné, ayant été délivrée de la peste par l'intercession de ses trois patrons, saint Severin, saint Exupère et saint Félicien, voulut leur témoigner la reconnaissance publique. Elle fit composer par un chanoine de Grenoble un mystère qui représentait leur martyre et qui fut joué en 1509. C'est le *mystère des trois Doms*. Le texte en est perdu, mais dans le compte des dépenses de cette représentation, on lit : « Un dart pour Jupiter...., une grosse pomme de verre pour Dieu le père, queues de vaches pour Lucifer et Proserpine..., un habit à Proserpine... etc. » Avec le prix de chaque objet. *Composition, mise en scène et représentation du mystère des trois Doms*, joué à Romans, etc., d'après

honorer le Sauveur des hommes et raviver la pensée de ses bienfaits et de son divin sacrifice qu'en
mettant sous les yeux des fidèles, sur les tréteaux
aussi bien que dans les temples, les principales circonstances de sa naissance, de sa vie et de sa mort.
On était « si persuadé de la nature édifiante de ces
représentations, qu'en 1417 on jouait le massacre
des Innocents devant le concile de Constance (1). »
Mais il arriva que des libertés singulières se glissè-
rent dans ces drames religieux et dégénérèrent dans
les églises en licence, que les prélats et les conciles
eurent grande peine à réfréner et plus tard à faire
cesser après l'avoir laissée par degrés s'établir.

Pour justifier le rapprochement que nous venons
de faire entre les représentations des églises et celles
des théâtres, il suffira de comparer deux manuscrits à peu près contemporains (xiiie siècle) : L'un,
analysé par Du Cange (2), fait connaître l'office de
la fête de l'Ane tel qu'il était célébré à Rouen au
jour de Noël ; l'autre, conservé à la bibliothèque de

un manuscrit du temps publié et annoté par M. Giraud,
ancien député. Lyon, 1848, in-4° de 130 pages.

(1) Lenfant, *Histoire du Concile de Constance*, t. II,
p. 449, cité par M. Du Méril, *Origines latines du théâtre
moderne*, in-8°, Paris, 1849, p. 64.

(2) *Gloss.* v° *festum asinorum.*

Munich, contient un mystère en vers latins publié par M. Edélestand Du Méril (1).

Par l'ordinaire de l'église de Rouen on voit qu'il s'établissait dans la basilique de cette ville un dialogue entre les Gentils et les Juifs ; puis circulait une procession où paraissaient successivement tous les prophètes ornés des barbes, des costumes et des attributs affectés à chacun d'eux par les traditions et les idées du temps. Ils prédisaient les uns après les autres l'avènement du Christ. Des appariteurs, *vocatores*, venant complaisamment en aide à l'imagination des auditeurs, leur désignaient les personnages représentés, appelant à tour de rôle Moïse, Aaron, Jérémie, Daniel, etc. Avancez Samuel, Jonas présentez-vous, *accede Samuel*, etc. On n'avait garde, dans cette exhibition, d'oublier Balaam et surtout sa monture. Deux envoyés du roi Balac le requéraient de maudire les Israélites. Balaam costumé, s'avançait assis sur son ânesse (*Balaam ornatus, sedens super asinam — hinc festo nomen*), armé d'éperons et piquant des deux en même temps qu'il retenait sa bête. Un jeune homme, jouant le rôle de l'ange, une épée nue à la main, empêchait l'ânesse d'avancer, tandis qu'un autre, caché sous la bour-

(1) *Origines latines du théâtre moderne*, p. 187.

rique et parlant pour elle, demandait au prophète :
Pourquoi me frappez-vous ? L'ange s'adressant à
Balaam lui défendait d'accomplir l'ordre de Balac,
etc. Le *régisseur*, s'il est permis de s'exprimer ainsi,
donnait à Balaam l'ordre de prophétiser (*esto vaticinans*), et Balaam annonçait le Sauveur qui devait
naître de la maison de Jacob (1). Après l'interminable défilé dans lequel paraissaient Samuel, David,
Zacharie, Ezéchiel et bien d'autres, on appelait Eli-
sabeth qui arrivait en robe blanche avec un ventre
proéminent (*in persona alba, quasi prægnans*), puis
saint Jean-Baptiste et Siméon. La procession terminée, tous ces figurants se réunissaient autour du
lutrin pour chanter l'office (*quo finito, omnes in pul-
pito cantent*).

Passons au mystère du manuscrit de Munich, dont
le sujet est *la Nativité du Christ*.

Saint Augustin y paraît ayant à sa droite Isaïe,
Daniel et d'autres prophètes, à sa gauche les Juifs
et leur chef Archisynagogus. Isaïe se lève le premier,

(1) Les diverses éditions du Glossaire de Du Cange font
adresser ce *esto vaticinans* à un autre prophète nommé
Balaun. Mais, ni les livres de Moïse, ni le *Dict. de la Bible*
de Dom Calmet ne parlent d'aucun prophète de ce nom et
les paroles prêtées à Balaun sont bien la prophétie de
Balaam.

annonçant qu'une vierge va devenir la mère de Dieu, *sic cantans* :

Ecce Virgo pariet sine viri semine, etc.

Daniel prophétise à son tour. Après eux s'avance une sybille les yeux au ciel et faisant de grands gestes, *sybilla gesticulose proferat*. Elle prédit aussi le miraculeux enfantement. Aaron lui succède portant la verge prise sur l'autel et qui seule, entre douze rameaux desséchés, a produit des fleurs. Il traite la même matière :

Ut hæc floruit omni carens nutrimento,
Sic et Virgo pariet sine carnis detrimento...

Puis Balaam arrive sur sa monture, *sedens in asina*, et chante : J'irai maudire Israël :

Vadam, vadam, ut maledicam populo huic...

Un ange s'oppose à son passage l'épée à la main, *evaginato gladio* ; on joue la même scène que dans l'église de Rouen, et Balaam, au lieu de maudire, chante la venue du Messie :

Orietur stella ex Jacob...

Archisynagogus, qui a tout écouté avec des signes d'irritation et d'impatience, *movendo caput suum et et totum corpus et percutiendo terram pede,* raille ceux qui viennent d'annoncer une vierge mère. Quelle simplicité, dit-il, pousse ces gens à cette extravagance de prédire que d'un bœuf il doit descendre un chameau !

> ... Sine commercio Virgo debet parere !
> O quanta simplicitas cogit hos desipere
> Qui de bove prædicant camelum descendere !

La dispute s'échauffe. Vacarme. Intervention d'un médiateur inattendu : c'est l'enfant de chœur-évêque, ou si on l'aime mieux l'évêque des enfants. Les discours des Juifs, dit-il, sont vides de sens, leur raison bat la campagne, c'est la colère, c'est le vin qui les fait parler. Consultons saint Augustin et la dispute prendra fin. *Auditis tumultu et errore Judæorum, dicat Episcopus puerorum :*

> Horum sermo vacuus, sensus peregrini ;
> Quos et furor agitat et libertas vini ;
> Sed restat consulere mentem Augustini
> Per quem disputatio concedatur fini.

L'intervention de l'évêque des enfants prouve que

ce mystère était joué pendant les fêtes de Noël.

Les prophètes se plaignent à saint Augustin des railleries des Juifs. Saint Augustin répond : « Que ces événements enveloppés d'obscurité soient représentés devant nous et devant cette nation livrée à l'erreur. Son incrédulité sera ébranlée lorsqu'elle aura vu les choses telles qu'elles se sont passées et l'Écriture, dont le sens lui paraît caché, sera pour elle la lumière » :

> Ad nos illa prodeant tenebris abscondita
> Et se nobis offerat gens errori dedita
> Ut et error claudicet, *re ipsis exposita,*
> Ut scripturæ pateat ipsis clausa semita.

Littéralement : et les sentiers fermés de l'Écriture seront ouverts pour elle-même.

Malheureuse Judée, ouvre enfin les oreilles, s'écrie saint Augustin :

> Nunc aures aperi, Judæa misera...

mais Archisynagogus et les siens ricanent, persifflent le saint et ne veulent rien entendre.

Tout ceci, comme on le voit, n'est qu'une sorte de prologue. Les prophètes se retirent; ils vont s'asseoir aux places qui leur étaient destinées et l'action commence.

C'est d'abord l'annonciation, suivie de la visitation ; puis la Sainte Vierge entre dans son lit où elle accouche, *Maria vadit in lectum suum, quæ jam de Spiritu Sancto concepit, et pariat filium*. Une étoile guide les Rois mages dans le gouvernement d'Hérode. Les bergers, conduits par un ange vers le nouveau-né, rencontrent le Diable qui les engage à ne rien croire de la naissance d'un Dieu dans une étable. L'ange tient tête au Diable ; il engage les bergers à suivre les inspirations qui les conduisent à la crèche où ils adorent le sauveur. A cette scène succède le massacre des innocents. Chœur de leurs mères désolées. Hérode meurt dévoré des vers ; les Diables s'emparent de lui et se réjouissent, *accipitur a diabolis multum congaudentibus*. Fuite en Égypte de la Vierge Marie suivie de son âne qui reparait sur la scène, *præcedens Maria asinum*. La sainte famille est honorablement accueillie par le roi d'Égypte, et le mystère de la nativité se termine par des imprécations des Égyptiens contre les fils d'Israël, nation ingrate et perfide qui lorsqu'elle mourait de faim demandait du pain à l'Égypte :

> Ingrata gens et perfida, cum fame laborares,
> Ægypto eras subdita ut ventrem satiares.

Toutes les scènes de l'ancien et du nouveau Testament ont été représentées ainsi, et beaucoup avec un personnage jouant le rôle du Diable et tenant en conséquence des discours peu édifiants. Parmi tous les mystères que M. du Méril a réunis, nous avons choisi celui qui vient d'être analysé, à raison de la frappante ressemblance existant entre ses premières pages et l'office rapporté par Du Cange d'après l'ordinaire de Rouen.

N'est-il pas évident en effet, que le lieu des représentations aurait pu être changé; que l'office aurait pu être joué sur un théâtre et le mystère (ou tout au moins sa première partie) être représenté dans une église?

A Beauvais, on célébrait le 14 janvier (octave de l'Epiphanie) un office plus ridicule encore que celui de Rouen. Pour représenter la Sainte Vierge fuyant en Égypte avec l'enfant Jésus, on choisissait la plus belle fille que l'on pût trouver, on lui mettait un enfant entre les bras, on la faisait monter sur un âne richement caparaçonné; escortée par le clergé et par le peuple, elle se rendait ainsi de la cathédrale à l'église paroissiale de Saint-Étienne. Ce cortége arrivé à Saint-Étienne, la jeune fille entrait dans le sanctuaire et se plaçait avec sa monture près de l'autel, du côté de l'évangile. Alors commençait une messe solennelle dont l'Introït, le Kyrie, le Gloria, le Credo, etc., se terminaient en chantant *Hin! ham!* Chose plus incroyable! on lit, dans le manuscrit qui révèle tous ces détails : « A la fin de la messe, le célébrant, tourné vers l'assistance, au lieu de dire : *ite, missa est,* braira trois fois et les fidèles, au lieu de répondre : *Deo gratias,* répondront trois fois : *Hin! Ham! Hin! Ham! Hin! Ham!* Du Cange remarque avec candeur que tout cela eût été moins déplacé sur un théâtre que dans une église, *quæ theatro magis conveniant quam ecclesiasticæ ceremoniæ.* Ce n'est pas tout; le grave et savant bénédictin ajoute que dans le manuscrit de Beauvais on lit : *Hac die incensabitur cum boudino et saucita!* On se servait ce jour-là de saucisses et de boudins au lieu d'encensoirs! Dans cette messe était intercalée une prose qui se trouve non-seulement dans l'office de Beauvais, mais encore dans un manuscrit que Du Cange déclare dater de cinq cents ans, ce qui le fait remonter au XIIIe ou même au XIIe siècle, c'est la fameuse *Prose de l'âne.* A Beauvais on la chantait au moment où l'âne entrait dans l'église : *Conductus asini, cum adducitur.* La voici, telle que la rapporte Du Cange (1) :

(1) *Gloss.* v° *festum asinorum.* — M. Bourquelot, *office de la fête des fous,* note V, p. 69.

Orientis partibus,
Adventavit asinus,
Pulcher et fortissimus,
Sarcinis aptissimus.

Hez, sire Asnes, car chantez,
Belle bouche rechignez,
Vous aurez du foin assez
Et de l'avoine à plantez.

Lentus erat pedibus,
Nisi foret baculus,
Et eum in clunibus
Pungeret aculeus.
Hez, sire Asnes, etc.

Hic in collibus Sichem,
Jam nutritus sub Ruben,
Transiit per Jordanem,
Saliit in Bethleem.
Hez, sire Asnes, etc.

Ecce magnis auribus
Subjugalis filius
Asinus egregius,
Asinorum dominus.
Hez, sire Asnes, etc.

Saltu vincit hinnulos,
Damas et capreolos

Super dromedarios
Velox Madianeos.
Hez, sire Asnes, etc.

Aurum de Arabia,
Thus et myrrham de Saba
Tulit in ecclesia
Virtus asinaria.
Hez, sire Asnes, etc.

Dum trahit vehicula
Multa cum sarcinula,
Illius mandibula
Dura terit pabula.
Hez, sire Asnes, etc.

Cum aristis hordeum
Comedit et carduum ;
Triticum a palea
Segregat in area.
Hez, sire Asnes, etc.

Amen dicas, Asine, *(hic genu flectebatur)*
Jam satur de gramine :
Amen, amen itera
Aspernare vetera.
Hez va ! hez va ! hez va, hez !
Bialx sire Asnes car allez ;
Belle bouche car chantez.

On trouve cette prose, avec diverses variantes et parfois avec quelques retranchements dans l'office de l'âne de beaucoup d'églises. C'est probablement d'après un manuscrit de Sens, où la seconde et la quatrième strophe sont supprimées, et dont nous parlerons plus loin, qu'il a été fait de cette prose une ancienne traduction conservée par M. Leber (1) et que nous allons reproduire :

> Des confins de l'Orient,
> En ces lieux arrivant,
> Un âne beau, gras, luisant,
> Portant fardeau lestement.

> Sur les côteaux de Sichem
> Il fut nourri par Ruben,
> Il passa par Jordanem
> Et sauta dans Bethléem.

> Sa marche vive et légère
> Effleure à peine la terre ;
> Il vaincrait dans la carrière
> La biche et le dromadaire.

> Des trésors de l'Arabie,
> Des parfums d'Ethiopie,

(1) *Recueil des meilleurs mémoires et dissertations relatifs à l'Histoire de France*, t. IX. p. 308.

L'église s'est enrichie
Par la vertu d'ânerie.

Sous le faix le plus pesant
Jamais il n'est mécontent,
Et broye patiemment
Le plus grossier aliment.

D'un chardon il fait ripaille,
Et c'est en vain qu'on le raille ;
Si dans la grange il travaille,
Il demêle et grain et paille.

Bel âne, répète *Amen ;*
Maintenant ta panse est pleine ;
Bel âne répète *Amen,*
Ne songe plus à ta peine.

L'office des Fous ou de l'Ane était célébré à Autun avec autant d'apparat et non moins d'inconvenance que dans les autres villes dont nous avons parlé. On couvrait l'âne d'une housse de drap d'or (*asinum vestiebant aureo panno*) dont les quatre coins étaient portés par les premiers chanoines en costume de cérémonie et la foule escortait cette marche solennelle (1).

L'office de l'Ane était plus ou moins modifié selon

____

(1) Du Cange, *Gloss.*, v° *Festum asinorum.*

les temps et selon les usages des diverses églises.
Lorsque l'âne n'était pas présent en chair et en os,
il était représenté en peinture et son effigie avait
place en arrière de l'autel, *retro altare*. Un ordinaire
manuscrit de l'église de Cambrai atteste que les
choses s'y passaient de la sorte le dimanche des Rameaux, *ad dominicam palmarum* (1).

« L'usage s'est conservé dans quelques églises
d'exposer le jour de Noël une crèche à la vénération
des fidèles et il existait à peu près partout au moyen-
âge (2). En Franconie l'imitation était encore plus
matérielle : on y couchait, pendant le xvie siècle, le
simulacre d'un enfant sur l'autel (3) et, pour donner
aux églises l'apparence d'une étable, on allait, à
Angers, jusqu'à les joncher de paille (4). Dans plusieurs villes d'Allemagne, on traînait à la procession
du dimanche des Rameaux un âne de bois. A Lou-
vain et à Vienne, on lui donnait une place dans
l'église pendant l'office, ou, comme à Cambrai, on
se contentait d'en exposer l'image en peinture der-

(1) *Ibid.*

(2) L'abbé Texier, *Annales archéologiques*, t. VIII,
p. 53.

(3) Boemus Aubanus, *Omnium gentium mores*, I, iii, 247.

(4) Louvet. *Hist. et Antiquités du diocèse de Beauvais*,
t. II, p. 298.

rière l'autel et des juifs, sous figures de diables s'efforçaient à Chaumont (1) d'empêcher l'entrée de la procession dans la ville (2). »

A Varennes, près Doullens (Somme), on promène encore dans la Commune, à certaines fêtes de l'année, une sculpture en bois représentant la fuite en Égypte, et l'âne fait partie du groupe. Cette sculpture provient de l'abbaye de Clairfay. Dans l'église de Saint-Esprit, au faubourg de Bayonne, il existe un âne sculpté avec soin, portant la Vierge et l'enfant Jésus. Mis d'abord à la porte de l'église, il a été placé depuis dans la sacristie. Avant la révolution il ornait la chapelle du couvent des Jacobins de Bayonne (3). Beaucoup de ces ânes étaient fort anciens : ils figuraient dans l'imitation de l'étable de Bethléem ou dans certaines fêtes religieuses et l'on pourra voir au chapitre suivant qu'ils n'étaient pas rares non plus en Italie.

C'était à peu près avec le même cérémonial que la fête des Fous ou des Anes et la fête des Innocents étaient célébrées encore à Bourges, à Viviers, à

(1) JOLIBOIS, *Diablerie de Chaumont*, p. 34.

(2) DU MÉRIL, *Origines latines du Théâtre moderne*, p. 49.

(3) M. FÉLIX CLÉMENT, *Hist. générale de la Musique religieuse*, p. 182.

Amiens, à Laon, à Noyon, à Châlons-sur-Marne, à Avallon, à Auxerre (1) et sans doute aussi dans bien d'autres localités (2). Du Cange donne, sur l'élection de l'évêque des Fous à Viviers, de curieux détails fournis par un manuscrit de l'église de cette ville, daté de l'an 1365. On entendait retentir dans le saint lieu des cris, des sifflets, des hurlements (3).

Ces offices, d'une longueur interminable, étaient plusieurs fois interrompus pour aller manger (*conductus ad prandium*) ou pour aller jouer (*conductus ad ludum*) ; quelque fois même c'était dans l'église que les officiants prenaient leurs ébats. De graves docteurs affirment qu'au xiie siècle des évêques et des archevêques, de *vrais* prélats, s'oubliaient jusqu'à jouer à la balle dans leurs cathédrales avec leurs inférieurs (4). A Sens, ces offices étaient mêlés

(1) M. Cherest, p. 9. 76 et *passim*.

(2) M. Bourquelot, dans ses *Notes* à la suite de l'office de Tours, indique un grand nombre d'ouvrages auxquels ont donné lieu tous ces offices en diverses contrées.

(3) « Inter se ad invicem clamando, sibillando, ululando... » *Gloss.*, vo *Kalendæ*.

(4) « Sunt nonnullæ ecclesiæ in quibus usitatum est ut vel etiam episcopi et archiepiscopi cum suis ludant subditis, ita ut etiam sese ad ludum pilæ demittant... ut est Remensis... » Beleth, docteur en théologie de Paris au

« de déguisements, de danses, de cris et de moqueries ; » c'est M. Cherest lui-même qui le constate (1).

Dès la fin du XIIe siècle, les autorités ecclésiastiques
s'étaient efforcées, mais en vain, de faire cesser, ou
du moins de modérer des extravagances qui ne faisaient pas toujours partie intégrante des offices, mais
que les joyeux célébrants y avaient successivement
ajoutées. Deux lettres de Odon, évêque de Paris et
légat du Pape, de 1198 et de 1199 *pro abolendo festo
fatuorum* en font foi : l'on y voit qu'il se commettait
dans l'église Notre-Dame de Paris, aux fêtes de Saint
Étienne et de la Circoncision des actes scandaleux,
enormitates et opera flagitiosa (2). Ces désordres
étaient plus grands que jamais au XVe siècle et malheureusement la plupart des actes destinés à les
interdire ne servirent qu'à les constater.

XIIe siècle, cité par Du Cange, v° *Kalendæ*. V. aussi
DURAND, évêque de Mende au XIIIe siècle, *Rationale divi-
norum officiorum*, lib. VII, cap. 42, de S. Stephano :
« Subdiaconi vero faciunt festum in quibusdam ecclesiis
in festo circumcisionis... in aliis in Epiphania, etiam in
aliis in octava Epiphaniæ, quod vocant *festum stultorum*... »
Édit. in-4° Lugduni, 1540, goth.

(1) M. CHEREST, p. 65.
(2) PETRI BLESENSIS *Opera*, Appendix, p. 778 et 780.

Ainsi un décret du concile de Bâle, du 9 juin 1435, intitulé : *De spectaculis in ecclesia non faciendis*, prouve qu'aux fêtes des Innocents et des Fous on se déguisait, on se masquait dans les églises, on y jouait des pièces de théâtre, on y dansait, on y riait aux éclats, on y faisait la cuisine (1)!

Une lettre circulaire de la Faculté de théologie de Paris, du 12 mars 1444, invite tous les prélats de France à supprimer la fête de l'Ane ou fête des Fous comme un reste du paganisme et comme une profanation des offices divins et de la dignité épiscopale. Cette lettre fait aussi mention des masques grotesques et des danses que les gens d'église (*sacerdotes et clerici*), costumés en femmes, se permettaient dans le chœur pendant le service divin. On y faisait même entendre des chansons déshonnêtes. Sur le coin de l'autel, à côté du célébrant, on jouait aux dez, on mangeait des crêpes; au lieu de parfums on mettait dans les encensoirs du cuir de vieux souliers qui empestait le lieu saint. Non contents de courir et de danser dans le temple, les clercs et les prêtres

(1) « In quibusdam ecclesiis... alii larvales et theatrales jocos, alii choreas ac tripudia marium ac mulierum facientes, ut homines ad spectacula et cachinnationes moveant, alii commessationes et convivia ibidem præparant... » Du Cange, *Gloss.*, v° *Kalendæ*.

s'élançaient au dehors sur d'ignobles chars, parcourant les rues, étalant partout le spectacle de leur infamie et provoquant les risées de la populace par l'impudicité de leurs gestes et de leur langage. Voilà, ajoute la circulaire de la Faculté de théologie de l'université de Paris, voilà ce qui s'est pratiqué dans l'année même où nous sommes et dans une multitude de localités. « *Sacerdotes et clerici interiori et exteriori spurcitia se polluunt...* » Qui ne serait scandalisé de voir « *Sacerdotes et clericos larvatos monstruosis vultibus, aut in vestibus mulierum aut lenonum vel histrionum, choreas ducere in choro... Cantilenas inhonestas cantare, offas pingues supra cornu altaris juxta celebrantem missam comedere ; ludum taxillorum ibidem exarare, thurificare de fumo fœtido ex corio veterum solutarium et per totam ecclesiam currere, saltare, turpitudinem suam non erubescere, ac deinde per villam et theatra in curribus et vehiculis sordidis duci ad infamia spectacula, pro risu astantium et concurrentium, turpes gesticulationes sui corporis faciendo et verba impudentissima ac scurrilia proferendo... Quæ, hoc anno, in multis locis factæ sunt* (1). »

(1) Du Cange, *Gloss.*, v° *Kalendæ*. La circulaire de 1444 se trouve toute entière dans les œuvres de Pierre de Blois. Petri Blesensis *opera, Appendix*, p. 782-788.

Une délibération du chapitre de la cathédrale de Sens, du 4 décembre 1444 révèle de nouveaux scandales : il est défendu désormais d'arroser le préchantre des fous de plus de trois seaux d'eau aux vêpres du jour de la Circoncision... A l'office de Saint-Étienne, le lendemain de Noël, on n'introduira plus dans l'église des gens absolument nus, dépourvus du vêtement le plus nécessaire, et s'il reste permis de les arroser du seau d'eau traditionnel, mais d'un seul, ce sera au puits du cloître et à une autre heure que celle de l'office (1). Le chapitre ordonne, par cette même délibération, que l'office de la Circoncision soit à l'avenir célébré dévotement et respectueusement, tel qu'il est écrit dans le livre composé spécialement pour cette fête, « *devote et cum reverentia... pro ut jacet in libro ipsius servitit.* »

Ce livre, nous l'examinerons tout-à-l'heure ; c'est

(1) « De servitio dominicæ Circumcisionis... nec projiciatur aqua in vesperis supra præcentorem stultorum, ultra quantitatem trium sitularum ad plus ; nec adducentur nudi in crastino festi dominicæ nativitatis, *sine brachis verenda tegentibus*, nec etiam adducantur in ecclesia, sed ducantur ad puteum claustri, non hora servitii, sed alia, et ibi rigantur sola situla aquæ, sine lesione. » M. CHEREST, p. 66. M. BOURQUELOT, note XV, p. 87, donne le texte entier de cette délibération.

l'office composé, paroles et musique, pour la fête
de l'Ane ou des Fous par le savant Pierre de Corbeil,
archevêque de Sens, mort en 1222 (1).

Non subventionnée par le chapitre de Sens à
partir de 1486, et très-peu surveillée, la fête des
Fous s'était enrichie au xvi⁰ siècle d'une nouvelle
scène assez ridicule, mais qui, du moins, s'arrêtait
au seuil de la maison de Dieu ; c'était l'usage d'élever, à la porte de l'église, un théâtre où l'on donnait des représentations dramatiques, et sur lequel
les vicaires en liesse montaient pour se faire raser
la barbe en public d'un seul côté du visage, sorte de
bouffonnerie qui leur fut interdite par des délibéra-
tions du chapitre de Sens de 1511 et de 1552 (2).

Tant d'extravagances méritaient bien une épigramme. Aussi, le grave Du Cange ne dédaigne-t-il
pas de constater que cette fête des Fous ou de l'Ane
était appelée la fête des sous-diacres, *festum hypodia-
conorum* ou des diacres sous, *ebriorum diaconorum* (3).

(1) *Gallia christiana*, t. XII, p. 59. M. Bourquelot,
p. 48, note i.

(2) 1511 : « Exhibitiones fieri... insolentias... faciendo
tondere barbam parte, ut fieri consuevit in theatro... » —
1522 : « Facere rasuram in theatro, ante ecclesiam... » —
V. M. Cherest, p. 72-77.

(3) *Gloss.*, v⁰ *Kalendæ*.

Disons, pour couper court à ces détails qui finiraient par devenir fastidieux, qu'en dépit des défenses des supérieurs ecclésiastiques et même des conciles, ces offices ridicules continuèrent d'être célébrés dans beaucoup d'églises jusqu'au milieu du XVIe siècle. On ne parvint à les abolir que quand les protestants s'en firent une arme sérieuse contre la religion catholique. A Sens, notamment, ils furent subventionnés par le chapitre jusqu'à l'époque où le schisme luthérien vint diviser les chrétiens. Néanmoins, lorsque ces offices furent purifiés des scènes qui les profanaient, le chapitre de Sens conserva l'habitude de donner, jusqu'en 1685, quelque argent en étrenne aux enfants de chœur pour célébrer la fête des saints Innocents. Les patientes recherches de M. Cherest dans les comptes et les registres capitulaires conservés aux archives Senonaises ne laissent à cet égard aucun doute (1). On verra même plus loin que de ces usages anciens il reste encore aujourd'hui quelque chose.

Venons-en à l'office des Fous ou de l'Ane, composée par Pierre de Corbeil, et dont la bibliothèque de Sens possède un manuscrit authentique du XIIIe siècle.

(1) M. Cherest, p. 65-80.

C'est un office très-sérieux, disaient les uns ; non, disaient les autres, c'est un office mêlé de bouffonneries ; et fort peu de personnes pouvaient consulter le texte qui n'avait jamais été imprimé. Ce manuscrit avait été, en 1853, le sujet d'une curieuse dissertation de M. Cherest, mais des fragments seulement se trouvaient cités. M. Bourquelot mit à la portée de chacun la pièce litigieuse ; il copia le manuscrit de Sens et le publia tout entier en 1854 avec une introduction et des notes. Nous avons tiré de nombreux renseignements des travaux de MM. Cherest et Bourquelot. Enfin, un autre antiquaire, M. Duchalais, a donné le dessin et la description de deux planches d'ivoire sculpté, provenant d'un ancien dyptique païen du ve siècle, dont la couverture en bois du manuscrit est décorée : La première tablette représente *Bacchus Hélios* sortant de l'Océan pour éclairer le monde et présider aux vendanges, et la seconde tablette, *Diane Lucifer* sortant de la mer, succédant à *Bacchus Hélios*, et présidant à la germination des végétaux (1).

Le vêtement promet. Ouvrez ce manuscrit composé de trente-trois feuillets de parchemin et le

____

(1) *Bulletin de la Société archéologique de Sens*, année 1854, in-8°, pages 79-86.

début promettra davantage encore. Voici le commencement du premier feuillet :

CIRCUMCISIO DOMINI.
In januis ecclesiæ.

Lux hodie, lux leticie ! me judice, tristis
Quisquis erit, removendus erit solemnibus istis.
Sint hodie procul invidie, procul omnia mesta ;
Leta volunt quicumque colunt *asinaria festa.*

Ce quatrain peut se traduire et se résumer ainsi : Vive aujourd'hui la joie! Arrière les esprits chagrins. Ceux qui célèbrent la fête de l'Ane veulent y trouver la gaité.

Suit immédiatement la prose de l'âne :

Conductus ad tabulam.

Orientis partibus
Adventavit asinus
Pulcher et fortissimus,
Sarcinis aptissimus.
Hez ! sire Asne, hez !

C'est la prose rapportée plus haut, moins la seconde strophe : *Lentus erat pedibus,* et la quatrième : *Ecce magnis auribus,* et moins aussi le quatrain :

Hez, sire Asne, car chantez, etc.

remplacé à la fin de chaque strophe par cet autre
refrain d'une seule ligne :

Hez ! sire Asne, hez !

et sauf encore quelques variantes sans importance.

Après la première partie du manuscrit qui n'est
précédée d'aucune rubrique, les autres parties portent les titres suivants : *Ad matutinam,* — *in lau-
dibus,* — *ad primam,* — *ad terciam,* — *officium ad
missam,* — *ad sextam,* — *ad nonam,* — *ad vesperas*,
— comme les offices célébrés de nos jours ; et l'on
retrouve dans ces offices divers la plupart des prières
qui les composent encore aujourd'hui.

On y rencontre à chaque page des tours de force
sans mérite, tels que trente-trois rimes en *a* dans
un hymne de trente-huit lignes, des cantiques tout
entiers en *o*, des phrases dont tous les membres fi-
nissent en *e*, d'autre en *or*, en *ant*, etc ; d'autres
vers ou versets auxquels on ajoute un *O* ou un *A*,
pour former une sorte d'écho burlesque, par exemple
dans le passage suivant du *Conductus ad ludos :*

. . . .

Carnis sumpto pallio
In virginis palatio, O
Ut sponsus e thalamo, O

9

> Processit ex utero, O.
> Flos de Jesse virgula, A
> A fructu replet secula, A (1).

Un office n'est pas bien sérieux lorsque l'on y trouve des strophes telles que celles-là, et telles encore que celle-ci du *Conductus ad subdiaconum*, de l'*officium ad missam* :

> Gignitur, — nascitur
> Christus sicut voluit
> Divina clementia.
> Hoc in hoc hoc in hoc hoc in hoc sollempnio
> Concinnat hæc concio (2).

On rencontre çà et là des mots facétieux, puis l'indication des interruptions pour aller jouer, boire ou manger : *Conductus ad ludarium, — conductus ad poculum, — versus ad prandium* (3).

L'office de Sens est en outre émaillé de détails beaucoup trop physiologiques ou grossièremeut plaisants sur la conception de la sainte Vierge par l'opération du Saint-Esprit (4).

(1) M. BOURQUELOT, p. 23, 24, 27 et *passim*.
(2) M. BOURQUELOT, p. 38.
(3) *Ibid.*, p. 49, 50, 52 et *passim*.
(4) Maintes fois il est question « *de viri semine.* » On trouve des passages tels que ceux-ci :

Enfin, la présence de l'âne dans le lieu saint est incontestable. M. Cherest cependant la révoque en doute (1); mais M. Bourquelot nous paraît avoir victorieusement démontré que dans ces sortes de solennités l'âne était le véritable « *héros de la fête* (2), » et le fait est prouvé dans un si grand nombre d'églises, qu'il y a bien peu d'intérêt à le contester à Sens.

Malgré les nombreuses concessions aux mœurs du temps, faites par Pierre de Corbeil, poète satirique dans sa jeunesse, grand musicien, ami de Philippe-Auguste, évêque fort libre vis-à-vis du pape Clément III qui avait été son élève, il faut reconnaître que ce prélat semble revenir le plus vite et le plus souvent possible à la gravité qu'exigent

> Miranda res per secula
> Quod sine viri copula
> Te concepit juvencula
> In virginali clausula (p. 51).

Page 29, le texte fait dire à la sainte Vierge :

> Viri novi nullam certe copulam
> Ex quo... atque nata sum incorrupta.

Vide passim.

(1) M. CHEREST, p. 21.

(2) M. BOURQUELOT, p. 7 et 9, p. 70, note V, et p. 83, note X.

les cérémonies sacrées et qu'en somme, l'office de
l'Ane ou des Fous, tel que nous l'a transmis le manuscrit senonais n'est pas, dans toutes ses parties,
comme son début pourrait le faire croire, une œuvre
de bouffonnerie.

C'est cependant, selon nous, aller trop loin que
d'y voir, comme M. Cherest, un office de tous points
conforme aux convenances et même « une œuvre
admirable » due « au *génie* de P. de Corbeil (1), »
et d'excuser les folies qui se pratiquaient à Sens en
disant qu'elles tenaient plus de l'enfantillage que de la
profanation. C'étaient, ajoute-t-il, des déguisements,
des danses, des cris, quelques moqueries... (2). »
Un autre écrivain a encore enchéri sur M. Cherest,
c'est M. Félix Clément, maitre de chapelle et orga-
niste de la Sorbonne. Il ne trouve, dans l'office de
Sens, « aucune trace de bouffonnerie ou d'inconvenance ; tout y est austère et d'une gravité qui ne se
dément jamais (3)... P. de Corbeil se sera trouvé en
présence de *coutumes singulières* dont les calendes
de janvier étaient le prétexte... Si, malgré ses ef-

(1) M. CHEREST, p. 56 et 27.

(2) *Ibid.*, p. 65.

(3) *Histoire générale de la Musique religieuse*, par
M. FÉLIX CLÉMENT, 1 vol. in-8°, Paris, 1860, p. 129
et 169.

forts, *des abus se sont glissés* de nouveau dans les détails de la fête et en ont motivé la suppression, le pieux archevêque n'en saurait être responsable... »
Le début, *Lux hodie,* « cette invitation à la joie est comme une sorte de précaution oratoire employée par P. de Corbeil pour prémunir les partisans de la fête de l'Ane contre la crainte de se voir privés de *leurs réjouissances accoutumées* (1). » M. Clément avoue donc indirectement et comme malgré lui les *abus* et les *réjouissances* dont il cherche pourtant à éloigner la pensée.

Il s'attache surtout à défendre de toutes attaques *la prose de l'Ane.* « Elle ne renferme rien, dit-il, qui puisse choquer le goût le plus délicat (2). » Il n'y voit pas seulement un juste éloge d'un quadrupède éminemment estimable (3) ; il y découvre encore des mérites que nul n'avait soupçonnés avant lui. Cette prose cache un sens figuré ; elle en recèle même deux.

(1) *Ibid.,* p. 124 et 125. — M. Onésime Le Roy, dans ses *Études sur les mystères,* sans nier les bouffonneries mêlées à la fête de l'Ane, pense « que l'on a trop exagéré le ridicule de cette fête, sans daigner en chercher l'esprit. » 1 vol. in-8°, Paris, 1837, p. 152.

(2) *Ibid.,* p. 169.

(3) *Ibid.,* p. 153, 172 et suiv.

« L'âne, dit-il, est le symbole de Jésus-Christ : *Orientis partibus*, c'est de l'Orient que les Mages sont venus avec des présents... *Adventavit* vient d'*adventus*, mot qui s'applique à l'avènement du Sauveur... Jésus-Christ est le plus beau des enfants des hommes : le mot *pulcher* doit donc lui être appliqué. *Fortissimus*, il a vaincu la mort, il est notre force et notre salut... *Sarcinis aptissimus*, Jésus-Christ n'est descendu sur la terre que pour se charger des iniquités du monde... Il porte sa croix... *Dum trahit vehicula*; il se charge du fardeau de nos péchés, *multa cum sarcinula*... Les résistances que rencontre sa prédication sont exprimées par les mots : *dura terit pabula*. Il prêche sa doctrine aux bons comme aux méchants : *Cum aristis hordeum comedit et carduum*. Il remplit l'office du vanneur : *Triticum ex palea segregat in area*... La dernière strophe, enfin, nous fait assister au triomphe de la foi. Jésus-Christ a racheté le monde; il a fondé son église..., il rend grâces à Dieu son père: *Amen dicas, Asine, jam satur ex gramine*. L'église qui se confond avec son chef s'est débarrassée de la servitude de la loi ancienne comme d'un vêtement qui ne peut plus lui servir : *Amen, amen itera, aspernare vetera* (1). »

(1) *Ibid.*, p. 153 à 158.

Est-ce tout? Non. L'âne de l'*Orientis partibus* est aussi « le type de la nation juive » et l'auteur le prouve encore en appliquant à cette nation plus d'un passage de la prose (1).

Ces interprétations, difficiles à concilier entre elles, appartiennent bien à M. Clément : il est, je crois, le premier à qui ce morceau de l'office les ait suggérées. Mais gardons-nous de le contredire. Ceux qui n'admirent pas cette prose ou qui se permettent de rapporter les scènes burlesques mêlées aux cérémonies religieuses du moyen-âge, même en s'appuyant de l'autorité d'Odon, ou de Du Cange, sont traités par lui « d'incrédules, » « d'auteurs de libelles, » « de Voltairiens (2) ! » Pour n'avoir pas été tout à fait de l'avis de M. Clément, M. Bourquelot, l'érudit consciencieux, l'excellent, le doux, l'inoffensif M. Bourquelot, est par lui taxé « d'ignorance passionnée (3) ! »

Ce ne sont pas seulement les paroles de l'*Orientis partibus* qu'admirent M. Cherest et M. Clément, mais aussi la musique qu'il ne faut pas en séparer. A l'égard du texte pourtant M. Cherest fait une

(1) M. F. CLÉMENT, p. 155 et 156.
(2) *Ibid.*, p. 122, 169 et 175.
(3) *Ibid.*, p. 164 et 166.

concession que M. Clément lui pardonnerait difficilement. « Quand on isole les paroles de la musique, dit-il, oui, la critique trouve une large prise... Mais laissez l'œuvre dans son entier... Chantez la prose de l'Ane au milieu de nos fêtes religieuses, il ne restera place que pour l'*étonnement et l'admiration...* La mélodie de la prose est singulièrement remarquable par sa grâce et le refrain lui-même « Hez! sir Asne, Hez! » qu'on a tant de fois représenté comme un cri barbare, forme dans le chant une terminaison aussi douce que simple (1). »

L'abbé Lebœuf s'était un peu moqué de cette musique. Il paraît qu'il avait eu tort. Sur ce point nous rendons les armes à M. Cherest, qui paraît être fort compétent, et au *spécialiste*, au maître de chapelle de la Sorbonne (2). Une épreuve, au surplus, a été faite et aurait justifié l'opinion de ces Messieurs. C'était le 3 novembre 1849, dans une très-majestueuse solennité, à laquelle assistaient l'Assemblée nationale, le Président de la République, les ministres, le corps diplomatique et la plupart des grands dignitaires de l'État. On inaugurait la Sainte-Chapelle récemment restaurée et l'on y procédait

(1) M. Cherest, p. 27 et 26.
(2) M. Cherest, p. 26. — M. Clément, p. 25.

à une investiture nouvelle de la magistrature française. Mgr l'Archevêque de Paris y présidait. Les chants étaient dirigés par M. Félix Clément. Plusieurs compositions du XIIIᵉ siècle y furent entendues. Les morceaux principaux, chantés par M. Roger, de l'Opéra, ont été réunis en un recueil précédé d'une *introduction* où M. Didron aîné s'exprime ainsi sur l'exécution de la prose de l'Ane : « Soutenu de six voix d'enfants, M. Roger chanta les strophes impaires de l'*Orientis partibus*. Les autres strophes étaient exécutées par quarante musiciens en chœur. Cette jolie *fantaisie* de paroles et de chant, composée par l'archevêque P. de Corbeil et harmonisée par M. F. Clément, *fut accueillie avec un plaisir très-marqué*. Il paraît, cependant, qu'un très-léger musicien, mais fort grave littérateur, caché on ne sait où dans la Sainte-Chapelle, sentit ses oreilles se dresser et son esprit se scandaliser en entendant cette *mélodie délicieuse* où se fait naïvement et franchement l'éloge de l'utile et intelligent animal qui réchauffa le Dieu nouveau-né dans la Crèche de Bethléem, qui le sauva enfant en Égypte et le porta homme fait à Jérusalem (1)... » et l'au-

(1) *Les chants de la Sainte-Chapelle, tirés des manuscrits du XIIIᵉ siècle, traduits et mis en parties, avec accompa-*

diteur qui avait douté de l'à-propos de la prose de l'Ane dans une assemblée générale de la magistrature, est traité par M. Didron de *vaudevilliste effarouché* ! Après la prose de l'Ane, « dont le succès fut immense, » on entendit celle des autorités constituées, notamment de M. Rouher, ministre de la justice, de M. le premier président Portalis et de M. le procureur général Dupin. Les discours étaient fort longs. Il est douteux que toutes ces voix aient été écoutées, comme celle de Roger, « avec un plaisir très-marqué (1). » *La Gazette des Tribunaux* et *le Droit*, qui rendent un compte détaillé de la cérémonie, sans omettre la partie musicale, ne disent rien de la prose de l'Ane. Vraisemblablement la musique couvrait les paroles, surtout des strophes paires, et le chant délicieux de Roger captivait si complètement l'attention qu'un seul auditeur, un *vaudevilliste effarouché* aurait reconnu la fameuse prose, circonstance heureuse qui sauva sans doute la magistrature des plaisanteries du Palais et des sarcasmes des petits journaux.

gnement d'orgue, par FÉLIX CLÉMENT, etc., avec une introduction par M. Didron aîné, in-4°, Paris, 1849. V. aussi la *Gazette des Tribunaux* et *le Droit* du 4 nov. 1849.

(1) *Ibid.*

Revenons à notre sujet.

Grâce à Dieu et aux progrès de la civilisation il ne reste rien, depuis longtemps, de la Fête de l'Ane ou des Fous. On trouve encore à Sens quelques vestiges de la fête des Innocents, mais ces vestiges sont eux-mêmes fort innocents. On en peut juger par une note pleine de grâce et de bonne humeur, sortie de la plume de M. l'abbé Carlier (1), par laquelle M. Cherest a terminé son savant mémoire et que nous demandons la permission de lui emprunter.

« Les enfants sont les mêmes en tout temps. Le jour des saints Innocents, qui est le jour de leur fête, ils sont fous de joie. Ce jour-là, le chapitre leur alloue une somme pour subvenir à leurs plaisirs : leur liberté et l'indulgence sur laquelle ils comptent sont plus grandes.

« Chaque chanoine, selon l'usage, officie le jour de la fête. Les enfants de chœur veulent en faire autant. Ne pouvant dire la messe, ils veulent du moins faire le reste, tenir chœur, faire diacre indut, sous-diacre, remplir toutes les fonctions qui leur sont accessibles.

(1) M. l'abbé Carlier a lu en 1850, au Congrès historique de Sens, un mémoire sur l'office des Fous de Sens. Il s'y trouvait des assertions qui ont été combattues par M. Bourquelot, p. 58, note Ire.

« De même que les enfants de troupe jouent au colonel et à la bataille, les enfants de chœur jouent à la messe et à l'archevêque. L'un d'eux s'habille donc en archevêque. Pour lui faire expier sa présomption, ils le nomment l'âne, car ils ont choisi,le plus lourdaud, *sarcinis aptissimus*. Un autre fait le préchantre, etc.

« Mais pour tout cela il faut des ornements à leur taille. Ils en commandent chez la chasublière de la cathédrale et paient le tout par un baiser, monnaie ordinaire des enfants de leur âge. Telle est l'histoire des temps anciens et telle est l'histoire du temps présent ; car je viens de vous raconter purement et simplement ce qui se passe sous nos yeux à la maîtrise de Sens. J'ai à votre disposition aubes, étoles, manipule, mitre à l'usage de l'âne ou archevêque au petit pied. Qu'on ferme les yeux et qu'on laisse faire, avant peu la Fête de l'Ane sera rétablie. Les deux derniers archevêques de la maîtrise de Sens sont en ce moment au petit séminaire pour apprendre à devenir archevêques d'une manière plus sérieuse s'il se peut. » — « Heureusement, ajoute M. Cherest, la maîtrise de Sens est en bonne main et les abus n'y sont pas tolérés (1). »

(1) M. CHEREST, p. 84.

Enfin, dans toutes les églises de Paris, le dimanche qui suit la fête des saints Innocents, la quête est faite par les plus gentils enfants de chœur en grande tenue, et le suisse, qui leur fait ouvrir un passage au milieu des fidèles, prononce à haute voix ces mots : *Pour les enfants de chœur, s'il vous plaît !* La quête de ce jour-là est, en effet, exclusivement consacrée à ces enfants ; le produit en est partagé, par la maîtrise, entre leurs familles, et peut-être sert-il encore en partie à leurs divertissements.

Tels sont les derniers vestiges d'usages dont le souvenir est aujourd'hui bien effacé.

Ce serait une grande erreur de prendre pour des symptômes d'impiété le mélange de choses saintes et de choses grotesques dont nous avons trouvé tant d'exemples au moyen-âge. C'est précisément le contraire qu'il en faut conclure. Jamais la foi ne fut plus robuste, plus ardente qu'à cette époque. La vivacité des querelles théologiques, la violence, la férocité même des guerres de religion en sont d'incontestables preuves. Ces querelles, ces guerres ne sauraient exister dans des siècles de tiédeur et d'indifférence. On riait jadis des inconvenances et même des grossièretés mêlées aux solennités du culte, à raison de leur côté plaisant, mais on croyait fermement, on pratiquait avec ferveur, et l'on n'aurait point ri si ces grossièretés et ces inconvenances eussent attaqué tout de bon les principes ou les dogmes qui sont les fondements du christianisme. Il importait de terminer par cette réflexion le tableau que nous venons de présenter.

CHAPITRE IX.

LES ANES LÉGENDAIRES.
LE SAINT ANE DE VÉRONE, LES ANES BÉNIS
ET CEUX DU CALENDRIER.

Les anciens avaient associé l'âne aux exploits de Jupiter et au culte de leurs Dieux; ils lui avaient érigé des statues; assigné même une place sur leur calendrier à côté du nom de Vesta; enfin à tant d'honneurs ils avaient ajouté ceux de l'apothéose *in signo Cancri.*

Les chrétiens, succédant aux polythéistes, ne pouvaient manquer de glorifier l'âne à leur tour, par l'excellente raison qu'il avait été la monture du Seigneur et même la seule qui lui convint. Vous figureriez-vous en effet le Sauveur des hommes juché sur un chameau? Non, assurément! Voudriez-vous le voir calme sur un cheval fougueux, dans l'attitude théâtrale donnée par le pinceau de David au conquérant franchissant le mont Saint-Bernard pour aller préluder en Italie à quinze années de guerres et d'extermination ? Pas davantage ! L'âne patient et doux était donc la monture prédestinée du Dieu fait homme, indépendamment de cette circonstance qu'il était en Judée la bête de selle de tout le monde.

La légende prétend même que c'est à raison soit de cette prédestination, soit de son accomplissement, que l'âne a été décoré de la croix que l'on pourrait bien appeler d'honneur, puisqu'on y rattacherait le souvenir du salut de l'humanité ; mais au lieu de porter cette croix fièrement sur sa poitrine l'âne la porte modestement sous son bât.

Si l'évangile ne dit pas que l'âne ait assisté dans l'étable de Bethléem au grand événement qui devait renouveler la face du monde, ni qu'il ait porté la Sainte famille en Égypte, la légende s'est chargée de suppléer au silence de l'histoire. Quant à l'entrée triomphale de Jésus-Christ à Jérusalem, tous les évangélistes sont d'accord pour proclamer le rôle de l'âne dans cette circonstance mémorable. Aussi les chrétiens ne se sont-ils pas contenté d'admettre ce quadrupède dans leurs temples et d'en faire, comme on l'a vu, *le héros* de certaines fêtes religieuses. Ils l'ont mis au rang des choses saintes et des catholiques (peu fervents, j'en conviens) l'ont même un jour inscrit sur leur calendrier.

Il n'est pas vrai cependant que les premiers chrétiens, ni même les Juifs en aient fait leur Dieu et
qu'ils aient adoré sa tête. Ceux qui ont dit cela étaient
des païens et des mécréants. Le premier qui mit
cette fable en circulation était un grammairien
d'Alexandrie, vantard et menteur, qui prétendait
s'étayer des témoignages de Possidonius et d'Apollonius Molon ; c'était Apion, ennemi déclaré des
Juifs sur lesquels il appelait les persécutions de
Caligula, et dont les ouvrages ne sont connus que
par les citations qu'en ont faites d'autres auteurs (1).

Tacite, encore un païen ! a dit aussi que les juifs
avaient voué un culte à l'âne. Il attribue, il est vrai,
ce culte à un sentiment de reconnaissance. Les
Israélites, dit-il, égarés dans le désert y mouraient
de soif. Un troupeau d'ânes sauvages sortait d'un
pâturage. « Moïse suivit ces animaux et, à l'épaisseur
» de l'herbe, conjecturant que le sol recelait des
» sources abondantes il parvint à les découvrir. »
Ce serait par ce motif que les Israélites auraient
placé l'âne dans leur sanctuaire. Tacite ne dit pas
que la reconnaissance allât jusqu'à l'adoration, mais
seulement : « *Effigiem animalis, quo monstrante,*

(1) Pitiscus, *Lexicon antiquitatum romanarum*, v° *Asinus* ; 2 vol. in-f°, 1713, t. I. p. 190 et 191.

errorem et sitim depulerant, penetrali sacravere (1).»
Flavius Josephe, pontife israélite, auteur des *Antiquités judaïques* et de la *guerre des Juifs contre les
Romains*, rapporte cette fable avec une indignation
poussée jusqu'à l'injure : « Apion n'a pu, dit-il,
faire un conte si impertinent sans montrer qu'il est
lui-même le plus grand âne et le plus effronté menteur qui fut jamais.... S'il n'avait une stupidité d'âne
et une impudence de chien, etc. (2). »

Des Juifs, la calomnie d'Apion, un peu confirmée
par Tacite, passa sur les premiers chrétiens : on les
accusait d'adorer une tête d'âne. Tertullien, Arnobius
et Minucius Félix ont rapporté cette imputation et
l'ont énergiquement repoussée au nom de la religion
nouvelle dont ils étaient les plus zélés propaga-
teurs (3).

(1) Taciti *Histor.* V, 3, 3 et V, 4, 2.
(2) Josephe, *réponse à Apion*, liv. II, ch. iv.
(3) Tertullien, *Apologet.* cap. XVI, *De capite Asinino* :
« Somniastis caput asininum esse Deum nostrum... » —
Arnobii *disputationum adversus gentes libri octo*, lib. VIII :
« ... Audire te dicis caput asini rem nobis esse divinam.
Quis tam stultus ut hoc credat ? Quis stultitior ut hoc coli
credat ? » — Minucius Felix, discours de Cécilius, dans
le dialogue intitulé *Octavius*, § IX : « Audio eos turpissimæ
pecudis caput asini consecratum inepta qua persuasione

Une des conditions des mystères de l'incarnation et de la rédemption était que le Sauveur fut le plus parfait modèle de l'abnégation et de la pauvreté. Le souverain maitre de l'univers n'avait donc rien qui lui appartient en propre, absolument rien, pas même un âne! Ce fut sur un âne d'emprunt et d'occasion que Jésus-Christ fit son entrée à Jérusalem.

« Comme il approchait de cette ville, étant près de Béthanie, vers la montagne des Oliviers, il envoya deux de ses disciples et leur dit : Allez à ce village qui est devant vous, et sitôt que vous y serez entrés vous trouverez un ânon lié, sur lequel nul homme n'est encore monté. Détachez-le et me l'amenez. Si quelqu'un vous demande que faites-vous? dites-lui : c'est que le Seigneur en a besoin : et aussitôt il le laissera amener ici. S'en étant donc allés, ils trouvèrent l'ânon qui était attaché dehors près d'une porte entre deux chemins et ils le détachèrent. Quelques-uns de ceux qui étaient là leur dirent : que faites-vous? Pourquoi détachez-vous cet ânon? Ils

venerari... » — V. aussi BARONIUS, *Annales ecclesiastici*, édit. in-f°, 1738-1759, t. II, p. 394, et PITISCUS, *Lexicon antiquitatum romanarum*, v° *Asinus*, t. I, p. 190, 2 vol. in-f°, 1743. Voir sur cette question ce que nous disons plus loin, au chap. XVIII, à l'occasion de l'*Encomium asini* d'Agrippa.

répondirent comme Jésus le leur avait ordonné et on leur laissa emmener l'ânon. Ils l'amenèrent à Jésus, ils le couvrirent de leurs vêtements et il monta dessus. Plusieurs aussi étendirent leurs vêtements le long du chemin, d'autres coupaient des branches d'arbres et les jetaient par où il passait. Et ceux qui marchaient devant et ceux qui suivaient criaient : Hosanna! Béni soit celui qui vient au nom du Seigneur (1)!... »

Que devint l'ânon après le triomphe? On n'en sait rien. Il est vraisemblable qu'on le rendit honnêtement à son maître ou qu'il retourna de lui-même à la porte entre deux chemins où on l'avait pris et rentra dans l'obscurité de la vie privée.

Mais ce que ne disent ni l'Évangile, ni les Actes des Apôtres, ni leurs Épîtres, la légende ou la tradition (qui n'est point parole d'Évangile) s'est chargée de nous l'apprendre. Or voici, ce qu'elle raconte : L'âne qui avait porté Notre-Seigneur lors de son entrée à Jérusalem ne voulut plus vivre dans une ville où le Sauveur avait été crucifié. Il marcha sur

(1) *Évangile selon S. Marc*, ch. XI. — L'Évangile selon S. Mathieu, ch. XXI, dit que Jésus-Christ envoya chercher ainsi « une ânesse attachée et son ânon auprès d'elle, » que « les disciples amenèrent l'ânesse et l'ânon, les couvrirent de leurs habits et le firent monter dessus. »

la mer, aussi endurcie que sa corne, prit son chemin par Chypre, Rhodes, Candie, Malte et la Sicile, séjourna quelque temps à Aquilée au fond de l'Adriatique et vint enfin s'établir au bord de l'Adige, à Vérone, où il vécut très-longtemps et mourut de vieillesse. Un âne peut vivre jusqu'à 35 ans. Les pays traversés par l'âne merveilleux étaient alors plongés dans les ténèbres de l'incrédulité : Il est étonnant qu'aucun païen n'ait eû l'idée de mettre un frein à la pauvre bête et de lui sauter sur le dos. On peut être sûr, en tout cas, qu'elle ne reçut après son trépas que la *sépulture* ordinaire *des ânes*, expression par laquelle le peuple de Dieu, lui-même, désignait le traitement ignominieux dont les malédictions de Jérémie menaçaient le Roi Joakim révolté contre le Seigneur : « Sa sépulture, disait le prophète, sera comme celle d'un âne mort ; on le jettera tout pourri hors des murs de Jérusalem (1). »

Ce qui n'est pas moins étonnant que de marcher sur les flots, c'est que les os de l'âne de Jérusalem reconnus, on ne sait à quels signes ni à quelle époque, se soient trouvés à Vérone au xvII[e] siècle, exposés à la vénération des fidèles.

(1) Jérémie, ch. XXII, v. 19 : « *Sepultura asini* sepelietur putrefactus et projectus extra portas Jerusalem. »

Sans affirmer positivement la sincérité de ces reliques, M. Félix Clément y fait allusion et la donne au moins comme vraisemblable. « *Il était permis,* dit-il, à quelques-uns des disciples qui accompagnaient le Sauveur le jour de son triomphe, de s'intéresser à l'animal qui avait porté ce divin fardeau, de le recueillir, de conserver ses restes comme nous conservons un objet qui a appartenu à un ami, un de ses livres, une fleur de son jardin ; quoi de plus naturel (1) ?... » *Permis* assurément, mais cela a-t-il été fait ?

Constatons, avant tout, l'existence du *Saint Ane de Vérone.* Nous rechercherons ensuite à quelle époque peut remonter le culte dont on a honoré ses os.

Nulle contrée ne pouvait être plus favorable que le Véronais à l'acclimatation de la légende du saint baudet. On y voyait des miracles un peu de tous côtés. A Polisella, « de deux mamelles faites avec le ciseau sur le roc, sortait une eau qui avait la vertu de faire revenir le lait aux femmes qui l'avaient perdu par accident ; elles n'avaient pour cela qu'à s'en laver les mamelles. » Les bains de Caldero, à cinq ou six milles de Vérone « guérissaient les femmes

____

(1) *Histoire générale de la Musique religieuse,* p. 170.

de la stérilité ». A Vérone même, au cimetière de
Saint-Procule, il y avait un tombeau vers lequel un
petit toit dirigeait les eaux pluviales et ces eaux
étaient propres à guérir de toutes les maladies (1).
A Vérone encore et dans les faubourgs de Bresce,
dans l'église d'une abbaye de Bénédictins, on voyait
un magnifique bénitier de porphyre, de 26 pieds de
circonférence qui, disait-on au président de Brosses,
avait été apporté là par le diable au vu et au su de
tout le monde (2). » La plupart des villes de la haute
Italie avaient ainsi leurs merveilles. Une de plus ne
devait pas déplaire aux Véronais.

Le premier voyageur qui ait appelé l'attention sur
les reliques de Vérone, paraît être Misson, écrivain
digne de foi, consulté et cité par tous ceux qui ont

---

(1) Sur les eaux miraculeuses de Polisella, de Caldero et
de S.-Procule, v. le *Dictionnaire universel, géographique
et historique* de THOMAS CORNEILLE (frère du grand Corneille), 3 vol. in-f°, Paris, 1708, v° *Vérone* et v° *Véro-
nois*; et le *Grand Dict. géogr. historique et critique* de
BRUZEN DE LA MARTINIÈRE, in-f°, Paris, 1744, — La
Martinière a souvent copié Corneille.

(2) *Dict. géographique et histor.* de CORNEILLE, v° *Vérone. Grand Dict. géographique* de LAMARTINIÈRE, v° *Vérone. Lettres écrites d'Italie* par le président DE BROSSES,
Lettre de Vérone, du 25 juillet 1739, p. 446.

parcouru après lui l'Italie (1). Dans une lettre, datée à Vérone du 16 décembre 1687, il s'exprime ainsi : « Un marchand françois qui demeure ici depuis plusieurs années (M. Montel) m'a tantôt parlé d'une procession *qu'il a souvent vue* et dont j'ai envie de vous faire la relation en peu de mots avant de finir ma lettre. *On croit à Vérone* qu'après que Jésus-Christ eût fait son entrée à Jérusalem, il donna la clef des champs à l'ânesse ou à l'ânon qui lui avait servi de monture, voulant que cet animal passât le reste de ses jours en liberté.

» On ajoute même que l'âne, las d'avoir longtemps rôdé par la Palestine, s'avisa de visiter les pays étrangers et d'entreprendre un voyage par mer. Il n'eût pas besoin, dit-on, de vaisseau ; les vagues s'étant aplanies, le liquide élément s'endurcit comme du cristal. Ayant visité en passant les îles de Chypre, de Rhodes, de Candie, de Malte et de Sicile, il s'avança tout le long du Golfe de Venise et s'arrêta quelques jours dans le lieu où cette fameuse ville a

(1) *Voyage d'Italie*, par *Maximilien* Misson. La première édition paraît avoir été publiée à La Haye en 1702, en 3 vol. in-12. — La citation ci-après est prise dans l'édition d'Amsterdam, 1743 en 4 vol. in-12, t. 1, p. 184.

depuis été bâtie. Mais l'air lui ayant paru malsain et le pâturage mauvais dans ces îles salées et marécageuses, Martin continua son voyage et remonta à pied la rivière l'Adige. Il vint jusqu'à Vérone et choisit ce lieu-là pour son dernier séjour. Après y avoir vécu plusieurs années en âne de bien et d'honneur, il alla enfin de vie à trépas.... Tous les honneurs imaginables ayant été rendus au benoit défunt, les dévots de Vérone en conservèrent soigneusement les reliques, les mirent dans le ventre d'un âne artificiel qui fut fait exprès, où on les garde encore aujourd'hui à la grande joye et édification des bonnes âmes. Cette sainte statue est gardée dans l'église de Notre-Dame des Orgues et quatre des plus gros moines du couvent, pontificalement habillés, la portent solennellement en procession deux ou trois fois l'année. »

Je n'ai jamais rencontré de fantômes, mais chacun sait qu'ils s'évanouissent aux premières lueurs du soleil ou même d'une simple lanterne. Le succès du livre de Misson, dont on donna coup sur coup quatre éditions, produisit sur le saint âne de Vérone le même effet que la lumière sur les revenants : il disparut ; on ne le promena plus en procession et il tomba peu à peu dans l'oubli. Dès-lors ni les voyageurs ni les auteurs de Dictionnaires géographiques n'eurent plus à s'en occuper. Les zélés, qui en avaient apprécié le ridicule, allèrent même jusqu'à prétendre qu'il n'avait jamais existé : il fut renié aussi fermement que Jésus-Christ l'avait été par saint Pierre. Dans la cinquième édition du voyage de Misson, donnée en 1743, plus de vingt ans après la mort de l'auteur, on put lire, à la suite de la lettre de 1687, la note suivante : « On assure à Vérone que l'Adige s'étant débordé il y a environ deux cents ans et ayant renversé plusieurs églises, il entraîna avec lui une statue de bois de Notre-Seigneur, monté sur un âne; que cette statue fut repêchée à Vérone et mise dans un coin du couvent de la *Madonna degli organi degli olivetani*, où jamais personne ne s'est avisé de faire procession, ni de lui rendre aucun culte (1). »

La première partie de cette note peut-être vraie, mais la seconde ne l'est pas.

Parmi les *Lettres familières écrites d'Italie* par Ch. de Brosses, premier Président au parlement de Dijon, il en est une, du 25 juillet 1739, dans laquelle on lit : « A *Santa Maria in organo*, je n'ai pu voir l'âne qui porta Notre-Seigneur à Jérusalem et dont Misson

____

(1) *Voyage d'Italie*, par Misson, édition augmentée de remarques nouvelles et intéressantes, 4 vol. in-12, Amsterdam, 1743. — Misson, mort en 1721.

rapporte l'histoire tout au long. *Les Moines me dirent*
que depuis plusieurs années, pour ménager les esprits
faibles. on ne le montrait plus ni ne le portait plus
en procession comme autrefois ; mais qu'on le tenait
sous clef dans une armoire (1). » Ce témoignage ne
saurait être contesté : il se trouve même corroboré,
dans une de ses parties essentielles, par l'annotateur
de 1743. Tous deux attestent en effet que l'âne de
bois est à Notre-Dame des Orgues. L'annotateur dit :
« Dans un coin du couvent » et de Brosses : « Sous
clef dans une armoire ; » ils sont donc d'accord.

Le témoignage de Voltaire, s'il était isolé, serait
suspect, mais il ne fait que confirmer les précédents :
« Il faut être vrai et ne pas tromper son lecteur,
écrivait-il vers 1760, dans ses *Questions sur l'Encyclopédie ;* je ne sais pas bien positivement si l'âne
de Vérone subsiste encore dans toute sa splendeur,
parce que je ne l'ai pas vu ; mais *les voyageurs qui
l'ont vu, il y a quarante ou cinquante ans*, s'accordent
à dire que ses reliques étaient renfermées dans un
âne artificiel fait exprès. qu'il était sous la garde de
quarante moines du couvent de Notre-Dame des
Orgues à Vérone et qu'on le portait en procession

(1) 2 vol. in-8º, Paris. 1858, t. I. p. 144.

deux fois l'an. C'était une des plus anciennes reliques de la ville (1). »

Voltaire insiste à plusieurs reprises sur l'antiquité de ces reliques lesquelles auraient excité, dit-il, la jalousie de Boniface VIII ; et il attribue au culte dont elles étaient l'objet, l'origine de la fête de l'Ane, qui aurait été célébrée originairement à Vérone d'où elle se serait répandue dans d'autres pays et surtout en France où l'on chantait à la messe la prose de l'Ane *Orientis partibus* (2). Il est possible que la légende concernant les pérégrinations de l'âne de Jérusalem soit fort ancienne et que les premiers mots de la prose (*Orientis partibus Adventavit asinus*) en aient été l'expression. Il est possible encore que cette légende et cette prose aient suggéré aux moines de Vérone l'invention du culte des reliques qu'ils ont promenées : mais assurément c'est une erreur de croire, que l'office de l'âne ait pris naissance à Vérone

(1) Ces *questions sur l'Encyclopédie* ont été fondues depuis dans le *Dictionnaire philosophique*. Voyez vº *Ane*, t. XXXVI, p. 366 de l'édition des *œuvres de Voltaire*, de Lequien, en 70 volumes in-8º, Paris, 1821.

(2) *Essai sur les mœurs des nations*, chap. LXII, t. XVI, p. 397 de la même édition. — Boniface VIII régnait de 1294 à 1303.

d'où il serait venu en France. Cette erreur du philosophe de Ferney a été reproduite sans examen par la plupart des écrivains qui ont parlé de l'âne de Vérone (1).

L'office de l'âne existait en France au moyen-âge longtemps avant qu'il fut question à Vérone du culte ridicule qui date, selon nous, d'une époque beaucoup plus récente.

Nous l'avons déjà dit, il n'est fait mention des voyages et des reliques de l'âne de Notre-Seigneur ni dans l'Évangile, ni dans les Actes des Apôtres. Même silence dans les Épitres de saint Paul qui cependant, pour aller de Jérusalem à Rome, passa aussi par Malte et la Sicile (2), et dans les Épitres de saint Jacques, de saint Pierre, de saint Jean et de saint Jude, et dans l'Apocalypse où cependant il est assez parlé de bête. Les contemporains de cet âne n'ont donc jamais entendu dire que les disciples du Rédempteur aient conservé les restes du fameux quadrupède avec la pensée qui nous fait rattacher le

(1) *Encyclopédie des gens du monde*, 22 vol. in-8°, Paris, 1833, v° *Ane*. *Dictionnaire de la conversation*, grand in-8°, Paris, 1833, v° *Anes (Fête des)*. *Journal des Débats* du 22 nov. 1866, etc.

(2) *Actes des Apôtres*, chap. XXVIII, v. 1, 12, 13.

souvenir d'un ami « à un de ses livres, à une fleur de son jardin. »

Au IVe siècle vivaient saint Augustin et saint Jérôme, qui ont écrit au moins une vingtaine d'énormes volumes in-folio. Pas un mot, que je sache, sur le sujet qui nous occupe, bien que saint [Augustin ait plus d'une fois parlé de l'âne de Jérusalem dans lequel il voit le symbole de la simplicité des Apôtres qui doit un jour confondre les savants et ailleurs la figure de la soumission due par les fidèles à la loi du Seigneur (1).

Enfin, au commencement du XVIIIe siècle Muratori a publié en vingt-quatre volumes in-folio la Collection des historiens de l'Italie depuis le Ve siècle jusqu'au XVe (2). Il n'est guère de volume où il ne soit fait mention plusieurs fois de Vérone, cette ville ayant été l'une des plus éprouvées de la péninsule par les événements politiques, les guerres étrangères et civiles, les incendies, les débordements de l'Adige et mille autres événements notés par l'histoire. On

(1) SANCTI A. AUGUSTINI *Hipponensis episcopi opera,* 10 vol. in-f^o, Paris, 1780 : *Quæstiones in Numeros,* t. III, p. 550 ; *in Psalmum XXXI,* t. IV, p. 183 ; *in Psalmum XXXIII,* t. IV, p. 217 ; et *passim.*

(2) *Rerum italicarum Scriptores,* ab anno D usque ad MD. 22 vol. in-f^o en 24 tomes, Milan, 1723.

trouve même dans le Recueil de Muratori une chronique spéciale de Vérone, commençant à 1117 et
finissant à 1375 (1). Or, le soin et la patience avec
lesquels nous avons compulsé cette énorme collection nous autorisent à dire qu'on n'y trouve pas le
moindre vestige du saint âne de Vérone.

Voici, sur l'origine du culte dont il fut l'objet, les
conjectures auxquelles nous sommes réduit et qui
nous paraissent assez conformes à la vraisemblance.

On a vu, au chapitre précédent (2), que les statues
d'ânes n'étaient pas rares dans nos églises de France
au moyen-âge. Il y a lieu de croire qu'elles n'étaient
pas non plus inconnues dans la haute Italie, puisque l'une d'elles aurait été apportée à Vérone par un
débordement de l'Adige vers le milieu du xvi siècle.
Cette statue repêchée et portée à Notre-Dame des
Orgues, aura donné lieu à des bruits superstitieux
que les moines auront laissé s'accréditer. De là à
favoriser une croyance, qui n'était peut-être pas sans
profit pour le couvent, en mettant les os d'un baudet
dans le ventre du naufragé converti en reliquaire,
il n'y avait qu'un pas à faire. Après avoir exposé cet

____

(1) *Ibid.* t. VIII, p. 622, *Chronicon Veronense*, ab
anno 1117 ad annum usque 1375.

(2) Pages 128 et suiv.

objet discrètement, *intrà muros*, à la vénération des
fidèles, on se sera décidé à le promener publiquement
dans des processions où figuraient sans doute des
reliques de meilleur aloi. Le peuple aura fléchi le
genou devant toutes ces reliques indistinctement et
le culte du saint âne de Vérone se sera trouvé fondé
tout à la fois par la légende et par le spectacle qui
lui donnait une sorte de consécration visible et pal-
pable. Puis, les reliques de Martin, livrées au ridicule
par Misson, ont cessé de circuler processionnellement vers le milieu du xviiie siècle et l'âne, remisé
dans un coin ou *dans une armoire*, n'aura plus été
montré qu'à de rares adeptes sur la crédulité desquels on pouvait compter. En effet, il ne paraît pas
que les moines de Notre-Dame des Orgues aient renoncé complétement à entretenir la foi des esprits
faibles. Peut-être même espéraient-ils voir tôt ou
tard renaître les beaux jours de la procession de
l'âne ; car, à l'époque de la dernière guerre d'Italie,
ils possédaient encore les os du baudet de Jérusalem
et leur reliquaire à longues oreilles.

Les dernières nouvelles du saint âne datent du
14 novembre 1866. On écrivait ce jour-là, de Vérone : « C'est un des signes du temps, amèrement
déploré par les feuilles cléricales de l'Italie : Venise
a jeté les hauts cris lorsque les Autrichiens ont fait

mine d'emporter les objets d'art et les archives du palais des Doges, et Vérone laisse partir, sans paraître même y prendre garde, sa plus ancienne, sa plus merveilleuse relique, son saint âne ! Heureuse est encore l'Autriche dans ses revers. Elle a perdu la Vénétie ; ses drapeaux sont sortis sans retour du quadrilatère, mais ses capucins à Vienne acquièrent aujourd'hui un trésor : l'âne de Vérone vient d'émigrer dans le couvent de ces bons pères. » Et le *Journal des Débats* du 22 novembre, qui donne le texte de cette lettre, raconte à son tour la légende sur laquelle était fondé le culte des fameuses reliques.

Major e longinquo reverentia. En arrivant de loin dans la Métropole de la Catholique Autriche, les religieux de Vérone auraient-ils la pensée d'obtenir pour leur cher baudet des hommages moins contestés que ceux de leur ancienne patrie ?

Parlons sérieusement. Le temps des idoles est passé. On le comprend aujourd'hui à peu près partout, et si l'on témoigne encore en Espagne, en Italie, et jusque dans la capitale du monde chrétien, une certaine considération pour les chevaux, les mulets et les ânes, la part qui leur est faite dans les cérémonies religieuses ne va pas jusqu'à leur vouer un culte.

« Le 17 janvier, dans la capitale des Espagnes,

dans la rue de Hortaleza, une des plus belles de
Madrid, on conduit processionnellement un âne
vivant, orné de rubans de mille couleurs et de pa-
naches ondoyants, au milieu d'une longue file
d'hommes et de femmes, chantant des hymnes en
latin. Après sa tournée, l'animal est conduit à une
auge magnifiquement décorée, où est déposée une
ample ration d'orge bénite par un prêtre. Pendant
ce temps un chœur de chantres entonne plusieurs
antiennes dans lesquelles l'histoire de l'ânesse de
Balaam est rappelée (1). »

Chaque année, au jour de Noël, on donne à l'*Ara
cœli* de Rome une sorte de représentation fondée
par St François d'Assise. « Trois années avant sa
mort (c'est-à-dire en 1223), le fondateur de l'ordre
des Franciscains, pour réveiller la piété publique,
voulut célébrer la naissance de l'enfant Jésus avec
toute la solennité possible dans le bourg de Grecio.
Ayant obtenu du Souverain Pontife la licence ordinaire, il fit préparer une crèche, apporter de la
paille, amener un bœuf et un âne. Les frères sont
convoqués, le peuple accourt, la forêt retentit de
cantiques et cette nuit vénérable devient mélodieuse

(1) M. Félix Clément, *Histoire de la Musique religieuse*, p. 181.

de chants et toute resplendissante de lumières. La
messe est célébrée; François, comme diacre, y
chante le saint Évangile et prêche ensuite. » Cette
légende a donné lieu à la coutume, qui se renou-
velle tous les ans, de dresser un simulacre d'étable
de Bethléem dans l'église d'*Ara-Cœli*. On trouve,
dans l'histoire de saint François d'Assise par saint
Bonaventure, cette origine de la crèche d'*Ara-
Cœli* (1).

A l'occasion de la Nativité de la Sainte Vierge, il y
a tous les ans, à Rome, au mois de septembre, chapelle papale à l'église Sainte-Marie-du-Peuple. Le
pape se rend à cette église avec son cortége habituel,
précédé de son porte-croix monté sur une *mule
blanche* qui n'est plus fournie, comme autrefois,
par les rois de Sicile (2).

Chaque année aussi, le 17 janvier, jour de la fête
de saint Antoine, à Rome et dans l'église placée sous
l'invocation de ce saint, près de Sainte-Marie-Ma-
jeure, « le pape, les cardinaux, les princes et même
les particuliers envoient leurs chevaux et leurs mu-

---

(1) M. Félix Clément, *ibid*, p. 184. V. aussi *les Poëtes
franciscains en Italie*, par Ozanam.

(2) *Le journal des Débats* du 14 sept. 1869 donne la
description du cortége et de la fête.

lets à saint Antoine, afin qu'il leur donne sa bénédiction. D'une petite porte qui se trouve près de l'entrée de l'église, un prêtre asperge les animaux, les harnais et les équipages au nom et pour l'amour du saint. Dans l'église, à droite en entrant, sur une table recouverte de velours, est placé le buste colorié de saint Antoine. On baise une croix rouge peinte sur son épaule ; puis un plat d'argent, posé devant le saint et gardé par un enfant de chœur, reçoit l'offrande... Les gens du peuple de Rome et de ses campagnes ornent de fleurs et de rubans la queue et la crinière de leurs bêtes (1). »

Le texte que nous venons de citer ne parle point des ânes, mais il serait bien étonnant qu'ils n'eussent point leur part des bénédictions accordées aux mulets qui sans eux n'existeraient pas. Ce texte, d'ailleurs, n'est qu'un accessoire ; les planches qu'il accompagne sont le principal, et les ânes y figurent honorablement (2).

» Les religieux de Saint-Antoine, dit une autre relation, ont été fort occupés cette semaine à bénir

____

(1) *Un an à Rome*, recueil de dessins lithographiés par Thomas, ex-pensionnaire du Roi à l'Académie de France à Rome, 4 vol. in-f°, Paris, F. Didot, 1823.

(2) *Ibid.*, planche III.

les chevaux, *les ânes* et autres animaux qui leur ont
été présentés pour jouir de cette faveur. Le Pape
donne l'exemple en envoyant tous ses chevaux richement caparaçonnés ; les gendarmes et les dragons
pontificaux conduisent leurs montures et l'artillerie
ses mulets de trait. La poste envoie tous ses cour-
riers avec son armée de postillons en grande tenue.
Les princes romains ne manquent pas d'envoyer
leurs riches équipages, et les Romains se rappellent
que naguère le prince Piombino, aujourd'hui sénateur du royaume d'Italie, leur donnait le spectacle
d'un attelage de dix-huit chevaux conduits avec une
grande habileté (1). » — « Cette fête, qui servait
autrefois d'introduction au carnaval, est maintenant
très-délaissée. Le Pape continue d'envoyer tous ses
chevaux à la célèbre abbaye ; les cardinaux, les
prélats, les dragons et les gendarmes suivent son
exemple ; mais les princes romains n'envoient plus
leurs riches attelages, et les particuliers s'abstien-
nent de produire leurs modestes véhicules. C'est
ainsi, ajoute le narrateur, que Rome perd graduel-
lement sa couleur locale (2)... »

Si du moins on avait laissé au baudet sur le ca-

(1) *Journal des Débats* du 30 janvier 1866.
(2) *Journal des Débats* du 22 janvier 1869.

lendrier la place que lui avaient assignée les républicains de 1792 ! Ils avaient traité l'âne en enfant gâté. L'année de l'ère nouvelle commençait alors au 22 septembre. Chaque mois composé de trente jours se divisait en trois décades. Les noms des fêtes chrétiennes et des saints étaient remplacés au *décadi* par celui d'un instrument rural et au *quintidi* par le nom d'un animal utile. Amis du jus de la treille, les rédacteurs de ce calendrier avaient mis le mois des vendanges avant tous les autres et le raisin au *primidi* de vendémiaire. Au premier *quintidi* de ce mois cher à Bacchus était inscrit le cheval, et l'âne au second *quintidi*. Il était donc fêté le quinzième jour de l'année. Or, le calendrier grégorien consacrait le quinzième jour de l'année (vieux style) à Sᵗ Maur. Certes il était flatteur pour l'âne de remplacer le réformateur des bénédictins, des princes de l'érudition.

A supposer qu'on lui contestât cette place, sous prétexte que le deuxième *quintidi* de vendémiaire ne correspondait pas au 15 janvier, mais au 6 octobre, l'âne retombait sur ses pieds : il remplaçait encore un grand homme, Sᵗ Bruno, sobre, simple, modeste, qui, après avoir refusé les premières dignités de l'église, avait fondé au xıᵉ siècle l'ordre des Chartreux dans un désert voisin de Grenoble où il ne poussait guère que des chardons. C'était encore acceptable.

Mais hélas ! ce calendrier terminé invariablement par cinq jours de sans-culottides, ce calendrier, dans lequel brillaient le Concombre, l'Ellebore et l'Écrevisse (1), au milieu des œillets, du jasmin et des roses, ce calendrier pastoral où les fleurs d'agrément sont multipliées comme dans un parterre, ce calendrier enfin dont les noms de mois sont seuls à regretter, ne survécut guère au régime qui l'avait inventé.

C'est ainsi que l'âne se trouve aujourd'hui déshérité et de la place des saints auxquels il avait été substitué, et du culte qui lui avait été rendu à Vérone, et même des bénédictions de St Antoine !...

(1) Concombre, 7 messidor ; Ellébore, 11 pluviôse ; Ecrevisse, 25 fructidor ; etc.

CHAPITRE X.

LES ANES EN MÉDECINE.

Le temps ! la jeunesse ! la santé ! quels trésors !
Qu'avez-vous fait de tout cela, ânes à deux pieds,
tristes étudiants de dixième année ? Flétris avant le
temps, ennuyés, ennuyeux, à charge aux autres et
à vous-mêmes, mécontents de tout et de tous, vous
dévorez sans remords les économies laborieuses de
vos familles dans une atmosphère de paresse bla-
sée où le sens moral s'éteint, où prospèrent toutes
les corruptions. Vous répandez autour de vous la
misère et la honte. Le mépris, dont vous êtes enveloppé déjà, sera l'apanage de votre vieillesse. Et vous
appelez cela *vous amuser !* Arrière, gens sans cœur,
désespoir du père qui a travaillé toute sa vie pour
vous assurer une existence heureuse et honorée, et
de cette mère qui a passé tant de nuits à vous protéger, qui ne devrait connaître que les pleurs de la

joie, qui verse sur votre ingratitude des larmes de sang et sait bien qu'elle ne doit pas compter sur vous pour lui fermer les yeux. Croyez-vous que je veuille m'occuper de vous? Non ! vous ne le méritez pas ! vous n'êtes plus des hommes et pas même des bêtes : elles ont du moins l'instinct d'éviter ce qui peut leur nuire, et cet instinct vous manque. Vous n'êtes physiquement et moralement que *des choses* immondes dont on détourne la vue.

Ni à vous non plus je n'accorderai mon attention, docteurs au diagnostique malheureux , complices nés des collatéraux, assassins patentés qui, du haut de votre ignorance présomptueuse, promenez dans les familles, impunément et sans responsabilité, la mort, le deuil, et trop souvent, hélas! la misère; vous « dont la terre s'empresse de couvrir les bévues » et qui, le lendemain de votre œuvre accomplie, venez tendre une main cupide au salaire, unique objet de vos préoccupations... Arrière aussi ! car vous avez compromis la dignité d'une profession, la plus noble et la plus utile de toutes lorsqu'elle est pratiquée par cette science laborieuse, éclairée, modeste, désintéressée, dont la présence seule est un bienfait, compatissante aux maux qu'elle guérit quelquefois, qu'elle adoucit souvent, qu'elle aide à supporter en relevant les espérances par une confiance légitime, ou même en inspirant une douce et pieuse résignation.

Je rentrerai dans mon sujet.

Je ne parlerai plus de ces ânes à deux pieds, qui ne sont bons à rien, mais seulement des ânes à quatre pieds qui, en médecine, ont été bons à tout.

L'âne (Aristote l'a constaté) jouit habituellement d'une santé parfaite (1). L'âne, se sont dit les disciples d'Esculape, doit donc être un animal essentiellement propre à donner la santé. Aussi verra-t-on tout à l'heure que le sang de l'âne, sa peau, ses os, son lait, sa corne, et jusqu'à ses plus viles sécrétions ont été utilisés par les plus illustres docteurs dans la pratique de leur art. Ils en ont fait boire et manger pendant des siècles à tous leurs malades, aux empereurs comme aux vilains !

Chose étonnante ! le mérite de la chair de l'âne a été longtemps contesté, et cette chair est la seule partie de la bête à laquelle aujourd'hui tout le monde enfin rend justice. *Habent et sua fata... aselli !*

___

(1) ARISTOTE. *Hist. des animaux,* avec la traduction française par Lecamus, avocat, 2 vol. in-4°, Paris, 1783, liv. V, ch. XXXI et liv. VIII, chap. XXV, t. II, p. 78. — Même observation faite par BUFFON, l'*Ane.*

Aux points de vue de l'hygiène et de la médecine, l'âne est-il propre à l'alimentation de l'homme?

Hippocrate dit oui, mais Galien dit non...

Le premier pose en fait que les animaux dont le lait et le sang sont légers ont une chair analogue aux qualités de ces deux fluides. Il en conclut que l'âne, et surtout l'ânon, sont d'une digestion facile (1). Galien, au contraire, assure que la chair d'âne est un aliment pernicieux et qui donne des maladies (2).

L'opinion d'Hippocrate était la bonne ; mais Galien régnait en maître absolu dans les écoles du Bas-Empire et du moyen-âge, et son avis a longtemps prévalu.

Oribase, après avoir déclaré la viande de cerf de mauvais goût, dure et indigeste, ajoute que celle des ânes sauvages en bon état et jeunes en approche ; quant aux gens qui mangent de l'âne domestique et

(1) « De animalibus quæ in ciborum usum veniunt sic cognoscere oportet... Quorum animalium lac tenue est et sanguis similiter, eorum etiam carnes consimiles sunt... Asininæ carnes alvo secedunt et pullorum adhuc magis. » HIPPOCRATIS *Coi, medicorum omnium facile principis opera quæ extant omnia*, Cornario medico interprete. 1 vol. in-f⁰, Lugduni, 1567 : *De diæta sive victus ratione*, lib II, §§ 15 et 16, p. 124.

(2) GALENUS, *De alimen. facult.*, lib. III. BUFFON, *l'âne*.

mort de vieillesse, malgré la détestable saveur de cet aliment et la difficulté de le digérer, ils sont eux-mêmes, dit-il, et de corps et d'esprit de véritables ânes (1). Oribase, cependant, sur la foi de voyageurs revenus d'Asie, rapporte que, de tous les solipèdes qui fournissent, en général, une vile nourriture, l'âne sauvage est celui qui pèse le moins à l'estomac. La viande de cheval est inférieure à celle de l'âne, poursuit-il, et la plus détestable est celle du mulet (2). Constatons la préférence accordée à la chair de l'âne sur celle de deux autres quadrupèdes.

(1) « Mali succi est cervina caro, est que dura et difficilis ad concoquendum... Huic propinqui sunt asini agrestes bene habiti ac juvenes. Atqui nonnulli quoque asinorum domesticorum senio confectorum carnes, quæ pessimi sunt succi, difficulter concoquuntur, alienæ sunt stomacho atque etiam insuaves, comedunt, ipsi et animo et corpore sunt asinini. » *Medicæ artis principes post Hippocratem et Galenum*, græci, latinitate donati... 1 vol. in-fo, Heuri Estienne, 1567. ORIBASII lib. II, cap. XXVIII, *De alimento quod ab animalibus sumitur*, p. 219, F. et 220.

(2) « Solidarum ungularum animantium esus admodum vilis est. Omnibus tamen præstant, levissimæ que sunt carnes asinorum (quemadmodum aiunt ii qui Asiam peragrant) sylvestrium... Secundo loco censentur equorum ; pessimæ sunt muli... » Eod., lib. II, cap. LXVIII : *De iis animalibus quæ solidis ungulis sunt*, p. 234, G.

Aétius, reproduisant les expressions de Galien, dit que tous les animaux ne sont pas propices à la nourriture de l'espèce humaine et qu'il y en a même dont la chair est mortelle. Il cite, comme lourde, antipathique à l'estomac et d'une digestion très-laborieuse, celle des ânes sauvages et des ânes domestiques que l'on mange à Alexandrie (1).

Bien d'autres docteurs ont raisonné et déraisonné sur ce sujet. Ils auraient mieux fait de goûter de l'âne. Ces savants ignoraient que beaucoup de peuples ont mangé du baudet, et que les plus illustres gourmets de l'antiquité ont fait leurs délices de la chair des ânes et surtout des ânons sans en être incommodés (2). On sait aujourd'hui à quoi s'en tenir ; le jour de la justice est venu : Hippocrate triomphe !

(1) « Non omnes animantium carnes hominem alunt... ; sed aliquæ etiam sunt lethales... Mali succi est cervina... at vero asinorum sylvestrium caro (nam et hanc quidam comedunt, velut domesticorum asinorum in Alexandria) crassissimi succi est et ægerrime concoquitur et stomacho incommodat. Insuper que esu injucunda est... » Aetii *medici græci contractæ...* I, sermo II, cap. CXXI, *De carnibus ex Galeno*, p. 84, même collection : *Medicæ artis principes.*

(2) V. mon chapitre XV sur le proverbe : *Dur comme chair d'âne.*

Le sang de l'âne est-il bon à quelque chose en médecine ? Assurément. « Je suis fâché pour Hippocrate, dit Voltaire, qu'il ait prescrit le sang d'ânon pour la folie (1). » « Le sang de l'âne a passé longtemps pour un excellent sudorifique (2). » On a bien fait de se hâter d'en user lorsqu'il ouvrait les pores des peaux desséchées et remettait les cerveaux malades.

Et les os de la bête qu'en faisaient jadis les médecins ? Un contre-poison. On les pilait, on les pulvérisait et on les administrait aux victimes d'un accident ou d'un attentat (3). Cet antidote valait bien sans doute celui dit *Hecatontamigmaton*, composé de cent éléments divers, et dont Galien déclare gravement qu'il faisait usage (4).

(1) *Encyclopédie*, article *Folie, post scriptum*. Edit. in-4º de Genève, 1774 ; *Questions sur l'Encyclopédie*, t. III, p. 231.

(2) *Encyclopédie des gens du monde*, par une société de savants, grand in-8º, Paris, 1833, vº *Ane*.

(3) « Ossa asini contracta et decocta contra... venenum dantur. » PLIN., lib. XXVIII, cap. 45. « Eadem onagris efficaciora. » *Ibid.*

(4) GALENI *de antidotis libri duo*, lib. II : antidotum Hecatontamigmaton, ex centum rebus constans, quo utor. p. 912, t. XIII de la collection in-fº *Operum Hippocratis Coi et Galeni*, Paris, 1679.

« On tient que la mouëlle de l'âne sauvage est un remède admirable pour la goutte, » écrivait au XVIIe siècle un académicien (1).

La corne du pied de l'âne avait mille vertus. Galien constate le fréquent emploi qu'on en faisait de son temps. Calcinée, elle guérissait du *comitialis morbus* qu'on appelait mal Saint-Jean et que nous nommons épilepsie; mais il en fallait prendre beaucoup et longtemps (2). Triturée avec de l'huile, elle guérissait des écrouelles (3). Pour traiter les mules ou engelures aux talons, on réduisait cette corne brûlée en poussière et l'on en saupoudrait la partie malade (4). On mêlait cette cendre avec du lait d'ânesse pour enlever les taies et les taches des yeux. Galien paraît avoir quelques doutes sur l'efficacité de ces remèdes.

(1) Furetière, *Dict. universel*, etc. v° *Asne sauvage*.

(2) « *Sunt qui* combustos asinorum ungues comitialem morbum *curare dicant*, si silicet assiduo libantur. » *Galeni de simplicium medicamentorum temperamentis ac facultatibus, libri undecim*, lib. X, cap. XVII, p. 305, t. XIII de la même collection.

(3) « Si vero oleo macerentur, strumas digerere. » *Ibid.*, p. 305.

(4) « ... Sed et ipsum cinerem, si siccus inspersus fuerit, sanare permones. » *Ibid.*, p. 305.

Aétius transcrit mot à mot les formules de Galien et signale encore un autre emploi de la corne d'âne réduite en cendre. Broyez-la soigneusement, dit-il, avec du lait de femme, ce collyre guérira les yeux malades, surtout si vous les bassinez avec ce même lait (1).

Plutarque révèle à son tour une propriété merveilleuse de la corne du pied de l'âne. On sait qu'Alexandre-le-Grand mourut d'avoir bu beaucoup trop de vin durant une fièvre qui aurait exigé la diète et qui lui causait une soif ardente. Six ans seulement après sa mort on s'avisa de soupçonner qu'il avait été empoisonné, et voici comment le père des historiens raconte la chose : « Feut ce poison, à ce qu'ils disent, une eau froide comme glas, qui distille d'une roche estant au territoire de la ville de Nonacris, et la recueille on ne plus ne moins qu'une rousée, dedans la corne du pied d'un asne, pour ce qu'il n'y a austre sorte de vaisseau qui la puisse

____

(1) « Cinerem quoque earumdem [ungularum asini] cum muliebri lacte probe tritum et in collyria redactum, oculorum cicatrices detergere, si cum lacte item illinatur. » AETII *medici græci contractæ ex veteribus medicinæ tetrabiblos*, I, sermo II, cap. CLVII, *De unguibus*, dans la collection *Medicæ artis principes*, p. 94.

contenir, tant elle est extrêmement froide et perçante (1). »

Les Chinois, qui nous ont précédés dans toutes les
voies de la civilisation et de la science, « ont fait,
avec la peau d'un âne noir, de la colle qu'on esti-
mait propre à remédier aux maladies de poitrine. Il
s'en faisait un grand commerce dans l'Inde, sous le
nom de Hoki-hao ou Ngo-kiao ; elle était en morceaux moulés et souvent ornés de caractères de
toutes sortes de figures ; mais elle est fort rare en
Europe, » écrivait Valmont de Bomare vers la fin du
XVIIIe siècle (2).

Passons à l'urine et ne faisons point les dégoû-
tés : nos pères en ont bu et nous valaient bien.

Hippocrate prescrivait-il l'urine de l'âne à ses
malades ? Je le crois : on verra tout-à-l'heure
qu'il ne reculait pas devant quelque chose de pis.
Même conjecture sur la pratique de Galien, fondée sur la même raison et sur son chapitre *De
urina* (3). Si ces maîtres de l'art n'avaient pas

(1) PLUTARQUE, *Vie d'Alexandre-le-Grand*, trad. d'A-
myot, édition Bastien, in-8°, Paris, 1784, t. V, p. 397.

(2) *Dict. raisonné universel d'Histoire naturelle*, in-8°,
Paris, 1775, v° *Ane*, p. 220.

(3) GALENI *de simplicium medicamentorum temperamentis*, etc., lib. X, cap. XV, *De urina*, dans la collection
Operum Hippocratis coi et Galeni, t. XIII.

donné l'exemple, les princes de la science venus après eux auraient-ils osé ordonner cet ignoble breuvage ?

Corn. Celsus, que les sujets d'Auguste, de Tibère et de Caligula surnommaient l'Hippocrate latin, a consacré un article spécial à l'action de l'urine d'âne (*asininum lotium*), administrée aux goutteux (2). Plus une substance était propre à soulever l'estomac des malades, plus il semblait qu'elle dût obtenir la confiance des médecins. Les urines d'une multitude d'animaux furent successivement admises dans les traitements.

Matthiole, dans son *Commentaire sur les six livres de Dioscoride* (1) dit en propres termes : « Il est bon à toute personne de boire son urine contre la morsure des vipères, contre les poisons et au commencement de l'hydropisie. La fomentation d'urine est bonne contre les morsures des vipères, des scorpions et dragons marins. L'urine d'un chien est bonne pour fomenter la morsure d'un chien.... Le fond et résidence de l'urine, mitige les érysipèles si on les en frotte. Bouillie avec l'huile de troëne elle modifie les

(1) Asininum lotium potum, quid in podagris, chiragris que possit ; dans la collection *Medicæ artis principes.*

(2) 1 vol. in-f°, Lyon, 1579, p. 265.

paupières et nettoie les cicatrices des yeux. L'urine de taureau avec myrrhe, mise dans les oreilles, allège les douleurs d'icelles. Celle du sanglier a mêmes propriétés. Étant bue a cette particulière propriété de rompre la pierre de la vessie et la jetter hors... On dit que l'urine d'asne est bonne au mal de reins. »

Des sécrétions liquides aux déjections solides la transition était naturelle ; aussi l'art médical ne s'en est-il fait faute.

Hippocrate lui-même, le grand Hippocrate, « le divin vieillard, l'oracle de Cos » (ce sont les noms que lui donnent ses plus respectueux et ses plus dignes disciples) (1), Hippocrate ouvre la marche. Voulez-vous, dit-il, vous assurer par diverses expériences si une femme est enceinte ou non ? Bassinez-lui les yeux avec telle composition, faites-lui avaler tel ou tel mélange, et notamment « grattez la terre que vous trouverez sous les pieds d'un âne, mêlez-la avec du crottin d'âne, broyez le tout avec du vin noir et administrez (2). »

(1) *Dict. des sciences médicales*, Introduction, p. lx, cvi et *passim*, par le docteur Renaudin.

(2) « Si periculum facere velis in muliere an prægnans sit aut non..., terram ex asinorum pedibus deradito, et stercus asininum cum *vino nigro* subigito, ac sufficito. » *Hippocratis Coi opera...*, etc. *Liber de natura muliebri,*

Autre prescription d'Hippocrate, prise dans le même ordre d'idées : « Lorsque, dit-il, une femme est enceinte et que sa santé n'a point subi les modifications que son état devrait produire, qu'elle s'applique un cataplasme de crottin d'âne désséché, de sanguine (craie rouge) et d'os de sèches triturés ensemble (1) ! »

On pense bien que l'exemple du père de la médecine ne demeura pas sans imitateurs. On passa

§§ 68 et 69, p. 265. — Qu'était-ce que le *vin noir* ? Trois ou quatre cents ans avant Galien, les Romains en faisaient usage. Dans une des meilleures comédies de Plaute, un médecin interroge celui des *Ménechmes* qu'on lui présente comme fou. Il lui demande : « Buvez-vous du vin blanc ou du vin noir ? Album an *atrum vinum* potas ? » Les nombreuses préparations que l'on faisait subir au vin pour en changer le goût ou la couleur sont constatées par Caton, *de re rustica*, cap. 24 et seq., 103, 108 et seq. 122, et seq. et Palladius, *de re rustica*, lib. XI, cap. XIV, XV, XVI, XVII et seq : on mêlait au vin du miel, des roses, de l'absinthe, des baies de myrte, de la réglisse, des amendes amères grillées, de la résine, de la poix, de l'eau de mer, etc.

(1) « Quum autem mulier prægnans menses profluos habet, stercus asinini siccum et rubricam ac sæpiæ testam, trita, simul que linteo illigata, apponat. » *Ibid., Liber de superfœtatione*, § 27, p. 62.

d'un *stercus* à l'autre : ils furent à peu près tous utilisés sans excepter celui de l'homme. Aussi trouvet-on, dans les œuvres de Galien, une multitude de chapitres sur le *stercus* en général, puis spécialement sur les déjections de l'homme, du chien, du loup, de la chèvre, du bœuf, de la brebis, du pigeon, du coq, de l'oie, de la cigogne, des rats, des étourneaux et même des crocodiles! Galien ne les approuve pas tous; il se moque même de l'emploi des crottes d'oie et de cigogne, mais il parle des autres plus sérieusement et la place qu'il leur accorde dans ses traités constate celle très-considérable que ces matières tenaient dans la thérapeutique (1). Cette importance donnée aux déjections de la plupart des animaux dans le traitement des maladies est attestée aussi par de nombreux passages de Pline et particulièrement par le livre XXVIII° de son *Histoire naturelle*.

Aétius indique, comme un remède souverain contre la dyssenterie, le jus de crottin d'âne, surtout lorsque l'animal sort d'un pâturage de montagne

(1) GALENI *de simplicium medicamentorum*, etc., lib. X, cap. XVIII et seq. : De stercore ; de stercore canino ; de stercore humano ; de st. lupino ; — caprino ; — bubulo ; — ovillo ; — columbino ; — gallinaceo ; — anserum et ciconiarum ; — murium ; — crocodilorum terrestrium et sturnorum.

où se trouvent des herbes astringentes. Si ce jus de crottin n'est pas suffisamment efficace, ajoute-t-il, humectez-le avec du suc de plantain, exprimez du tout la partie liquide et versez au malade (1). Le même auteur a disserté sur la vertu des déjections de l'homme, du loup et de bien d'autres bêtes (2).

Oribase aussi, a consacré plusieurs chapitres aux excréments des chiens, des chèvres, des poules. etc. (3).

Enfin une encyclopédie récente reconnaît que « la fiente d'âne a longtemps passé pour un astringent hémostatique (4). »

Ne nous moquons pas trop de toutes ces prescriptions ; nous pourrions avoir maille à partir avec quelques vieux praticiens qui, plus d'une fois, au

(1) « ... Asinini stercoris succum maxime si e pastura prodeat animal montana et adstringente : quod si non sufficit, stercus plantaginis succo modefacito, exprimito ac infundito. » AETII, III, sermo I, cap. XIV : *Cura dyssentericorum* , p. 499, G. II., dans la collection *Medicæ artis principes*.

(2) *Ibid., Stercoris humani vis et usus*, 82, C. ; 404, G. — Stercus lupi, 475, C. — *Stercus caninum quale*, 82, C.

(3) *Ibid., Stercoris canini albi usus ; stercoris caprini vires*, etc., p. 656, G. ; p, 602, D; p. 55, D. etc.

(4) *Encyclopédie des gens du monde*, v° *Ane*.

temps de leur jeunesse, ont fait figurer dans leurs ordonnances l'*album græcum*, abandonné plus récemment que l'on ne pense. Or, savez-vous ce que c'était que l'*album græcum?* « Cette dénomination ridicule était donnée aux excréments du chien, qu'on a aussi appelés *spodium græcorum*, *album canis*, *nihil album* et *cynocoprus* (de κυων, chien et κοπρος, excrément). On avait soin de nourir les chiens avec des os, pour donner une belle couleur blanche à leurs excréments qu'on recueillait pendant les chaleurs de la canicule. Libavius enseigne la manière de préparer et de conserver l'*album græcum* et Paullini en exalte les vertus dans sa *Pharmacopée stercorale*. On croyait ces excréments dessicatifs, abstergens, discussifs, apéritifs, résolutifs. On avait été jusqu'à les prescrire dans la suite de la dyssenterie ; on les regardait aussi comme très-efficaces dans l'hydropisie. Ensuite on en a borné l'usage à l'extérieur pour ramollir et fondre les tumeurs, détruire les verrues, guérir les ulcères malins, faire disparaître les engorgements des amygdales et on l'employait avec une grande confiance dans l'esquinancie.

« Avec des connaissances exactes, on voit bientôt, dit Fourcroy, que les excréments blancs du chien ne sont que la matière salino-terreuse des os dont l'organe digestif a extrait la substance nutritive et que ce phosphate calcaire, qui constitue les excréments, ne peut avoir absolument aucune des vertus qu'on lui a supposées, puisqu'il n'a ni saveur ni dissolubilité.

» La confiance qu'inspiraient les excréments du chien, avait également fait adopter les crottes des souris et des rats, *muscerda*, auxquelles on avait donné, pour soutenir cette prétendue analogie le nom bizarre d'*album nigrum*.

» C'est dans Estmuller et dans Paullini qu'on trouve la description circonstanciée et les usages multipliés de ces drogues dégoûtantes (1). »

Dans plus d'une province, en Normandie particulièrement, beaucoup de gens de campagne accordent encore à l'urine et aux déjections de l'homme et de certains animaux une sorte de confiance superstitieuse : ils s'en servent pour guérir leurs bestiaux et pour se guérir eux-mêmes, sans consulter ni médecin ni vétérinaire.

Laissons-là ces matières, louables sans doute, mais nauséabondes et dont le principal mérite est de fournir à l'agriculture d'excellents engrais.

Passons du noir au blanc.

(1) *Dictionnaire des sciences médicales*, etc. 60 vol. in-8°, Paris, 1812 et années suiv., t. I, p. 295, v° *Album græcum.*

Aristote avait constaté la très-grande légèreté du lait d'ânesse (1). Galien approuvait comme aliment le lait de chèvre, de cavale, de vache, de brebis et d'ânesse. Il remarquait que l'on fait du lait de tous ces animaux des fromages, excepté de celui de l'ânesse le plus léger de tous, le moins pourvu de matière caséeuse et le plus abondant en liquide séreux (2). Ce lait a été considéré, de toute ancienneté, comme propre à la nourriture de l'homme et même comme bienfaisant.

Hippocrate le conseillait contre la phthisie pulmonaire, à moins que cette maladie ne fut accompagnée d'une fièvre continue (3). Galien en prescrivait l'usage dans le même cas (4) ; tous deux cependant préféraient le lait de femme, plus léger encore que celui d'ânesse (5).

Aétius à son tour, préconise le lait d'ânesse et si-

(1) *Hist. des animaux*, t. II, 78.

(2) GALENI *de simplicium medicamentorum*, lib. X, cap. VII. *De lacte*, dans la collection : *Operum Hippocratis Coi et Galeni*, etc., t. XIII, p. 280.

(3) *Aphoris.* sect. V, n° 64.

(4) *De methodo medendi*, lib. VII.

(5) *Dict. de médecine* par Adelon, Béclard et autres, v° *lait*, t. XVII, p. 448.

gnale le peu de substance butyreuse qui s'y trouve (1).
Il prétend que l'usage fréquent du lait en général
est nuisible aux dents, qu'il les gâte et altère d'autant plus la fermeté des gencives, que le lait est plus
épais. Mais, ajoute-t-il, le lait d'ânesse, à raison de
sa légèreté, est, au contraire, très-favorable aux
dents (2). Aussi conseille-t-il de garder dans la
bouche du lait d'ânesse pour calmer les maux de
dents (3). Le même docteur dit, qu'après l'opération
de la pierre, il faut mettre les opérés à la diète et
leur interdire toute espèce de lait, celui d'ânesse
excepté ; et s'appuyant de l'autorité d'Archigènes, il
ajoute que ce lait, outre sa légèreté, possède une
vertu dissolvante (4).

(1) AETIUS, I, sermo II, cap. LXXXVII, *De lactis diffe-*
rentia dans la collection : *Medicæ artis principes*, p. 76.

(2) « ... Nam asininum lac, propterea quod valde tenue existit, non solum non lædit dentes, sed etiam ipsis
accommodat... » AETIUS, I, sermo II, cap. XCIV, *Quibus*
lac noceat ; p. 77, au vol. *Medicæ artis principes.*

(3) « Asininum lac, in ore retentum, ubi maxime infes-
taverint dolores, eos mitigat, ac extempore sedat. »
AETIUS, II, sermo III, cap. XX, *Ad inflammatas gingivas,*
Ibid., p. 398.

(4) « Omne lac, præter asininum, eis incommodum
existit : Hoc enim, inquit Archigenes, et substantia te-
nuissimum est, et facultatis facillime dissolventis. » AETIUS,

A Rome le lait d'ânesse était employé comme cosmétique. Les coquettes, pour adoucir leur peau, se
couvraient le visage de pâte de Poppée, de pommade,
de tranches de pain trempées. Ovide a donné la recette de plusieurs de ces pâtes et de ces bouillies
dans lesquelles il entrait des œufs, de la farine d'orge
ou de fève, du miel, de la corne de cerf, de l'encens,
de la céruse. Les femmes gardaient ce masque toute
la nuit pour avoir le teint d'une blancheur éblouis-
sante lorsque le sommeil abandonnait leurs membres
délicats.

. . . . . Cum teneros somnus, dimiserit artus (1).

On voit dans les notes savantes d'une bonne édition
du *Satyricon* de Petrone, que « le pain trempé dans
du lait d'ânesse était au nombre des cosmétiques »
les plus appréciés (2). Un mari, dit Juvénal, ne pouvait approcher ses lèvres de ces affreux cataplasmes

III, sermo III, cap. XV, *Diæta post exactos lapides. Ibid.*
p. 538.
(1) OVIDE, *Cosmétiques.*
(2) « Quo facies medicamine attrita ? » De quel cosmétique votre visage est-il frotté ? PETR. *Satyricon,*
cap. CXXVI ; Biblioth. latine-française de Panckoucke,
t. II, p. 161, et p. 305, la note sur ce passage.

sans les retirer gluantes. Lorsque les dames levaient cet appareil et laissaient entrevoir leurs traits, elles se hâtaient de se bassiner le visage d'une fomentation de lait d'ânesse à laquelle elles attachaient une telle importance qu'elles se faisaient suivre par des ânesses dans leurs voyages, fussent-elles exilées au bout du monde.

> Intolerabilius nihil est quam fæmina dives.
> Interea fæda aspectu, ridenda que multo
> Pane tumet facies, aut pinguia Poppæana
> Spirat, et hinc miseri viscantur labra mariti.
>
> . . . .
>
> Tandem aperit vultum, et tectoria prima reponit :
> Incipit agnosci, atque illo lacte fovetur
> Propter quod secum comites educit asellas
> Exul Hyperboreum si dimittatur ad axem (1).

Ces derniers mots font allusion à l'impératrice Poppée qui, lors de son exil, emmena un troupeau de cinq cents ânesses nourrices dont le lait servait à ses bains et à sa toilette. « On était tellement persuadé que le lait d'ânesse effaçait les rides du visage, rendait la peau plus douce et entretenait sa blancheur, que certaines dames romaines s'en fomen-

(1) JUVÉNAL, sat. VI, *Mulieres*. Poppée avait inventé une pâte qui portait son nom.

taient le visage 700 fois par jour, observant scrupu-
leusement ce nombre (1). »

Le lait d'ânesse était, dit-on, depuis longtemps
oublié, lorsque François Ier le remit à la mode. On
raconte que ce prince se trouvant très-faible et les
médecins n'ayant pu le rétablir, on lui parla d'un
juif de Constantinople qui lui rendrait la santé.
Mandé à Paris, l'Israélite ordonna pour tout remède
le lait d'ânesse. Ce régime ayant réussi, tous les
courtisans s'empressèrent de le suivre (2).

Le lait d'ânesse a conservé depuis et avec raison
la confiance des médecins et de leurs clients. On
l'emploie souvent avec succès pour combattre les
maladies de poitrine. C'est, je crois, la seule des
substances provenant de l'espèce asine qui soit restée

(1) « Cutem in facie erugari et tenerescere et candorem
custodire lacte asinino putant : Notum que est quasdam
quotidie septingenties, custodito numero, fovere. Poppæa
hoc Neronis principis instituit, balinearum quoque solia
sic temperans, asinarum gregibus ob hoc eam comitanti-
bus... Quingentas secum per omnia trahens fetas, balnea-
rum etiam solio totum corpus illo lacte macerabat, extendi
quoque cutem credens. » PLINII lib. XXVIII, cap. L, et
lib XI, cap. XCXI. Édition Nisard, t. II, p. 280 et t. I,
 p. 464.
 (2) *Dict. de la conversation*, v° *Anesse* (lait d').

dans la pratique de l'art médical. Les autres sónt allées rejoindre dans le néant de l'oubli « *la liqueur de lune* » que Paracelse, qui mêlait à tout l'influence des astres, employait contre les maladies du cerveau (1).

Un humoriste que le lait d'ânesse avait guéri, (ce que n'avaient pu faire apparemment ses Esculapes) a consigné dans le quatrain suivant, l'expression de sa gratitude :

> Par sa bonté, par sa substance,
> D'une ânesse le lait m'a rendu la santé
> Et je dois plus, en cette circonstance,
> Aux ânes qu'à la faculté.

(1) *Dict. des sciences médicales,* introduction par le docteur Renauldin, t. I, p. lxij.

CHAPITRE XI.

L'ANE AUX POINTS DE VUE DE LA MUSIQUE, DE LA POÉSIE ET DE L'ÉLOQUENCE.

Si l'on en croyait le proverbe latin *Asinus ad lyram*, l'âne serait aussi insensible au son des instruments les plus harmonieux, que les pourceaux au mérite des perles (1) qui excitent si vivement la convoitise des jeunes beautés... et même des vieilles. Mais les proverbes ne mentent pas moins en latin qu'en français. Laissons donc-là les proverbes pour en venir à l'étude de la nature.

L'âne n'a dans la voix que deux notes séparées par l'intervalle d'une multitude de tons, l'une étant très-aiguë et l'autre très-grave. Si nous étions décidé a faire son éloge *quand même*, nous en conclurions

---

(1) « *Margaritas ante porcos.* » Autre proverbe latin de la même famille que *Asinus ad lyram*, et présentant à peu près le même sens.

qu'il réunit les avantages du ténor à ceux de la basse
taille, et nous prendrions au sérieux le titre de *Rossignol d'Arcadie*, qui lui a été décerné. Peut-être
même irions-nous jusqu'à faire honneur à l'ânesse
d'une voix de soprano et pourrions-nous argumenter
du témoignage de Buffon, car ce grand naturaliste
constate que, dans l'espèce asine comme dans l'espèce
humaine, le beau sexe « a la voix plus claire et plus
perçante » que l'autre. Il faut que parmi les baudets
le sexe fort en prenne son parti : l'art n'y peut rien.
On faisait chanter autrefois à Rome, dans la chapelle
Sixtine, de jeunes garçons qui, ayant joué à qui perd
gagne, avaient conservé la voix claire et féminine
de leur enfance. L'âne au contraire, en pareil cas,
ne peut plus se faire entendre qu'à voix basse (1).
Différence à noter pour l'histoire de la musique.
Restons donc dans le vrai et, sans nous attacher aux
nuances, convenons que les deux notes de la voix
de l'âne, toujours émises dans le même ordre, l'aiguë
d'abord et la grave ensuite, ont quelque chose de
monotone et même d'un peu discordant, étant produites d'ailleurs avec un pénible effort qui suffirait
pour gâter le plus beau talent.

(1) BUFFON, *l'âne*. M. HUZARD, v°. *Ane, Encyclopédie,
Médecine*, 13 vol. in-4°. 1787-1830, t. II, p. 696.

L'âne n'a point reçu de la nature le don des variations et des fioritures. Si nous parlions des *trémolo*, ce serait pour le féliciter de les ignorer. Les artistes de nos théâtres en abusent au point de tout chanter d'une voix chevrotante comme des octogénaires. Ils croient donner par là plus d'émotion à leur débit et ne font illusion qu'à eux-mêmes. L'âne ne connaît pas cet enjolivement aussi ridicule que prétentieux : l'âne n'a point de prétentions.

Il n'est cependant pas aussi étranger qu'on pourrait le croire à l'art musical. S'il ne le pratique pas, il lui fournit des instruments.

De ses *tibia* les anciens faisaient des flûtes qu'ils estimaient supérieures à toutes les autres ; ils se pâmaient d'aise aux voluptueuses harmonies dont elles accompagnaient leurs festins (1).

De la peau de l'âne les modernes ont fait la grosse caisse dont la voix, dominant cinq cents instruments, rivalise avec celle du tonnerre et du canon.

De la même peau, ils ont fait aussi le tambour si doux aux oreilles françaises et particulièrement à celles du gamin de Paris, qu'il attire aussi sûrement que le miel attire des mouches. Le tambour, demandez-le plutôt au géant empanaché qui le précède,

____

(1) Buffon, *l'âne*. Valmont de Bomare, *Dict.* v°. *âne.*

le tambour n'a que deux sons : le *rrra!* et le *fffla!* et cependant il est susceptible d'exprimer et d'inspirer les sentiments les plus divers.

Bat-il la générale ou la charge ? A l'instant sont oubliés les doux rêves du clocher du village et du chaume natal. Les plus timides sont électrisés, leurs pieds frappent la terre avec la même énergie et la même régularité que les baguettes frappent la caisse ; ils avancent intrépides, foulent les morts et les ruines, enfoncent les bataillons, montent à l'assaut avec une sorte de rage, et ne s'arrêtent que devant l'ennemi vaincu. Le tambour alors inspire la joie et les glorieuses pensées. L'honneur du drapeau entre sans doute pour quelque chose dans les hauts faits des militaires, mais la peau d'âne n'est pas étrangère à leurs exploits. A quoi tiennent parfois, grands Dieux ! les plus mâles vertus, le mépris du trépas et le salut de la patrie !

Au jour des revers, le tambour bat tristement la retraite. Il se ranime par moments si l'arrière-garde, dans un retour valeureux fait tête à l'ennemi pour sauver les débris d'une armée vaincue quelquefois par les éléments plus encore que par de nobles adversaires.

Était-ce la guerre civile qui faisait retentir le tambour ? Il appelait sous les mêmes étendards et le

guerrier par état jaloux de signaler sa bravoure, et
le soldat d'occasion, vulgairement nommé garde-
national, qui ne demandait qu'à ne se point battre,
aussi louable de ce sentiment pacifique, que de la
patience avec laquelle il subissait le feu de l'émeute,
n'y répondant qu'à regret et seulement à la dernière
extrémité.

Connaissez-vous rien qui pénètre l'âme d'une tris-
tesse plus profonde, que le roulement intermittent
et sourd des tambours couverts de crèpes funèbres
accompagnant à sa dernière demeure un général
mort en défendant sa patrie ou l'ordre public ?

N'était-ce pas, au contraire, un sentiment d'impatience et d'ennui qu'éprouvait au bruit du rappel le
soldat citoyen arraché au sommeil, à sa famille, au
soin de ses affaires, pour aller monter la garde et
faire d'assommantes factions à l'état major de la place
Vendôme ou à la mairie de son arrondissement ?

Pauvre garde nationale ! Malgré les services très-
réels qu'elle a rendus autrefois, on n'en saurait parler
aujourd'hui sans rougir. Ah ! qu'elle représentait
bien ce sabre d'honneur que le capitaine Prudhomme
était « heureux et fier » de recevoir de sa compagnie
et qu'il jurait de n'employer « qu'à défendre les ins-
titutions de sa patrie... et à les attaquer au besoin ! »
Lorsque les Prussiens vinrent assiéger Paris, on laissa

entrer les plus vils et les plus dangereux éléments
dans la garde nationale qui ne s'éleva pas à moins
de quatre cent mille hommes. Sous prétexte de
« mourir pour la patrie » tous les gueux reçurent
des armes. Deux fois pendant le siège ils tentèrent de
renverser le Gouvernement de la Défense Nationale.
Il en résulta que la minorité honnête fut obligée de
rester dans la capitale pour surveiller la majorité
factieuse : les sorties générales qui auraient pu sauver Paris et la France devinrent impossibles et la
patrie fut perdue ! Puis les fusils, laissés aux com-
muneux « pour maintenir l'ordre » leur servirent à
s'emparer d'un armement tellement formidable que
les Allemands n'avaient pas osé l'affronter. Alors
éclata l'infernale insurrection du 18 mars 1871 qui,
pendant deux mois et demi, étonna le monde civilisé
par ses pillages, ses vols, ses violences, ses lâches
assassinats et par l'incendie des principaux monuments de Paris ! Lorsque l'armée de Versailles eût
fait à son tour le siége de la grande ville, et que
l'ordre fut rétabli, l'on reconnut qu'il importait à la
sécurité publique de retirer à M. Prudhomme son
sabre d'honneur, c'est-à-dire de dissoudre au plus
vite les gardes nationales, surtout celles de Paris et
des principaux centres de population (1). Les tam-

(1) Loi du 25 août 1871.

bours de l'armée de l'ordre avaient rassuré les bons citoyens que ceux de la commune et du Comité de salut public avaient fait trembler trop longtemps!

N'avais-je pas raison de dire que le *rrra!* et le *fffla!* Ces deux notes éternelles de la peau d'âne, aussi peu variées que celles de la voix de l'âne lui-même, peuvent parler tous les langages à l'âme humaine, et l'agiter des passions les plus diverses.

N'est-ce pas aussi de peau d'âne que sont faits ces tambours de basque dont l'Italienne et l'Espagnole à l'œil noir, au pied léger, à la taille souple, accompagnent leurs danses nationales et leurs poses les plus voluptueuses? N'avons-nous pas vu, tout récemment, cet instrument un peu oublié, habilement manié par Pagans, et lancé d'une main adroite au-dessus des lustres de nos salons, obtenir de gais applaudissements qui s'adressaient presque autant à l'instrument accompagnateur de ses boleros, qu'au talent de l'artiste?

Est-ce seulement à raison de ses os et de sa peau que l'âne doit être considéré au point de vue de l'harmonie? Non. Si, parmi certains bipèdes, il est en musique aussi bien qu'en poésie de faux connaisseurs, l'espèce asine en a fourni de vrais dont l'histoire n'a pas dédaigné de nous transmettre la mémoire.

Photius rapporte qu'un certain Ammonius, qui florissait au VIe siècle sous l'empire d'Anastase, « se plaisait extrêmement à expliquer les vieux poètes et à faire des remarques critiques sur la langue grecque. Cet Ammonius avait un âne d'un goût merveilleux pour la poésie, car il aimait mieux ne pas toucher à la nourriture qu'il avoit devant lui et souffrir la faim, que d'interrompre son attention à la lecture d'un poëme (1). » Trouverait-on aujourd'hui beaucoup d'auditeurs capables de se passionner à ce point pour la poésie ?

De la langue des Dieux à l'éloquence la distance est petite et la transition naturelle.

Quel rapport, direz-vous, peut-il exister entre l'éloquence et l'animal à la voix discordante ?... — Mon Dieu ! je comprends cette objection et me la suis faite à moi-même ; mais êtes-vous bien sûr que le langage de l'âne soit moins agréable et moins éloquent, absolument parlant, que celui de certains orateurs ? Où sont les vrais braillards ? Parmi les ânes, direz-vous ? Parmi les hommes, diront les ânes ? Qui sera juge compétent de ce différend ?

(1) Bayle, *Dict. histor.* V° *Ammonius*, in f°. Rotterdam, 1715, t. I, p. 203. Voltaire, *Questions sur l'Encyclopédie*, v°. *Ane* in-4°, Genève, 1774, p. 196.

Vous récuserez l'âne, et l'âne vous récusera. Écoutez
plutôt le récit du Bonhomme qui connaissait à fond
les bêtes et passait sa vie avec elles :

                L'autre jour, suivant à la trace
Deux ânes qui, prenant tour-à-tour l'encensoir,
Se louaient tour-à-tour, comme c'est la manière,
J'ouïs que l'un des deux disoit à son confrère :
Seigneur, trouvez-vous pas bien injuste et bien sot
L'homme, cet animal si parfait ? Il profane
                Notre auguste nom, traitant d'âne
Quiconque est ignorant, d'esprit lourd, idiot :
                Il abuse encore d'un mot,
Et traite notre rire et nos discours de braire.
Les humains sont plaisants de prétendre exceller
Par-dessus nous ! Non, non ; c'est à vous de parler,
                A leurs orateurs de se taire :
Voilà les vrais braillards. Mais laissons-là ces gens :
                Vous m'entendez, je vous entends ;
                Il suffit. Et quant aux merveilles
Dont votre divin chant vient frapper les oreilles,
Philomèle est, au prix, novice dans cet art :
Vous surpassez Lambert (1). L'autre baudet repart :
Seigneur, j'admire en vous des qualités pareilles.
Ces ânes, non contents de s'être ainsi grattés (2).

(1) Lambert, musicien célèbre, beau-frère de Lully,
maître de musique de la chapelle du Roi, né en 1610, et
mort en 1696.

(2) Complimentés ; de *gratari* et *congratulari*.

S'en allèrent dans les cités
L'un l'autre se prôner. . . . . (1).

Ceux là du moins, après s'être complimentés en face sur leur belle voix et leur éloquence, ne se dénigraient pas en arrière, comme on le voit assez souvent....... « dans les cités. »

(1) Lafontaine liv. XI, fable v : *Le lion, le singe et les deux ânes.*

CHAPITRE XII.

LE CHAPITRE DE L'AMOUR.

Qui que tu sois, voici ton maître...

Ce vers est le premier d'un dystique bien connu, destiné au piédestal d'une statue de Cupidon. Il ne serait cependant pas déplacé au bas du portrait d'un âne.

Les Hébreux avaient été frappés des dispositions naturelles de l'âne aux violentes passions (1)...

Mais, avant de passer outre, je crois devoir prévenir les amateurs de joyeusetés qu'ils ne trouve-

(1) Ezéchiel, prophétisant la ruine de Samarie et de Jérusalem, qu'il personnifie sous les noms d'Oolla et d'Ooliba, leur reproche de s'être abandonnées, Ooliba plus encore que sa sœur, aux derniers désordres : « ... Et insanivit libidine super concubitum eorum, quorum carnes sunt ut carnes asinorum, et sicut fluxus equorum, fluxus eorum. » Cap. XXIII, v. 20.

ront pas ici ce que je suis décidé à n'y pas mettre. Si donc ils se sont endormis à la lecture des chapitres précédents et s'ils espèrent que celui-ci les réveillera, je les invite à continuer leur somme et leur souhaite de rêver au paradis de Mahomet.

L'amour ne commence à germer dans le cœur de l'homme que quand il a parcouru plus du tiers de la durée moyenne de sa carrière : il s'affaiblit et s'éteint longtemps avant la fin de sa vie. Ce sentiment, au contraire, naît pour ainsi dire avec l'âne : il l'éprouve dans toute sa violence dès sa troisième année ; il est plus précoce encore chez l'ânesse, et ce feu ne cesse de brûler, chez celle-ci comme chez celui-là, qu'à la dernière heure de leur existence (1). On a vu des ânes, et même des ânes très-mûrs, mourir d'amour !... car ils aiment « avec fureur, » suivant l'expression de Buffon (2).

L'amour de l'homme est arrêté dans son essor, contenu, contrarié, détruit par une multitude de circonstances, de combinaisons, de calculs, de lois sociales, de convenances, que l'âne n'a jamais connus.

Par une singulière contradiction, l'homme est lui-

____

(1) « Gignit tota vita. » PLIN. lib VIII, cap. 42.
(2) BUFFON, *l'âne*.

même le plus grand ennemi de ses tendres sentiments. Il chante leurs douceurs sur tous les tons.
Il ne s'est pas plutôt demandé :

Ai-je passé le temps d'aimer ?

qu'il déplore le refroidissement de son cœur ; sa
lyre ne soupire plus que des élégies et des regrets.
Qu'a-t-il fait cependant de sa jeunesse ? s'est-il
abandonné à ce penchant si doux, mis par Dieu
même dans l'âme de tous les êtres animés et particulièrement de celui qu'il a fait à son image ?

Oui, peut-être, à l'âge d'or, parmi les pasteurs
imaginaires de Théocrite et de Virgile ou dans les
bergeries de Madame Deshouillières. Mais de nos
jours ? oh non ! un jeune homme (laissons à part
les exceptions) profane dès l'aurore de son adoles-
cence la plus noble des passions, mais ne craignez
pas qu'il se hasarde à la légère sur le fleuve de
Tendre ! Croyez-vous qu'il ira s'éprendre d'une
jeune fille belle, honnête, intelligente, spirituelle,
aimable, gracieuse, élevée par les exemples de sa
famile à l'école de la vertu ? A la première émotion
que lui feraient éprouver tant de charmes réunis,
il se dirait à lui-même : « Tout beau, mon cœur !
tout beau ! n'allons pas si vite ! tout cela me plai-

rait fort, mais examinons d'abord à quoi tout cela pourra me servir. L'amour n'est pas une affaire de sentiment ; c'est une affaire ! » Un petit substitut voudra trouver toutes ces merveilles chez la fille d'un premier président, un sous-lieutenant chez la présomptive héritière d'un maréchal de France, un interne d'hôpital dans la maison d'un médecin en renom qui lui transmettra sa clientèle, un surnuméraire des finances dans la famille d'un receveur général. Tous, quelque riches qu'ils soient, s'informeront si tant de trésors sont doublés d'une grosse dot :

On demande une main pour en avoir deux pleines (1).

Tous ces avantages sont-ils réunis ? on lâche avec réflexion la bride à son amour; c'est en calculant l'avenir et l'argent qu'on se décide : on devient aimable, charmant, empressé, aussi séduisant qu'on le peut, on ne néglige aucun de ses avantages, on prend ses précautions ; la diplomatie, la stratégie la plus savante sont mises en œuvre, et si l'on parvient à pénétrer dans la place assiégée, on aime... que dis-je ? on adore !... Oui ! mais la jeune fille est au

(1) M. Clovis Michaux.

troisième rang : au premier la dot, au second les calculs de l'ambition.

L'âne ne connaît point tout cela. C'est presque toujours subitement et sans préméditation qu'il *tombe amoureux*, à la première vue de l'objet de ses feux, comme les cavaliers de Le Sage ou des *Précieuses ridicules* qui s'écrient à l'aspect d'une beauté :

> Votre œil en tapinois me dérobe mon cœur...
>   Au voleur ! au voleur !

L'âne va droit au fait. S'il plaît, on ne le lui dissimule pas. Point de coquetterie pour exciter ses feux, point d'éventail pour cacher la rougeur ou la pruderie. De part et d'autre, rien de plus, rien de moins, que les inspirations du cœur.

C'est parce qu'il est exempt des calculs de l'ambition, naturel et vrai, que l'amour de l'âne est irrésistible et ne connaît point d'obstacles. Il en peut résulter parfois des malheurs. Entraîné par la passion, on peut se mettre sur les bras de méchantes affaires, mais elles auront du moins une origine digne d'indulgence.

Les fastes judiciaires nous ont transmis un exemple de ces conséquences imprévues d'un premier mouvement trop impétueux, et deux vénérables pasteurs n'ont pas dédaigné de s'intéresser aux principaux personnages qui n'étaient autres que deux bêtes asines. Voici le fait.

La scène se passe à Paris, le 1ᵉʳ acte à la porte Saint-Jacques, le 2ᵉ au faubourg Saint-Marcel, et le 3ᵉ au Châtelet.

Il était une fois (vers le milieu du XVIIIᵉ siècle) un blanchisseur de Vanvres, nommé Féron. Ce blanchisseur avait un âne, et cet âne était attaché à la boutique d'un épicier de la porte Saint-Jacques. L'âne était calme et ne songeait point à mal, lorsque vint à passer une jolie ânesse dont les charmes jetèrent tout à coup le trouble dans ses sens. L'ânesse portait une jardinière du faubourg Saint-Marcel. Un amour violent triomphe de tous les obstacles : AMOR *omnia vincit improbus.* L'âne rompit son licou et déclara sa passion un peu trop vivement peut-être. L'ânesse indignée riposta par une ruade. La jardinière mit sa bête au galop. L'âne délicoté prit la même allure. Les coups de bâton tombaient sur sa tête dru comme grêle. La vengeance est, comme l'amour, un sentiment naturel. L'âne se vengea donc en mordant au bras la pauvre fleuriste et la fit cheoir. Tomba-t-elle pile ou face ? Eut-elle à rougir de sa chûte ? l'histoire n'en dit rien ; ce point est resté

couvert d'un voile, mais il paraît que l'amazone se
fit *des noirs*. Allégée de son fardeau, l'ânesse continua jusqu'à son logis sa fuite vertueuse, et l'âne sa
poursuite obstinée. Les méchantes langues prétendent que l'ânesse de temps à autre regardait derrière elle et que son amoureux pouvait se croire
encouragé. Ces mauvaises langues étaient sans doute
des écoliers du quartier latin qui enjolivaient leur
récit du souvenir des nymphes de Virgile :

Et fugit per salices et se cupit ante videri.

Bref, ils arrivèrent l'un et l'autre également essouf-
flés chez le jardinier du faubourg Saint-Marcel, où
le galant fut puni, un peu arbitrairement, de deux
mois de réclusion solitaire, loin des beaux yeux qui
l'avaient charmé, fort mal nourri et abreuvé d'amer-
tume.

Procès devant le Châtelet de Paris. Le blanchisseur réclamait son âne et des dommages-intérêts
pour deux mois de privation des services de son
coursier. Le jardinier, qui avait nom Leclerc, demandait reconventionnellement le prix de la nourriture de l'âne et des dommages-intérêts pour le pan-
sement des blessures de sa fille. Les procureurs, les
avocats et la basoche s'en amusèrent. Il fut imprimé

un mémoire in-4°, signé Seguier, *pour Jacques Féron*, le blanchisseur ; puis un mémoire supplémen-
taire *pour l'âne de Féron contre l'ânesse de P. Leclerc*,
en 12 pages in-4°, avec une vignette en tête, c'était
le portrait de l'âne entreprenant ; puis encore une
*Lettre d'une ânesse à une de ses amies servant de
réponse au mémoire d'un âne*, en 7 pages in-4°. Aux
boutiques des Martinet d'alors on vit, en 1750, une
estampe gravée avec cette chanson au bas :

> Connoissez vous l'âne à Feron ?
> Jarny ! c'est un fort bon garçon...

Les passants en riaient, mais le clergé prit l'affaire
au sérieux. Dans cet état de la cause, le curé de
Saint-Etienne-du-Mont délivra au jardinier un certifi-
cat des bonnes vie et mœurs de son ânesse. Les religieux de l'abbaye de Sainte-Geneviève étaient seigneurs du village de Vanvres et en possédaient la
cure. En conséquence, le curé de Vanvres ne demeura pas en reste : prenant parti pour son
paroissien, il attesta que l'âne du blanchisseur
n'était pas méchant, qu'il n'avait jamais blessé personne et que lui, curé, n'avait point entendu dire
qu'il eût fait des malices dans le pays. Cette intervention des curés, tous deux religieux de Sainte-

Geneviève et portant même robe blanche, échauffa
la querelle. Celui de Saint-Etienne alla même,
paraît-il, jusqu'à mettre en doute l'impartialité d'un
magistrat du Châtelet. On en fit le sixain suivant :

> De deux curés portant blanches soutanes
> Le procédé ne se ressemble en rien.
>   L'un met au nombre des profanes
> Le magistrat le plus homme de bien ;
> L'autre, dans son hameau, trouve jusques aux ânes
> Tous ses paroissiens gens de bien (1).

Et le procès? quand et comment fut-il jugé ?
L'on n'en sait rien. Il est à croire qu'il durait encore lorsque la Révolution française engloutit le
Châtelet et les Génovéfins. Mais la Révolution épargna les ânes et ne changea rien à la violence non
plus qu'à la sincérité de leurs passions.

(1) Voir sur toute cette affaire le *Journal de* Barbier,
publié par la *Société de l'histoire de France*, in—8°, Paris.
t. III, p. 124.

CHAPITRE XIII.

LES OREILLES DE L'ANE.

Les oreilles de l'âne, placées au sommet de sa tête, sont longues, étoffées, largement ouvertes, garnies à l'intérieur de poils abondants qui en défendent l'entrée à la poussière et aux corps étrangers ; leur extrême mobilité permet de les tourner dans toutes les directions et de percevoir avec netteté les sons que l'éloignement rendrait d'abord douteux et confus. L'âne a l'ouïe très-fine.

Les oreilles de l'homme sont, à tous égards, inférieures à celles de l'âne. Elles sont attachées des deux côtés de la tête, fort bas, à la hauteur des joues, sans développement, sans ampleur et dépourvues de toute mobilité. Si l'on parvient à leur imprimer un mouvement presqu'imperceptible, c'est au prix d'une affreuse grimace et sans résultat utile. Elles sont souvent plates, mal roulées, disproportionnées dans leurs diverses parties, difformes enfin, tandis que celles des baudets sont régulièrement grandes et belles. Enfin le sens de l'ouïe est infiniment moins subtil chez l'espèce humaine que chez l'espèce asine.

Comment est-il donc arrivé que les oreilles de l'âne soient devenues le symbole de l'ignorance?

Les anciens n'attachaient pas toujours une idée épigrammatique à la possession de longues oreilles.

Ovide a plus d'une fois parlé des amples oreilles de l'âne, mais sans intention de l'insulter et simplement parce qu'elles sont au nombre des traits caractéristiques de sa physionomie. C'est ainsi que, décrivant le cortége de Silène, il nous représente ce vieil ivrogne chancelant sur sa monture et finissant par tomber :

In caput *aurito* cecidit delapsus asello (1) ;

et ailleurs :

At simul *auritis* violæ demuntur asellis (2).

Par la même raison Virgile, entretenant ses lecteurs des occupations de l'hiver, leur rappelle que c'est

(1) *Artis amatoriæ* lib. I, vers. 543 et seq.
(2) *Fastorum* lib. VII, versu 469. V. aussi *Amorum* lib. II. *Eleg.* VII, versu 15, cité p. 22, au chap. 1er.

le temps de tendre des lacets aux grues, des filets aux cerfs et de chasser le lièvre aux longues oreilles :

> Tum gruibus pedicas et retia ponere cervis,
> *Auritos* que sequi lepores . . . . . (1).

Loin d'attacher une idée défavorable à la possession d'oreilles d'une dimension imposante, les Latins semblaient l'avoir considérée comme un avantage. Horace appelle *auritæ quercus* des chênes sensibles à la voix harmonieuse d'Orphée (2). Plaute n'entend pas injurier un témoin auriculaire lorsqu'il l'appelle *testis auritus*, c'est-à-dire pourvu de bonnes oreilles et qui a bien entendu :

> Pluris est oculatus testis unus, quam *auriti* decem (3);

de même qu'il n'a point l'intention de doter d'oreilles d'âne et de taxer d'ignorance son auditoire tout entier quand il emploie, dans le prologue de l'Asinaria, cette locution :

> Face jam nunc, prœco, omnem *auritum* populum (4);

(1) *Georg.* lib. II, versu 308.

(2) *Od.* I, XII, versu 12.

(3) *Truculentus,* II, sc. VI, versu 8.

(4) V. encore de PLAUTE le *Miles gloriosus*, III, I, versu 14.

il veut dire : Rends le peuple attentif et qu'il soit tout oreilles.

D'*auritus* on avait fait le diminutif *auritulus* qui n'était pas sans gentillesse :

Hic *auritulus* clamorem subito totis tollit viribus (1).

On nous accuserait peut-être de forcer un peu la pensée de Racine, si nous nous permettions de rappeler que Phèdre, dans son monologue du IIIe acte, se plaignant des froideurs d'Hippolyte, et s'adressant à Vénus, s'écrie :

Ton nom (Vénus) semble offenser *ses superbes oreilles;*

On pourrait soutenir, avec quelque apparence de raison, qu'ici les superbes oreilles ne sont pas prises, non plus que *la superbe oreille des Rois,* au IIIe acte d'Athalie (2), dans le sens du mot latin *auritus*. Ce rapprochement avec les ornements de la tête de l'âne pourrait paraître d'autant plus contestable que les

____

(1) PHŒDRI *fab*. I, II, *de Asello*.

(2) Sc. III. Expression empruntée à Tacite : Dans ses *Annales,* liv. IV, ch. XXIX, il dit, en parlant de Tibère, que les réclamations d'un délateur ne pouvaient manquer de choquer « ses oreilles superbes et faciles à blesser. » — « *Aures superbas* et offensioni proniores. »

oreilles d'un baudet ne s'offensent point du nom de
Vénus : les vertus dont l'âne se pique ne sont pas
celles d'Hippolyte. Il faut donc renoncer au rapprochement qui d'abord nous avait séduit et en revenir
à cette question :

Comment les oreilles de l'âne sont-elles devenues
le symbole de l'ignorance ?

C'est ce que nous allons tâcher d'expliquer.

Il y avait autrefois un Dieu nommé Apollon; et,
comme à la même époque il y avait beaucoup d'autres
Dieux, ils s'étaient partagé les talents, les attributs
et même l'empire du monde. Apollon, par exemple,
ne jouait pas de la bouteille comme Bacchus, ni de
la foudre comme Jupiter, ni des jambes comme
Terpsichore; c'était *un beau* qui tenait beaucoup à
ses avantages. Il affectait les attitudes héroïques.
Monté sur un char lumineux il faisait tous les jours
la même course et aux mêmes heures, comme nos
Dandys et nos *Sportmen* vont quotidiennement au
bois. Pendant ces éternelles et monotones prome-
nades, Apollon charmait ses loisirs en faisant des
vers. Il jouait aussi de tous les instruments, mais
s'était particulièrement attaché à la lyre qui lui permettait de développer la noblesse de sa taille, d'arrondir ses bras, de porter la tête haute, de lever les
yeux au ciel, d'ouvrir la bouche avec grâce et de

montrer de belles dents. Le rire contracte les traits
du visage ; en conséquence Apollon ne riait jamais :
c'est ce que nous savons par toutes ses statues.

Un *flûtiste* fameux, Pan, le Dieu des bergers, osa
défier Apollon. Celui-ci accepta la lutte. Il leur
fallait un juge. D'un commun accord ils nommèrent
pour arbitre le Roi Midas. Ce prince avait l'ouïe si
fine qu'il savait, assure-t-on, tout ce qui se disait
dans ses états (1). Nos Rois en entendraient de belles
s'ils avaient de telles oreilles ! Apollon et Pan ne
manquèrent pas de complimenter à l'envi le Roi sur
sa compétence, sur son goût parfait, ses connaissances musicales et son impartialité. C'est toujours
ainsi que les arbitrages commencent.

Apollon pinça les cordes de sa lyre avec majesté :
Son maintien disait assez qu'il était ravi de lui-même.

Artificis status ipse fuit... (2).

Pan joua plus modestement de la flûte, que son
adversaire méprisait parce qu'elle oblige à tenir un
coude en l'air, à serrer l'autre contre le flanc gauche,
à baisser la tête, à regarder en dessous et à grimacer
des lèvres. Midas étouffa de son mieux quelques

(1) *Dict. de Trévoux*, v° *Ane*.
(2) Ovidii *Métam.*, lib. XI, v. 169.

baillements pendant les *ding ding* du *lyriste*. Il fut au contraire charmé des sons harmonieux de la flûte. Il adjugea donc le prix à Pan.

Si Apollon, par un mouvement généreux, s'était écrié : « O Roi! tu as bien jugé. La lyre est un instrument ingrat : chacune des notes qu'elle fait résonner va s'affaiblissant à partir de l'instant même où elle est produite ; les sons qui ne peuvent se soutenir ni se prolonger ne sauraient pénétrer l'âme. Pour récompenser ton discernement et aussi ton courage d'oser affronter ma colère, je t'accorde, à titre de décoration, deux oreilles d'âne et avec ces oreilles, la finesse exquise du sens dont elles sont l'organe, » les oreilles de l'âne seraient peut-être, depuis les temps fabuleux, le symbole du courage, de l'impartialité, d'un jugement sain et d'un goût parfait; qui sait même si elles n'orneraient pas de nos jours la boutonnière des officiers d'académie et d'université, de préférence aux palmes traditionnelles? Mais plus les Dieux sont puissants, moins ils veulent avoir tort. Le Dieu des poètes particulièrement a les nerfs irritables. Ce fut en traitant Midas d'ignorant ! qu'il le dota de deux oreilles d'âne. Dèslors, et contre toute raison, le sens allégorique de ces oreilles fut irrévocablement fixé.

Chez les anciens on *faisait* donc *les oreilles d'âne*

à quelqu'un dont on voulait se moquer, comme on lui *ferait* aujourd'hui *la nique*. A cet effet, on appliquait ses pouces sur les deux tempes, on disposait les doigts de chaque main en forme de cornet, dont on tournait l'ouverture dans diverses directions, imitant ainsi le mouvement des oreilles d'un baudet (1), comme l'indique le vers 59 de la première satire de Perse :

Nec manus auriculas imitata est mobilis albas.

Pourquoi cette pantomime était-elle réputée injurieuse ? Par suite du préjugé qui datait de la vengeance d'Apollon.

Envain Tzetzès, poète et grammairien fameux, essaya-t-il de lutter contre le courant des traditions. Il eut beau affirmer que les oreilles d'âne de Midas n'étaient qu'une allégorie fondée sur ce que ce prince avait l'ouïe très-fine, peut-être aussi sur ce qu'il avait les oreilles un peu longues, peut-être enfin sur

---

(1) « Asini auriculas movere erat sannæ genus quod hoc modo exprimebant veteres : apponebatur temporibus pollex ; cæteri autem digiti ad auris asininæ similitudinem formabantur, ac subinde movebantur... » Pitiscus, *Lexicon antiquitatum romanarum*, v° *Asinus*, t. I, p. 191. V. aussi le commentaire de Casaubon sur Perse.

ce qu'il existait dans ses états un bourg qui avait
nom *Aures asini,* en sorte que l'on pouvait dire sans
l'offenser qu'il avait *les oreilles d'âne* (1).... Aucune
de ces explications ingénieuses, données d'ailleurs
un peu tard (au xiie siècle) ne put prévaloir contre
une opinion depuis longtemps enracinée.

Ce préjugé inique, et d'origine mythologique, avec
le temps devint classique. L'université l'adopta et
le mit en crédit. Elle le propage encore aujourd'hui.

Un enfant a-t-il mal récité son abécédaire ou son
catéchisme, M. l'instituteur primaire l'orne d'une
paire d'oreilles d'âne et lui inculque ainsi l'idée que
l'animal, dont il porte les insignes, est le plus stu-

(1) Hunc Midam scribunt habuisse auriculas asini.
Sed allegoria aperte explicanda tibi de Mida.

. . . .

Aures autem hunc dicunt habere, ut dixi, asini,
Eo quod esset acuti auditus, sive et longauris,
Vel quod multos delatores haberet et exploratores.
Asinum enim esse acuti auditus, inquit Aristoteles.
Est et vicus Phrygum, cui nomen *Asini aures*;
Hunc latrones inhabitabant : quem detinens Midas,
Sic in fabulas incidit, tanquam habens Aures asini.

JOHANNIS TZETZÆ, *Liber historicus. De Mida.* Chiliad. I,
cap. 2. Cet ouvrage de Tzetzès se trouve à la suite du
LYCOPHRONIS CHALCIDIENSIS *Alexandra,* sive *Cassandra,*
1 vol. in-fº, Basle, 1546.

pide, le plus ignorant et le plus paresseux des animaux. L'écolier passe-t-il au Lycée ? Des hommes
graves portant robe noire et rabat lui mettront entre
les mains *le Jardin des racines grecques* et, dans ce
jardin, où l'on n'a pas semé de fleurs, l'élève trouvera :

Ὄνος, l'âne qui si bien chante !

Ainsi la dérision viendra se joindre dans son esprit
au mépris dont il avait reçu le germe. O Lancelot,
inventeur des *racines*, que vous êtes coupable envers
les baudets ! ô régents de collége, que vous ont fait
ces pauvres bêtes, pour perpétuer depuis deux cents
ans la mauvaise plaisanterie de Lancelot ? Comment
osez-vous regarder un âne en face ? (1).

Que le moindre baudet aurait beau jeu, contre

(1) On lit dans le *Journal des débats* du 25 janvier 1869 :
« Un arrêté de M. Duruy, Ministre de l'instruction publique,
du 4 déc. 1867 a retiré de l'enseignement *le jardin des
racines grecques* qui (ajoute l'auteur de l'article) ne pouvait
guère donner que des idées erronées. » Au nom de mes
protégés, j'adresse au ministre mille remercîments. Mais
il résulte du même article que l'on a fait jusqu'ici de vains
efforts pour remplacer le livre supprimé. Je crois que *les
racines grecques* valaient mieux que rien.

vous, Messieurs de l'Université, s'il pouvait aussi se
moquer de votre ramage, je veux dire de ces discours
latins que vous débitez dans vos grands jours avec
emphase, la tête haute, l'œil fier, les cheveux au
vent, vous échauffant à froid devant tant de beaux
messieurs, de belles dames et de candides jeunes filles
qui n'y comprennent rien. Chacune et chacun lutte
de tous ses efforts contre les baillements et le sommeil, par politesse, et aussi par un respect instinctif
pour ces hommes qui, après tout, consacrent leur
vie avec désintéressement à *former l'esprit et le cœur*
d'écoliers étourdis parmi lesquels la plus fraîche
partie de l'auditoire compte des frères et trouvera
plus tard des maris (1).

Oh! si, dans cet instant, un âne bien avisé se fai-

(1) Jadis tous les gens de robe parlaient latin : les parlements dans leurs arrêts, les médecins dans leurs consul-
tations au lit des malades, et quel latin ! Les uns et les
autres y ont renoncé. Le ridicule attaché à ces usages les a
tués et Molière n'y a pas peu contribué. Les universitaires
seuls ont conservé ces vieux us. Le *journal des Débats* du
2 sept. 1866 s'est moqué dans un long article de ces discours de Sorbonne. Le *Figaro* en a fait autant le 11 août
1869 : il a donné un discours de distribution des prix en
latin macaronique. Vienne un nouveau Molière et Messieurs
les régents de Rhétorique seront bien obligés de renoncer
à ennuyer les dames de leurs amplifications latines.

sait entendre sous les fenêtres du grand amphithéâtre
de la Sorbonne, quelle accablante concurrence ! Quel
coup de théâtre ! L'auditoire éveillé dresserait l'o-
reille, l'hilarité serait générale. Au premier signal
des bravos, on entendrait éclater un tonnerre d'applaudissements qui ne serait pas à l'adresse du Cicéron. Qui sait même si quelque plaisant, renouvelant
le mot d'Henri IV, écoutant la harangue d'un bailli
interrompue par la voix d'un âne, ne se permettrait
pas de s'écrier aussi : « Ah! Messieurs, parlez du
moins l'un après l'autre ! »

L'ancienne université de Paris en a vu bien d'au-
tres. Au XIVe siècle elle a reçu de l'âne d'un recteur,
de l'âne du fameux Buridan, des leçons de modé-
ration et de logique ! Cet âne célèbre a fait tant de
bruit que les graves historiens de la docte corporation et de grands philosophes n'ont pu se dispenser
de lui consacrer quelques pages (1). Les auteurs ne
sont pas parfaitement d'accord sur cet épisode de
nos annales. Nous allons raconter les choses comme
nous pensons qu'elles ont dû se passer.

(1) DU BOULAY, *Historia univers. Paris.* V. p. 710 et
seq., p. 739 et seq. CREVIER, *Histoire de l'univ. de Paris*,
II, p. 356. BAYLE, *Dict. historique*, v° *Buridan*, p. 758,
759 et notes. NOEL, *Biographie univ.*, v° *Buridan* ; etc.

On sait qu'en ce temps là les philosophes se divi-
saient en deux sectes. L'origine de leurs querelles
était de savoir quel était l'objet de la dialectique. Ce
sont les choses, disaient les uns, nommés pour cette
raison *réalistes*. Ce sont les mots, affirmaient les
autres, appelés pour cela *nominaux*. Des questions
générales sur lesquelles on ne s'entendait pas du
tout, on passait aux questions de détail où l'on s'entendait encore moins. Les *réalistes*, par exemple,
soutenaient que les résolutions des animaux et leurs
actions dépendaient uniquement de l'impression que
les objets extérieurs faisaient sur leurs organes et,
qu'en conséquence, ils agissaient machinalement,
sans raisonner, comparer, juger ni choisir. — S'il
en était ainsi, disaient les *nominaux* et Buridan l'un
de leurs chefs les plus illustres, il suffirait de mettre
un âne également altéré et affamé entre un seau
d'eau et un picotin d'avoine pour qu'il mourût de
faim et de soif, car ces deux objets faisant une
égale impression sur ses organes, il en résulterait
l'action de deux forces équilibrées, opposées l'une à
l'autre, et produisant l'immobilité de l'animal (1).

____

(1) Montaigne a fait le même raisonnement : « C'est une
plaisante imagination, dit-il, de concevoir un esprit balancé
justement entre deux pareilles envies : car il est indubi-

— Sans aucun doute, repliquaient les *réalistes* qui poussaient la logique jusqu'aux dernières limites du raisonnement, c'est-à-dire jusqu'à l'absurde. On s'échauffait sur ces subtilités et comme, au moyenâge, on mêlait à tout la religion, des deux parts on s'accusait d'hérésie.

Le meilleur moyen de savoir ce que ferait en pareil cas l'âne de Buridan était de le mettre à l'épreuve. Ce fut par là que l'on finit ; c'était par là qu'on aurait dû commencer. En présence de la docte assemblée, divisée en deux camps, l'âne, n'ayant depuis un temps égal ni bu ni mangé, fut placé à même distance des deux objets de sa convoitise, puis abandonné à l'influence et à l'action des deux agents extérieurs qui devaient attirer son attention. Il se recueillit, jeta sur les deux camps des regards pleins de douceur qui les invitaient à la concorde, alla du liquide au solide, du solide au liquide, but et mangea sobrement. Il usait de son libre arbitre ! C'était de plus un précurseur : c'était un éclecti-

table qu'il ne prendra jamais parti, d'autant que l'application et le chois porte inegualité de prix, et qui nous logeroit entre la bouteille et le jambon, avecques egual appetit de boire et de manger, il n'y auroit sans doubte remède que de mourir de soif et de faim. » *Essais*, liv. II, ch. XIV.

que ! Il donnait gain de cause aux *nominaux* (1).

Les réalistes étaient furieux. Ils remuèrent ciel et terre. Les disputes des deux sectes survécurent à Buridan. Longtemps après sa mort ses disciples invoquaient encore son autorité. Le clergé se mêla de ces querelles et les envenima. Louis XI intervint dans l'intérêt assez mal entendu de l'Église et de la foi *(ad Dei Ecclesie decus et fidei orthodoxe tuicionem)*, à l'instigation de son conseiller et confesseur, l'évêque d'Avranches, professeur des lettres saintes à l'Université de Paris *(fidelem consiliarium nostrum et confessorem, episcopum Abrincensem predicte universitatis alumnum, sacrarum litterarum professorem Parisius)*. Par son édit de Senlis du 1ᵉʳ mars 1473, il déclara la doctrine des *réalistes*, soutenue par Avesroës, Albert-le-Grand, saint Thomas d'Aquin et autres, préférable à celle des novateurs Guillaume Okam, Buridan et consorts, dits *nominaux (longe utiliorem et accommodatiorem quam sit quorumdam renovatorum doctrina ut puta Guillelmi Okam,… Buridani, etc., suorumque similium…*

(1) Cette querelle sur le libre arbitre des animaux a été renouvelée par Descartes. La Fontaine s'est moqué avec raison des *animaux-machines* dans sa fable intitulée : *Les deux rats, le renard et l'œuf*. Liv. X. fable I.

quos nominales seu terministas vocant). Il défendit d'enseigner, soit publiquement, soit en secret, les doctrines de Buridan et des *nominaux*, à peine d'exclusion de l'Université, de privation de ses priviléges, d'exil hors de Paris et même de bannissement hors du royaume à perpétuité *(usque ad bannimentum seu potius tocius regni nostri perpetuum exilium).* Latin bien digne du sujet.

Les plus courtes sottises sont les meilleures. Louis XI comprit qu'il en avait faite une en se mêlant d'une question qu'il valait mieux laisser aux ânes. Il permit donc qu'en ces matières chacun put enseigner en l'Université de Paris ce qu'il voudrait. Ce fut l'objet d'autres édits qui révoquèrent celui de Senlis (1).

Cette excursion dans le domaine de l'Université nous a-t-elle beaucoup éloigné des oreilles d'âne? — Pas trop, puisque l'*alma mater* distribue encore chaque jour, et par milliers, des oreilles d'âne à ses nourrissons.

Deux locutions, contraires en apparence, expri-

---

(1) V. l'édit de Senlis dans le *Recueil des anciennes lois Françaises,* t. X, p. 664 — et les édits de révocation, même recueil, t. X, p. 674 et note; et Du Boulay. *Hist. universitatis Paris.* V, p. 740 et seq. et 739 et seq.

ment parfois la même pensée. Ainsi, l'on peut dire indifféremment d'un homme insensible au charme d'une belle voix *qu'il n'a pas d'oreille* ou *qu'il a trop d'oreille.*

Grétry avait mis en musique le *Jugement de Midas* de M. d'Hèle. A la cour, qui en avait eu la primeur, la pièce fut condamnée d'une seule voix. On la joua dans un noble salon : il fut parlé de cette représentation à l'Académie française avec peu d'estime : l'opinion de l'orateur se répandit dans le public; l'auteur lui dédia le *Jugement de Midas* dans une épître très-plaisante que Grétry eut bien de la peine à lui faire supprimer. Jouée enfin à la Comédie italienne, la pièce eut un succès complet malgré la cabale des clercs de procureurs qui s'y croyaient insultés. A l'occasion de ces différents succès du *Jugement de Midas*, Voltaire adressa l'épigramme suivante à l'illustre compositeur :

> La cour a dénigré tes chants,
> Dont Paris a dit des merveilles ;
> Grétry, les oreilles des grands
> Sont souvent de grandes oreilles (1).

(1) *Mémoires de* GRÉTRY, 3 vol. in-8° Paris, pluviôse an V, t. I, p. 296-306.

CHAPITRE XIV.

LA QUEUE DE L'ANE.

Pauvre animal ! voué à la dérision d'une extrémité à l'autre, depuis les oreilles jusqu'à la queue !

La queue de l'âne a joué dans les mœurs, les usages, la législation et la jurisprudence de plusieurs nations un rôle aujourd'hui passé de mode. On en avait fait un instrument d'humiliation.

Les antiquités italiennes du moyen-âge, de Muratori, nous apprennent que, dans une certaine ville d'Étrurie, un décret de 1131 mettait au nombre des peines honteuses l'obligation de chevaucher sur un âne, le visage tourné du côté de la croupe, et de tenir la queue de la bête en manière de bride.

Ailleurs, toujours au moyen-âge, on infligeait le même supplice aux parjures. Ceux qui avaient fait un serment reconnu faux étaient ainsi promenés sur un baudet la queue en main. Des tambours les accompagnaient pour attirer la foule sur leur passage, et les polissons les lapidaient avec des œufs. On en faisait à peu près autant, de par la justice, dans les rues de Paris, vers la fin du XVIII⁰ siècle.

Ce traitement dérisoire était appliqué dans plusieurs provinces de France aux gens atteints et convaincus de quelque lâcheté (*ignaviæ*), et particulièrement aux maris qui s'étaient laissés battre ou souffleter par leurs femmes.

Cet usage était en vigueur à Senlis. On lit, dans des lettres de rémission de 1375, qu'un juif et sa femme s'étaient si vivement querellés que des mots ils en étaient venus aux coups et que la femme avait « féry, bati et viléné son mari, pour cause et occa- » sion du quel fait et batteure, les diz juif et juive » se doubtoient (craignaient) que par la rigueur et » coustume du païs de la ditte ville de Senliz, ilz ne » feussent contrains et condempnez à chevauchier » un asne, le visage pardevers la queue du dit asne, » ou en autres vilenies et détestable amende. »

Un document semblable, de 1404, fait voir que le le même usage existait dans la comté de Dreux. Un habitant de Cocherel ayant été battu par sa femme, deux voisins du débonnaire époux étaient allés « quérir un asne pour icellui asne chevaucher et » faire un esbattement que l'on disoit accoustumé » de faire au païs, » en pareil cas.

« Girault a dit publiquement à la cohue de Me-
» rempire (en Saintonge), racontait piteusement
un époux malheureux, « que ma femme m'a battu
» et qu'il convient chevaucher l'asne ! » Tel est le
plus curieux passage d'une autre lettre de rémission
de 1417.

Il va sans dire que cette promenade avait lieu
dans les endroits les plus fréquentés pour exciter
des risées d'autant mieux nourries. C'est ce que
constatent ces vers de Coquillart :

> Et se ceste femme a touché
> Son mary, il chevauchera
> L'asne tout au long du marché :
> Ainsi chacun s'en moquera (1).

Nos ancêtres avaient sur l'autorité absolue des
maris des principes dont on trouve la trace, très-
vive encore, au siècle de Louis XIV. Arnolphe exprimait, plus qu'on ne croit, les idées générales de son
temps lorsqu'il disait à sa pupille :

Le mariage, Agnès, n'est point un badinage...

. . . .

(1) V. RICHELET, *Dict. de la langue française ancienne
et moderne*, v° Ane.

Votre sexe n'est là que pour la dépendance :
Du côté de la barbe est la toute-puissance.
Bien qu'on soit deux moitiés de la société,
Ces deux moitiés pourtant n'ont point d'égalité :
L'une est moitié suprême et l'autre subalterne ;
L'une en tout est soumise à l'autre qui gouverne ;
Et ce que le soldat, dans son devoir instruit,
Montre d'obéissance au chef qui le conduit,
Le valet à son maitre, un enfant à son père,
A son supérieur le moindre petit frère,
N'approche point encore de la docilité,
Et de l'obéissance et de l'humilité
Et du profond respect où la femme doit être
Pour son mari, son chef, son seigneur et son maître (1).

Nous avons aujourd'hui d'autres idées. Le soufflet d'une femme ne déshonore plus personne, et
lorsqu'il s'égare sur la joue d'un mari, dans la chaleur d'une discussion de ménage, il prouve du moins
que celui qui le reçoit n'est pas indifférent à celle
qui le donne.

Mais, au moyen-âge ! une femme frapper son
mari ! c'était « insulter l'âne jusqu'à la bride ! »
L'époux qui se laissait ainsi traiter compromettait
l'honneur de son sexe tout entier... Et c'était si bien
comme cela qu'on l'entendait que, quand on ne

---

(1) MOLIÈRE, l'*École des femmes*, III, II.

trouvait pas le mari déchu de sa dignité, pour le faire monter à rebours sur l'âne, il fallait qu'un autre homme payât pour lui. C'était d'ordinaire son plus proche voisin. Etait-ce pour punir ce voisin de n'avoir point volé au secours du mari battu et rétabli la victoire du *côté de la barbe*?

Ce sont encore des lettres de rémission, de 1483, qui nous font connaître l'usage de cette justice par ricochet. Le boute-en-train de l'aventure était un nommé Martin; le remplaçant malgré lui du mari battu était son voisin Vincent. « Icelui Martin com-
» mença à dire que Jehanne, femme de Guillaume
» Dujardin, de la paroisse Sainte-Marie-des-Champs,
» près Vernon-sur-Seine, avoit batu son mary et
» et qu'il convenait que le dit Vincent, qui estoit le
» plus prochain voisin d'icelluy mary batu chevau-
» chast un asne parmi la ville et feist pénitence en
» lieu du dit batu... Le dit Martin... de fait prist un
» asne, qui estoit en la maison du dit Vincent et le
» dit asne chevauchast parmi la ville, tourné le vi-
» sage par devers *la queue* du dit asne, en disant et
» criant à haulte voix que c'estoit pour ledit mary
» que sa femme avoit batu... »

Sans doute ces exécutions tapageuses donnaient lieu à des résistances, à des luttes et à des plaintes, puisqu'elles nous sont révélées par tant de lettres de rémission, mais la nature de ces lettres prouve que ces usages étaient tolérés, autorisés même, ceux qui les infligeaient aux maris maltraités obtenant si facilement leur pardon.

Chez les Allemands, ce n'étaient pas les maris battus que l'on faisait caracoler à rebours sur l'âne, c'étaient les femmes qui avaient battu leurs maris ; c'est ce qu'atteste Grimm dans ses *Antiquités du Droit germanique*. Les Allemands se montraient en cette occurence meilleurs logiciens que les Français; c'était la mégère qu'ils livraient à la risée du public et non sa victime. La coutume germaine pouvait contenir les méchantes femmes ; la coutume française les encourageait par la certitude de couvrir leurs maris de ridicule après les avoir battus (1).

Cette promenade de l'âne se pratiquait encore à Paris au XVIIIe siècle, à la grande satisfaction du populaire, mais dans des circonstances différentes. C'était la punition exemplaire des matrones qui favorisaient les mauvaises mœurs de la jeunesse. « La populace, dit Mercier, dans son *Tableau de Paris*,

(1) Sur ces anciennes coutumes de l'Italie et de la Germanie et sur toutes ses lettres de rémission, v. Du Cange, *Gloss.*, v° *Asini caudam in manu tenere*.

» regrette beaucoup ce spectacle, plaisir que lui don-
» nait quelquefois un arrêt du Parlement. Voici,
» ajoute-t-il, une idée de cette promenade, *telle que*
» *je l'ai vue*. A la tête marchoit un tambour, ensuite
» venoit un sergent armé d'une pique. Un valet
» conduisoit un âne par la bride. Sur l'animal à
» longues oreilles étoit montée à reculons la ma-
» trone, le visage tourné contre la queue de la bête.
» Une couronne de paille, artistement rangée ornoit
» sa tête. Sur son dos et sur sa poitrine pendoit un
» écriteau en gros caractères » indiquant la cause
de sa condamnation. « Imaginez toute la canaille,
» dans le tumulte et l'ivresse de la joie, jetant en
» l'air ses sales bonnets et fermant la marche par
» des huées et des cris licencieux (1). »

Tirons le rideau sur cette hideuse mascarade,
moins honteuse pour l'amazone que pour cette
vieille magistrature française, si vantée dans tous
les discours d'apparat et si peu connue.

On croyait la promenade de l'âne complétement
oubliée. Les Lyonnais viennent d'en renouveler la
mémoire. Ce n'est pas sans quelque étonnement
qu'au mois de février 1869 on a lu dans le *Salut*

---

(1) MERCIER, chap. DXLII, *Matrones*. — Mercier écrivait vers 1780.

Public l'article suivant reproduit par plusieurs journaux de la capitale :

« Les cochers de la Compagnie générale des Voitures de Lyon ont réédité l'antique plaisanterie qui consiste à promener triomphalement sur un baudet le mari qui s'est laissé battre par sa femme. Trois de leurs collègues ont fait ce matin les frais de cette exhibition, et, chose à noter, ils s'y sont prêtés d'assez bonne grâce. Chacun d'eux à son tour s'est laissé hisser sur un âne, la face tournée du côté de la queue de l'animal et ladite queue entre les mains.

» Chaque triomphateur était coiffé d'un bonnet de coton ceint à la base d'une rosette jaune; sur le dos il portait un écriteau relatant sa magnanimité conjugale. Un grand gaillard travesti en femme et un balai à la main, faisait de temps à autres le simulacre de lui en administrer une volée, après quoi un acolyte charitable réconfortait le battu d'une trempette au vin puisée dans le récipient de ménage qu'on a populairement baptisé du nom du moins crédule des apôtres.

» Un autre accompagnateur, muni d'un soufflet rempli de farine en faisait jaillir sur le cavalier et sur sa monture des brouillards neigeux. Plusieurs fois ce jet, habilement dirigé, a étouffé les clameurs trop stridentes des gamins qui se ruaient de trop près sur le facétieux cortége.

» Enfin deux cors de chasse, écorchant des fanfares, remplissaient la partie musicale obligée du programme.

» Cette cérémonie burlesque n'a été l'objet ou le prétexte d'aucun désordre. Il n'en était pas toujours ainsi jadis (ajoute le journaliste), lorsque, au dimanche des *Buynes*, le chemin de Saint-Sons était le théâtre de telles chevauchées (1). »

Ce n'était là, sans doute, qu'une *scene carnavalesque* imitée des cavalcades historiques si fort à la mode depuis une vingtaine d'années, mais les derniers mots de l'article du *Salut public* attestent que l'usage de faire chevaucher l'âne à rebours aux maris battus par leurs femmes existait autrefois sur les bords du Rhône comme dans bien d'autres contrées où nous l'avons signalé.

Quelques peuples anciens promenaient publiquement sur un âne les femmes surprises en flagrant délit d'adultère. On appelait ces femmes *onobates* (promenées sur l'âne) ; mais la queue de l'animal ne servait pas de bride à l'amazone.

(1) *Journal des Débats* du 14 fév. 1869.

CHAPITRE XV.

TROIS PROVERBES MENTEURS.

1. DUR COMME CHAIR D'ANE. — 2. TÊTU COMME UN ANE. — 3. LE COUP DE PIED DE L'ANE.

§ 1. *Dur comme chair d'âne.*

Pourquoi dites-vous d'une viande coriace au point de n'être pas mangeable, qu'elle est *dure comme chair d'âne?* En avez-vous mangé, de l'âne? — Non! — Eh bien! Apprenez que dans l'ancienne Rome, il était de bon goût d'en servir sur les meilleures tables. Apicius, Lucullus en faisaient leurs délices. Pline nous apprend que Mécène, le favori d'Auguste, appréciait beaucoup la chair de l'âne domestique, qu'il la préférait à celle de l'onagre (âne sauvage) et qu'il l'avait mise à la mode (1). L'auteur des Géor-

(1) « Pullos earum epulis Mecenas instituit, multum eo tempore prælatos onagris... » PLINII lib. VIII, § 68.

giques nous révèle que, de son temps, on chassait
l'âne sauvage comme les lièvres et les daims ; on
forçait à la course les uns et les autres, et c'est pour
cela qu'il engageait ses contemporains à soigner l'é-
ducation de leurs chiens :

> Nec tibi cura canum fuerit postrema...
> Sæpe enim cursu *timidos agitabis onagros,*
> Et canibus leporem, canibus venabere damas (1).

La chair d'un jeune baudet paraissait aux Romains
tellement exquise qu'ils disaient proverbialement :
« Après l'ânon, point de mets vulgaires » *(post asel-*
lum diaria non sumo), lorsqu'à de vives jouissances
on leur proposait d'en faire succéder de moins sédui-
santes (2).

On mangeait aussi de l'âne en Grèce et en Macédoine, mais on y préférait l'onagre à l'âne domestique. C'est ce qui résulte de certains passages de la
Luciade. Lucius de Patras raconte que, lorsqu'il était
métamorphosé en âne, il fut exposé deux fois à être
mangé. La première fois, il s'agissait de le punir
d'un crime dont il était injustement accusé : « Tuez-
le, dit son maître, donnez les tripes aux chiens et la

(1) Virg. *Georg.* III, v. 404-410.
(2) V. dans Pétrone, *Satyricon,* cap. XXIV, l'emploi
que fait de ce proverbe la courtisane Quartilla.

chair aux ouvriers. » La seconde fois, c'était chez
un riche Macédonien. Celui-ci avait reçu en présent
d'un ami une cuisse d'âne sauvage. Le cuisinier,
chargé d'accommoder ce morceau recherché, l'avait
laissé dévorer par les chiens. Dans son désespoir il
voulait se pendre. Sa femme lui conseille de tuer
Lucius-âne : « Tu lui couperas la cuisse, dit-elle à
son mari et tu la serviras à ton maître. »

Ce n'était pas seulement pour manger de l'âne que
les anciens le plaçaient sur leurs tables ; ils aimaient
aussi à l'y voir en effigie. Les Grecs offraient les hors-
d'œuvre à leurs convives « dans des surtouts qu'ils
appelaient ὄνει, ânes, parce qu'ils en avaient la figure. On en faisait de toute espèce de métal, mais le
plus estimé était l'airain de Corinthe. Sur le dos de
l'âne était une espèce de bissac qui tombait des deux
côtés en forme de bourse ; on y mettait pour l'ordinaire certains fruits et particulièrement des olives. »
Cet usage avait été adopté par les Romains. Dans la
description du festin somptueusement ridicule de
Trimalchion, on lit que « sur un plateau destiné aux
hors-d'œuvre était un petit âne en bronze de Corinthe
portant un bissac qui contenait d'un côté des olives
blanches, de l'autre des noires (1). »

(1) « In promulsidari asellus erat Corinthius cum bisac-

Revenons à la chair d'âne.

L'Afrique vantait comme un mets excellent ses petits onagres qu'on appelait *Lalisions* (1). Ils perdaient ce nom en cessant de teter leur mère :

> Quum tener est onager, sola que lalisio matre
> Pascitur ; hoc infans, sed breve nomen habet (2).

« Les anciens peuples du centre et du nord de l'Europe, les Suèves, les Vandales, les Quades, les Gètes, les Sarmates, les Gélons, les Celtes, les Saxons, les Germains se nourrissaient de la chair de leurs chevaux (3) » et sans doute aussi de leurs ânes.

Les habitants de Concana, ville de l'Hispanie Tarraconaise, buvaient avec délices le sang de leurs chevaux ; c'est Horace qui l'atteste :

cio positus, qui habebat olivas in altera parte albas, in altera nigras. » PÉTRONE, *Satyricon*, cap. XXXI, t. I, p. 138, édit. Panckoucke. — Quant aux ὄνει des Grecs, V. les notes sur ce passage du *Satyricon, Ibid.*, t. I, p. 294.

(1) « Onagri Phrygia et Lycaonia præcipui. Pullis eorum, ceu præstantibus sapore, Africa gloriatur, quos *lalisiones* appellant. » PLINII lib. VIII, § 69.

(2) MARTIAL, *Epigr.*, lib. XIII, § 97, édit. Panckoucke.

(3) *Lettres sur l'usage de la viande de cheval*, par M. BOURGUIN, président honoraire de la Société protectrice des animaux, p. 30. PELLOUTIER, *Hist. des Celtes.*

Visam Britannos hospitibus feros
Et lætum equino sanguine Concanum (1).

Ce sang des chevaux, les Gètes le mêlaient à du lait doux (2), les Bisaltes et les Gélons à du lait caillé :

Et lac concretum cum sanguine potat equino (3).

Direz-vous que c'étaient là des sauvages ? Mais le chancelier Duprat n'était pas un Vandale ; c'était un auvergnat très-raffiné, non moins friand de bons morceaux que d'argent et de dignités. Or, Duprat faisait de la chair d'âne son mets de prédilection. On attribuait aux qualités nutritives de cet aliment l'embonpoint exagéré de ce ministre de François Ier (4). Il est même assez vraisemblable qu'il voulut un jour tâter du mulet! Henri Estienne (5) raconte en effet que Duprat moins fort sur le latin que sur la bonne chère, « ayant lu une lettre par laquelle Henri VIII annonçait à François Ier l'envoi de

(1) Lib. III, od. 4.
(2) . . . . Solitos que cruentum
Lac potare Getas, et pocula tingere venis.
                                        SIDON. APOLLIN.
(3) VIRG. Georg. III, v. 463.
(4) M. BOURGUIN, *Ibid.*, p. 30.
(5) *Apol. pour Hérodote.*

douze molosses pour chasser la grosse bête, lettre
dans laquelle se trouvaient ces mots : *mitto tibi
duodecim molossos*, comprit que c'était un envoi de
douze mulets et s'en alla au Roi demander sa part
du présent. Le Roi, qui n'avait ouï parler comment
d'Angleterre on lui envoyoit douze mulets, fut fort
esbahi de la demande. On relut la lettre, et Duprat,
pour s'excuser dit qu'au lieu de *molossos* (dogues),
il avait lu d'abord *muletos*, réparant ainsi sa première ignorance par une autre (1). » Quoiqu'il en
soit, Duprat se passa de mulet en cette occasion.

Un préjugé pouvait seul faire exclure de la consommation la chair du cheval et de l'âne.

La meilleure preuve que cette chair n'est pas si
dure que le proverbe veut bien le dire, c'est que les
Parisiens en ont mangé à diverses époques pour du
mouton ou pour du veau, sans se douter de la sub-
stitution.

Dans la *Satyre Ménippée*, on trouve l'oraison funèbre

> D'un asne, qui par advanture
> Fut un chef-d'œuvre de nature,
> Plus que l'asne apuléyen.....

(1) M. DE BABANTE PÈRE, v° *Duprat,* dans la *Biographie universelle* de Michaud.

. . . .
Car il sembloit, le regardant,
Un vray mulet de président.

. . . .
Un asne sans tache et sans vice,
Né pour faire aux dames service
Et non point pour estre sommier
Comme les porteurs de fumier.

. . . .
Sa mort fut assez cher vendue,
Car au boucher qui l'acheta
Trente écus d'or sol il cousta :
La chair par membre despecée
Tout soudain en fut dispersée
Au légat, et la vendit on
Pour veau peut estre ou pour mouton (1).

Si la disette qui régnait au temps de la Ligue dans Paris assiégé avait pu décider ses habitants, et le Légat qui excitait leur fanatisme, à manger de l'âne et même à le payer un peu cher, il arriva encore depuis, et plus d'une fois, aux gens de la capitale de s'en nourir sans le savoir.

Mercier raconte qu'au milieu du XVIIIe siècle il a vu afficher « une sentence de police condamnant à l'amende un cabaretier qui avoit fait manger aux

(1) *A Mademoiselle ma commère sur le trespas de son âne. Satyre Ménippée*, t II, p. 195, édit. 8°, Paris. 1824.

Parisiens de la chair d'âne pour du veau ; et la sentence ajoutoit qu'il étoit *coutumier du fait* (1). » A la même époque, on fut « obligé de préposer des hommes pour ensevelir les chevaux, parce que plusieurs aubergistes venoient couper une tranche de cheval et la vendoient comme du bœuf dans les gargotes des faubourgs de Paris (2). »

Le préjugé qui faisait interdire chez nous le débit de la viande d'âne et de cheval, tenait peut-être à ce que Galien avait déclaré la chair d'âne un aliment malsain et dangereux (3) ; mais ce préjugé n'existait pas dans les régions d'où nous est venue la civilisation et d'où nous vient aussi la lumière.

Tout l'Orient s'est régalé de la viande de l'âne ; elle y était fort recherchée. Hérode-le-Grand, roi de Judée, tuait dans une seule journée jusqu'à quarante ânes sauvages (4). Quelle que fût sa férocité, ce n'était sans doute pas pour le seul plaisir de détruire ces animaux qu'il se livrait à leur poursuite.

En Perse, le souverain élève des ânes dans ses parcs, comme nous élevons des chevreuils, pour leur

(1) *Tableau de Paris,* chap. DL, *Sentence de police.*

(2) *Ibid.*

(3) V. le chap. X intitulé *Les ânes en médecine,* p. 191.

(4) JOSEPH. *De Bello,* lib. I, cap. XVI. DOM CALMET, *Dict. de la Bible,* v° *Ane sauvage.*

donner la chasse. C'est un grand honneur que d'être invité à prendre sa part de ce plaisir. On tue, dans une chasse du roi de Perse, jusqu'à trois cents ânes. C'est un affreux massacre, mais personne n'ose donner à cette boucherie son véritable nom. C'est à qui flattera le plus sur son adresse le souverain qui ne manque jamais d'avoir la palme, les ânons étant amenés au bout de son fusil comme les daims et les faisans dans nos chasses princières. De ce gibier on couvre les tables du roi de Perse et de ses grands officiers (1).

Au témoignage de Buffon et de Valmont de Bomare, il existait, de leur temps, beaucoup d'onagres dans les déserts de Lybie et de Numidie et « l'on en mangeait la chair (2). » Valmont ajoute qu'en Tartarie on trouve des mulets sauvages dont la viande est aussi appréciée des indigènes que celle du sanglier (3).

Enfin Cuvier confirme ces assertions : « Il existe encore, dit-il, des troupeaux d'onagres dans les dé-

(1) *Voyage* d'ADAM OLÉARIUS, Paris, 1566, t. I, p. 544. BUFFON, l'*Ane*.

(2) BUFFON, l'*Ane*. VALMONT DE BOMARE. *Dict. univ. d'Histoire naturelle*, vº *Ane*, in-8º, Paris, 1775.

(3) *Ibid.*, vº *Mulet*, t. V, p. 586.

serts de l'Asie méridionale. Les Tartares les nomment *Kulan*. On regarde l'onagre comme très-bon à manger quand il est jeune (1). »

Me demanderez-vous si, moi qui vous parle, j'ai mangé de l'âne ? J'avouerai que non. Mais, tel que vous me voyez. j'ai mangé du cheval. Oui, ma part de quatre chevaux d'omnibus. J'en ai mangé huit fois dans le même festin : en potage, en bouilli aux choux de Bruxelles, en saucisson, en boudin, en beefsteck, en bœuf à la mode, en rostbeef, en pâté de foie gras. Je l'ai trouvé bon et l'ai digéré... sans remords ! Je n'étais pas seul. C'était le 6 février 1865. au Grand-Hôtel. Nous étions trois cents hippophages, autant qu'il y avait de Spartiates aux Termopyles. Lorsque l'huissier est venu nous dire : « Messieurs, à cheval ! » pas un de nous n'a reculé. Cela paraît tout simple aujourd'hui ; mais alors..., manger du cheval ! il fallait être un esprit fort. Ce banquet fameux fit grand bruit, et comme aucun des souscripteurs n'en mourut, il convertit beaucoup de récalcitrants.

L'âne ne pouvait manquer d'arriver sur nos tables

(5) Note de Cuvier sur Pline; Plinii lib. VIII, § 69. V. aussi d'Orbigny, *Dict. univ. d'Hist. nat.* V° *Cheval,* espèce 2°, l'Ane.

dès que les boucheries de viande de cheval seraient autorisées dans les principales villes de France, comme elles le sont depuis longtemps en Allemagne et dans plusieurs régions du nord de l'Europe. C'est en effet ce qui arriva. Dans la capitale du monde civilisé, la police permet et protége aujourd'hui ce qu'elle condamnait autrefois. En 1867, vingt-trois boucheries de viande de cheval ont livré à la consommation des parisiens 2,308 chevaux, 72 ânes et 27 mulets, qui ont fourni aux classes laborieuses 542,000 kilogrammes d'une viande saine et nourrissante (1). En 1868, le nombre des chevaux débités à Paris s'est élevé à 2,421 (2). Celui des ânes dévorés par les *onophages* n'a pas été constaté. On a certainement mangé de l'âne à Reims, à Troyes, à Marseille, à Sedan, à Bordeaux, où des boucheries de viande de cheval ont été ouvertes en 1869. L'année suivante, pendant les cinq premiers mois seulement de 1870, les Parisiens avaient mangé 4,626 chevaux, qui leur avaient donné 325,200 kilogrammes de viande (3). L'augmentation graduelle qui

(1) M. Bourguin. *Lettre sur l'usage de la viande de cheval*, p. 15, et *Bulletin de la Société protectrice des animaux*, d'avril 1868, p. 168.

(2) *Journal officiel du soir*, 22 août 1869.

(3) *Écho Bayeusain*, 24 juin 1870.

s'est produite dans ce nouveau mode d'alimentation nous persuade que ces chiffres ont dû continuer de s'élever.

Ce n'est pas tout. « D'après la déclaration unanime des membres d'un comité spécial (Comité pour la propagation de la viande de cheval), qui tous en ont goûté, la chair du mulet est meilleure que celle du cheval, et la chair de l'âne meilleure que celle du mulet (1) ! »

Enfin le mérite, si longtemps méconnu, de la chair d'âne fut apprécié à toute sa valeur durant le siége que Paris soutint si courageusement contre les Prussiens depuis le 18 septembre 1870 jusqu'à la fin de janvier 1871. Le bœuf, la vache, le veau, le mouton disparaissaient de jour en jour. La famine obligea les assiégés à se nourrir des bêtes de trait et de somme qui n'étaient pas indispensables au service de l'armée ou des ambulances. Le Gouvernement de la Défense nationale achetait au poids et par voie de réquisition forcée, même les chevaux de luxe, pour les livrer à la consommation ; il ne dédaignait ni les ânes, ni les mulets (1). On devait finir par être ra-

(1) M. Bourguin. *Ibid.*, p. 29.
(2) Décret du 15 déc. 1870 portant réquisition des chevaux, ânes et mulets.

tionné à vingt grammes de cheval par personne et par jour, et par dévorer les chiens, les chats, et jusqu'aux animaux immondes. Au milieu de cette détresse on s'était aperçu avec surprise que la chair de l'âne était excellente et fort délicate. Tous les journaux du temps le constatent. Aussi l'âne était-il payé trois ou quatre fois plus que le cheval. Une mère, enfermée dans la capitale investie, écrivait à son enfant mis en sûreté en Angleterre, que la friandise la plus recherchée était l'âne, mais qu'elle n'en avait pas mangé, parce qu'il était beaucoup plus cher que le cheval (1). Dès le 22 octobre, l'âne se vendait 4 francs la livre (2). A la fin de janvier, lorsque les gibelottes de matous furent introuvables, lorsque les gigots de chiens et les brochettes de rats eûrent disparu des étaux, heureux qui eût pu se procurer un morceau d'âne au poids de l'or.

Après tant de faits historiques, direz-vous encore, ami lecteur : *Dur comme chair d'âne ?*

(1) Lettre du 29 oct. *par ballon monté.*
(2) Lettre d'un assiégé du 22 oct. 1870, par même voie.

§ 2. *Têtu comme un âne. — Entêté comme un mulet.*

Ces deux proverbes n'en font qu'un, le mulet ne pouvant tenir de la ligne *équine*, mais seulement de la ligne *asine*, l'obstination qu'on lui reproche. Reste à savoir si le proverbe a raison.

Connaissez-vous rien de plus impatientant qu'un être irrésolu ? Il veut et ne veut plus. Il prend une détermination et l'instant d'après il en prend une autre. Il promet et ne tient point sa parole. Il va sortir, dit-il ? non, il reste. Il est décidé à se marier, et peut-être au dernier moment, au lieu de dire *oui*, dira-t-il *non*. Dans les petites choses comme dans les affaires sérieuses, il flotte. On ignore ce qu'il veut, et comment le saurait-on? il ne le sait pas lui-même.

Il y a cependant quelqu'un de plus à plaindre encore, c'est l'individu faible et sans caractère. L'autre change de volonté ; celui-ci n'en a point. Il devient l'instrument de sa propre ruine entre les mains du premier venu. On lui fait faire ce qu'on veut. Il voudrait vouloir, et n'en a pas la force. Vous ne le sauverez pas de lui-même. Il retombera sans cesse sous l'influence qui se sera emparée de lui, trop heureux s'il peut se courber sous une honnête domination qui le dispense d'avoir une volonté, sans le conduire à sa perte.

Qu'on me parle, au contraire, de celui qui sait vouloir et qui veut ; qui a des idées à lui et ne les abandonne ni au souffle du premier vent, ni même aux bourrasques de la tempête. Horace avait raison de louer, il y a deux mille ans, l'homme ferme dans ses résolutions, l'homme tenace « *firmum ac tenacem propositi virum.* » On le hacherait en morceaux sans le faire renoncer à son idée « *nec... mente quatit solida.* » L'univers en ruines tomberait sur sa tête sans le faire pâlir ni changer de dessein : *impavidum ferient ruinæ.* Voilà qui est admirable !

Pourquoi donc l'homme blâme-t-il chez l'âne ce qu'il approuve pour lui-même ? Ah ! c'est que l'homme, sur tous les animaux

> « *S'est fait* un chimérique empire (1) ! »

Empire et despotisme, c'est tout un. Tous les despotes se ressemblent : aucun ne veut éprouver de résistance, admettre la moindre contradiction de ceux qu'il regarde comme ses inférieurs. Le meil-

____

(1) LA FONTAINE, *Les animaux malades de la peste.*

leur conseil est mal accueilli. Le despote ne veut pas seulement être obéi, respecté, redouté, il veut être adoré : dans l'ancienne Rome on mettait les plus détestables au rang des immortels. A force de s'entendre dire qu'ils étaient plus que des hommes, ils finissaient par le croire, et peut-être cet empereur était-il moins charlatan qu'on ne croit, qui disait, au moment de rendre l'âme : « Je sens que je deviens Dieu ! »

Qu'un âne, un mulet, nous résiste, nous le maltraitons ; c'est notre premier mouvement, et cependant nous avons souvent tort. C'était l'avis du duc de Vendôme. « En franchissant les Pyrénées pour se rendre en Espagne, il avait été témoin des luttes d'obstination qui s'élèvent fréquemment entre les mules et les muletiers ; et, à la honte de l'humanité, il avait dû reconnaître que la raison était toujours du côté des mules (1). »

C'est quelquefois une grande imprudence de vouloir mener son âne ou son mulet. Si l'homme était plus modeste, il ferait bien, dans certains cas, de se laisser mener par eux.

Vous êtes au pied d'une falaise ou d'une mon-

(1) M. Lesage, entretiens sur les animaux utiles, par M. Bourguin, in-12, Paris, 1862, p. 157.

tagne suspendue au-dessus d'un abîme et dont la crête se perd dans les nues. Un sentier en lacet, raide, pierreux, presque vertical, large à peine de quelques centimètres y conduit. A mesure que vous monterez, le vertige vous attend ; le vertige c'est la chûte, et la chûte c'est la mort ! Que faire ? Prenez un âne ou un mulet, héritier de ses qualités ; enfourchez-le, fermez les yeux, surtout croisez les bras et laissez-vous conduire. Si vous n'arrivez pas au but sain et sauf, c'est qu'il était absolument impossible d'y parvenir. Gardez-vous bien de vous croire plus intelligent que votre monture et de prétendre la diriger ! cette présomption vous serait fatale ! moi-même j'ai failli la payer de ma vie.

C'était il y a bientôt quarante ans, sur le flanc du Mont-Anvers, aux approches de la mer de glace. Nous étions sur un étroit sentier. Tout à coup ma bête s'arrête devant un monceau de neige sous lequel disparaissait le chemin. C'était la trace d'une avalanche qui, la veille, avait rompu les arbres au-dessus et au-dessous de l'endroit où nous nous trouvions. Je voulais passer outre. Mon mulet ne le voulait pas. Une lutte s'établit entre nous. « J'étais jeune et superbe, » et n'entendais pas qu'on me résistât. La pauvre bête employa tous les moyens de me convaincre ; elle arc-bouta ses pieds de devant,

flaira la neige, renifla très-fort, secoua sa tête de
droite à gauche et de gauche à droite ainsi que le ferait un homme pour dire *non* ; et lorsqu'enfin, vaincue par les coups elle prit la résolution d'obéir, elle
rida sa lèvre supérieure, comme pour exprimer par
un rire amer et sardonique une pensée suprême...
Grand Dieu ! en un clin d'œil je fus entre la vie et
la mort... L'avalanche avait emporté le chemin que
je croyais caché sous la neige. Les pieds de devant
de ma bête avaient atteint la terre ferme et s'y cram-
ponnaient, mais ses pieds de derrière avaient tourné
comme la jambe d'un compas et pendaient presque
sans points d'appui au-dessus de l'abîme. Je déga-
geai mes pieds des étriers et fus bientôt en sûreté ;
j'aidai ma monture à s'y mettre aussi ; c'était bien
le moins que je dusse faire pour elle.

Depuis cette aventure j'ai conçu pour les ânes
et leurs descendants une estime, une reconnaissance, et même un respect dont je les prie de recevoir ici l'hommage un peu tardif.

Lecteurs intelligents, n'accusez pas les ânes d'être
têtus. Soyez-le moins qu'eux. Profitez de mon expérience et convenez avec moi qu'en présence des obstacles à peu près insurmontables que la nature se
fait un malin plaisir de nous opposer quelquefois,
l'homme est bien petit et l'âne est bien grand.

§ 3. *Le coup de pied de l'âne.*

Quicumque amisit dignitatem pristinam
Ignavis etiam jocus est in casu gravi (1).

Dans sa chûte, tel est le sort de la grandeur
Que, même le plus lâche, insulte à son malheur !

Ces vers sont les premiers d'une fable où Phèdre
représente un lion mourant frappé par divers animaux redoutables et recevant de la ruade d'un âne
le dernier coup :

. . . . calcibus frontem exterit.

La Fontaine nous a fait le même récit (2) et le *coup
de pied de l'âne* est devenu synonyme de l'injure faite
sans péril à une puissance déchue, c'est-à-dire de
lâcheté.

Mais La Fontaine convient ailleurs :

Que l'âne est bonne créature (3),

(1) Phœdri *fabul.* I, xxi. *Leo senio confectus.* La traduction que nous donnons de ce dystique est de notre
confrère et ami, M. Clovis Michaux.
(2) *Le Lion devenu vieux.*
(3) *L'Ane et le Chien.*

et ailleurs encore il ajoute :

Le mensonge et les vers de tout temps sont amis (1).

Le bonhomme a donc un peu réparé, ou du moins atténué ses torts envers l'âne.

Loin d'être lâche, cet innocent et pacifique animal est au contraire noblement courageux à l'occasion. Quand il est forcé de se défendre, il le fait des pieds et des dents, *unguibus et rostro,* avec l'intrépidité d'un lion (2).

On sait tout le mal que Samson fit aux Philistins avec une seule mâchoire d'âne mort. Jugez par là de ce que peuvent, armées de leurs dents, les deux mâchoires d'un âne vigoureux en cas de légitime défense.

Pline assure que lorsqu'on sépare une ânesse de son petit elle passe à travers les flammes pour aller le rejoindre : « *Partus caritas summa.... per ignes ad fœtus tendunt* (3). »

Nous avons dit avec quelle gloire l'âne a servi dans les armées des Israélites, des Perses, des Saracéniens

(1) Liv. II, fable I, *Contre ceux qui ont le goût difficile.*
(2) *Encyclopédie des gens du monde,* vº Ane.
(3) PLINII *historiarum mundi,* lib. VIII, § 68.

et des Scythes (1). Moins facile à effrayer que le
cheval, on l'a vu mettre en fuite par le seul éclat de
sa voix, des escadrons de *cavalerie à cheval* (2).

Sur une médaille frappée au IIIe siècle en l'honneur de l'Empereur Décius, on voit d'une part la tête
de ce persécuteur des Chrétiens et de l'autre la Dacie
représentée par une femme tenant à la main une
hampe surmontée d'une tête d'âne. Les Daces, en
effet, portaient cet étendard en tête de leurs troupes,
« ces peuples estimant ne pouvoir choisir pour signe
militaire un animal plus rapportant à leur constance
et fermeté naturelle à soutenir, sans craindre la
mort, les efforts les plus terribles de leurs ennemis ;
car le naturel constant et sans peur, patient, souple
et obéissant de l'âne est celui que l'on doit souhaiter
dans un soldat, plus que la vivacité. Cet animal étoit
donc porté devant les troupes pour rappeler aux
soldats ce qu'ils devoient à leurs capitaines et qu'il
seroit très-honteux à eux d'être moins fermes et iné-
branlables que cet animal ; lequel est en effet si
martial et intrépide qu'il n'y a ni bruit ni objet de
terreur, cris ou cliquetis d'armes, tels qu'ils puissent
être ès plus furieux combats, qui le puissent forcer

(1) V. chap. Ier, p. 9 et suiv.
(2) *Ibid.*, p. 13.

de se tourner en fuite, tant il est résolu, magnanime et constant en son assiette (1). » L'emblême qui conduisait les Daces au combat valait bien les aigles aux instincts bas et carnassiers. Nous n'oserions cependant proposer de le substituer à l'oiseau perché sur la hampe de nos drapeaux... On les déserterait peut-être ?... ô injustice des préventions !

Les ânes sauvages de Tartarie, de Perse, de Syrie, de Mauritanie n'étaient pas moins renommés que ceux des Daces pour leur courage (2). Telle était la réputation de bravoure guerrière des ânes de Mésopotamie, que Mervan, le XXIe calife fut surnommé l'âne pour sa valeur (3).

De nos jours encore, « les ânes sauvages, réunis

____

(1) *Jean* TRISTAN, *Commentaires historiques, contenant l'histoire générale des empereurs, etc., de l'empire Romain,* 3 vol. in-f°, Paris, 1644 ; t. II, p. 581. — V. aussi RICHELET, *Dict. de la langue françoise ancienne et moderne,* v° *Asne.*

(2) VALMONT DE BOMARE, *Dict. d'histoire naturelle,* v° *Ane sauvage,* p. 221.

(3) *Jean* TRISTAN, *Ibid.,* p. 582. — VOLTAIRE, *Questions sur l'Encyclopédie,* v° *Ane.* — Le XXIe calife se nommait Abou-Giafar-Almanzor. Mervan Ier et Mervan II étaient les IXe et XIXe successeurs de Mahomet. V. *l'Art de vérifier les dates,* I, 469 et suiv. Cette erreur est, du reste, ici sans importance.

en troupes innombrables, traversent les déserts de
l'Asie sous la conduite de chefs dont les ordres sont
exécutés avec une admirable ponctualité. S'ils viennent à être attaqués par des loups, ils se rangent en
cercle en plaçant au centre les poulains et les vieillards, frappent leurs ennemis des pieds de devant,
les déchirent par de cruelles morsures et remportent
toujours la victoire (1). »

Outre ces imposants témoignages, opposons aux
calomnies de Phèdre et de La Fontaine un fait glorieux dont il n'est pas permis de douter, puisqu'il
est écrit dans l'histoire. Et dans quelle histoire ! celle
d'Alexandre ! Lorsque ce grand homme mourut à
Babylone, nous dit Plutarque, sa fin lui fut annoncée
« par plusieurs signes et présages, les uns sur les
austres, qui le faschèrent. Entre austres il y eut un
asne privé qui alla assaillir le plus beau et le plus
grand des léons qu'on nourrissoit en Babylone et le
tua d'un coup de pied (2). »

Cette prouesse ne gâte point la biographie d'A-
lexandre qui, selon trois historiens (3), lutta aussi

(1) D'Orbigny, *Dict. univ. d'hist. naturelle*, v° *Cheval*.
(2) *Vie d'Alexandre*, trad. d'Amyot, édit. Bastien, t. V,
p. 392.
(3) Plutarque, *vie d'Alexandre*, Quinte-Curce, lib. VIII,

contre un lion, peut-être même contre deux, l'un après l'autre, se battit comme un âne et demeura vainqueur.

Parlez-moi maintenant *du coup de pied de l'âne !*

et ÉLIEN. Plutarque et Q.-Curce racontent ce combat avec des circonstances si diverses, qu'il semble qu'il y ait eu deux combats d'Alexandre contre des lions.

CHAPITRE XVI.

AUTRES PROVERBES.

1. LES ARMES DE BOURGES. — 2. LES FRÈRES AUX ANES. — 3. L'ANE DE BURIDAN. — 4. POUR UN POINT MARTIN PERDIT SON ANE. — 5. ANES DE BEAUNE. — 6. PLUS D'UN ANE A LA FOIRE S'APPELLE MARTIN. — 7. UNE GRÊLE DE PROVERBES.

Nous faisons tous un usage plus ou moins fréquent de proverbes, et parfois sans nous rendre compte de leur valeur.

Si nos recherches sur leurs origines nous conduisent à en déterminer exactement le sens, nous les emploierons à propos et ce sera pour nous une satisfaction. Si, au contraire, nous arrivons à reconnaître que tel dicton n'a point de raison d'être, qu'il est dépourvu de sens, nous nous abstiendrons de l'employer ou, si nous le plaçons encore dans nos entretiens, nous aurons du moins, sur les gens qui parlent sans rien dire et qui croient dire quelque chose, l'avantage de savoir que ce que nous disons ne signifie rien.

Examinons quelques-unes de ces expressions proverbiales.

§ 1. *Les armes de Bourges.*

On dit d'un ignorant se carrant dans un siége à bras *qu'il représente les armes de Bourges.* Quelle peut être l'origine de cette locution ?

Bourges possédait un archevêché dont le titulaire était en outre primat d'Aquitaine, un collége de jésuites et une université très-ancienne, qui jouissait d'une grande célébrité, circonstances qui n'avaient rien de commun avec l'épigramme. Dans les dictionnaires de géographie et d'histoire de Thomas Corneille, de Baudrand, de Lamartinière, d'Expilly, l'on ne trouve pas un mot sur ces prétendues armes de Bourges, pas un seul fait historique de nature à mettre sur la voie d'une explication. Même silence dans le *Recueil des antiquités et priviléges de Bourges,* de Chenu, dans le *Dictionnaire de Trévoux* où l'on trouve pourtant au mot *Ane* plus d'un proverbe et dans l'*Histoire du Berry* de M. Raynal.

La ville de Bourges « portait d'azur à trois moutons

d'argent accollés de gueules, clarinés d'or, un,
deux, à la bordure dentelée de gueules (1). » Richelet (2) déclare qu'il ignore l'origine « du *quolibet* »
mis en tête du présent article, ajoutant que la capitale du Berry « porte d'azur à trois moutons d'argent, avec un berger et une bergère pour supports
et cette devise : *Summa imperii penes Bituriges ;* et
que l'Université de cette ville a pour armes trois
fleurs de lys avec une main qui sort d'une nue et
qui tient un livre. » Thomas de la Thaumassière,
dans son *Histoire du Berry*, dit : « Quelques-uns
tiennent que les anciennes *armes de Bourges* étaient
un agneau pascal avec une croix d'argent en champ
d'azur, et qu'elles se voient encore aujourd'hui à la
porte de la chambre haute de la maison de ville,
proche la galerie. Mais la vérité est que, de temps
immémorial, elle porte d'azur à trois moutons pas-
sans d'argent, accornez de sable, accollez de gueules,
clarinés d'or, deux, un. On a depuis peu ajouté un
chef cousu de France, et pour supports un berger et

(1 *Dict. universel françois et latin*, vulgairement appelé
Dict. de Trévoux, v° *Bourges*, 5 vol. in-f°, Paris 1771.
Clarine, clochette ; *clariné d'or*, portant au cou une clo-
chette d'or.

(2) *Dict.*, v° *Armoiries de Bourges*.

une bergère avec leurs houlettes, et je ne pense pas qu'elle ait jamais eu d'autres armes. Il est à croire que nos ancêtres les ont prises à cause de la grande quantité de moutons qui sont les ornements de nos campagnes et le principal instrument du trafic de laines, de sarges et draps de cette province et qui en sont les plus grandes richesses (1). » Cette conjecture est assez vraisemblable. En tout cas, il n'existe aucun doute sérieux sur les véritables armes de Bourges.

D'où vient donc le dicton qui nous occupe ?

De La Mésangère en a donné l'explication suivante : « L'origine de ce proverbe se trouve dans un manuscrit latin de la bibliothèque du Vatican, plein de remarques curieuses sur les Commentaires de César. On y lit que, pendant le siége de Bourges (*Avaricum*), Vercingétorix, chef des Gaulois, commanda à un capitaine nommé *Asinius Pollio* de faire une sortie sur les troupes de César. Pollio ne pouvant conduire lui-même ses soldats au combat, parce qu'il était incommodé de la goutte, envoya un lieutenant;

(1) *Histoire du Berry*, 1 vol, in-f°, Bourges, 1689, p. 98. — C'est au XVII° siècle que les trois fleurs de lys, rangées en chef sur champ d'azur, ont été ajoutées aux anciennes armes de Bourges. V. les planches insérées par M. Raynal dans son *Histoire du Berry*, 4 vol. in-8°, Bourges, 1844-1847.

mais, une heure après, comme on vint lui dire que ce lieutenant lâchait pied, il se fit porter dans une chaise aux portes de la ville et anima tellement ses soldats par ses discours et par sa présence, qu'ils reprirent courage, retournèrent contre les Romains et en tuèrent un grand nombre. Une si belle action fit dire qu'Asinius, dans sa chaise, avait autant contribué à la défaite de l'ennemi que les *armes* de ses soldats. Quoique le mot *armes* ne signifie point ici *armoiries* et qu'il y ait de la différence entre les mots *Asinius* et *Asinus*, on n'en a pas moins dit *Asinus in cathedra*, un âne dans un fauteuil, et pris cet âne pour les armes de Bourges (1). » Nous donnons cette explication pour ce qu'elle vaut.

On la trouve ailleurs avec une variante qui ne la rend pas meilleure. « Voici, dit M. Quitard, l'origine assignée par Ménage au dicton dont il s'agit, » et M. Quitard semble indiquer par des guillemets qu'il a littéralement transcrit Ménage (2). « César » s'étant rendu maître de Bourges, y établit un gou- » verneur nommé *Asinius Pollio*. La ville fut ensuite

(1) DE LA MÉSANGÈRE, *Dict. des Proverbes*, v° *Bourges (armes de)*.

(2) Nous devons avouer que nous n'avons pu trouver ce texte dans aucun de ceux des écrits de Ménage où il nous semblait naturel de le chercher.

» assiégée par les Gaulois, tandis que le gouverneur
» était malade de la goutte. Comme elle était sur le
» point d'être prise d'assaut, Asinius se fit porter en
» litière ou en chaise pour animer ses troupes par
» sa présence, ce qui lui réussit très-bien. On ne
» parla plus que du succès qu'Asinius avait eu dans
» sa chaise ; on fit peut-être un tableau le représen-
» tant dans cette position, et on le regarda comme
» l'armoirie la plus honorable pour la ville. Mais,
» dans la suite, le nom d'*Asinius* se changea en *Asi-*
» *nus*, la mémoire du vrai sens se perdit avec celle
» du trait historique et l'idée d'un âne dans une
» chaise, *asinus in cathedra*, resta toujours. » M. Quitard reprenant la plume pour son compte, ajoute :
« Un manuscrit de la bibliothèque du Vatican, cité
par l'abbé Bordelon, rapporte la même origine,
avec cette différence qu'Asinius Pollio, au lieu d'être
un général romain était un général gaulois qui com-
battait contre l'armée de César. Il est plus probable
que le dicton a été imaginé par allusion à quelque
professeur ignorant de l'université de Bourges, quoique cette université ait eu parmi ses professeurs des
hommes justement célèbres dans la jurisprudence
civile et canonique, comme Alciat, Baron, Duare-
nus, Balduin, Cujas, etc. C'est par une semblable
allusion que les Italiens disent : *Arma di Catania,*

un asino in una cathedra. Les armes de Catane, un
âne dans une chaise (1). »

Enfin un autre auteur, M. de Méry, donne sa version. « Il existe, dit-il, suivant l'abbé Bordelon, qui
l'a vu sans doute à Rome dans la bibliothèque du
Vatican, un ancien manuscrit latin qui est une espèce de commentaire sur les Commentaires de César. Il renferme le passage suivant : *Asinius fuit*
(sous-entendu sans doute *in cathedra*) *urbi Avarico
tanquam arma inimicis maxime exitiosa,* qui offre
le nœud ou explication du proverbe... », et M. de
Méry reproduit le récit de La Mésangère. Asinius
Pollio redevient un lieutenant goutteux de Vercingétorix qui se fait porter dans une chaise, ranime
le courage des Gaulois, « défait les troupes de César
et sauve la ville de Bourges (2). »

L'histoire ne se prête à aucune de ces explications.

Lorsque César vint assiéger Avaricum, Vercingétorix, campé à seize milles de là, lui fit éprouver des
pertes cruelles. L'armée romaine souffrait de la disette et de l'incendie des habitations que le chef

(1) Quitard, *Dict. étymologique, historique et anecdotique des Proverbes,* 1 vol in-8º, Paris, 1842, vº *Bourges
(armes de).*

(2) De Méry. *Hist. générale des Proverbes,* 3 vol. in-8º,
Paris, 1828 et 1829, t. II, p. 347.

Gaulois avait fait détruire jusqu'à grande distance
autour de la ville. César fut même un instant serré
de près par son ennemi. Les Gaulois imitaient les
ruses et les inventions des Romains, leurs tranchées,
leurs galeries souterraines ; mais, malgré tant d'obstacles, malgré de courageuses sorties, le siége marcha régulièrement et la ville fut prise d'assaut. César
n'épargna ni vieillards, ni femmes ni enfants. De
toute la population d'Avaricum, qui s'élevait à quarante mille âmes, à peine huit cents individus par-
vinrent-ils à s'échapper et à se réfugier près de
Vercingétorix resté hors de la place. C'est César lui-
même qui le dit (1). Ce siége ne fut accompagné
d'aucun incident. d'aucune péripétie où puisse trouver place l'anecdote de l'abbé Bordelon. César ne
fut point en danger de perdre la ville une fois prise.
Aucun Asinius ne figure dans ses Commentaires, soit

(1) Non ætate confectis, non mulieribus, non infantibus
pepercerunt. Ex omni eo numero, qui fuit circiter quadra-
ginta millium, vix octogenti incolumes ad Vercingetoricem
pervenerunt. » CÆSARIS *Comment. de Bello gallico*, lib. VII,
cap. XXVIII. — DION CASSIUS dit seulement : « Romani…,
ira propter obsidionis diuturnæ ærumnas concitati omnes
in ea *homines* occiderunt ; lib. XL, cap. XXXIII ; mais
César savait mieux que Dion Cassius jusqu'où s'était étendu
le massacre qu'il avait ordonné.

comme lieutenant de César pour lui conserver Avaricum, soit comme lieutenant de Vercingétorix pour
sauver la ville qui, malheureusement, succomba.

Le massacre des habitants d'Avaricum fut l'un
des actes de férocité (1) de cet homme profondément
égoïste, dépourvu de sens moral, qui n'employa de
grandes facultés qu'en vue des intérêts de son ambition, donna l'exemple de tous les genres de dé-
bauche, s'éleva sur les ruines de sa patrie et valut à
Rome, après d'interminables guerres civiles, la ty-
rannie des Tibère, des Caligula, des Néron, de cet
homme enfin que M. Guizot se contente de trouver
« dur et froid (2), » qui fut un des plus cruels rava-
geurs de la terre, dont tant d'écrivains menteurs ont
fait le modèle des héros et que son dernier historien

(1) Le dernier exploit de César dans les Gaules fut la
prise d'Uxellodunum, après laquelle « il fit couper la main
à tous ceux qui avaient porté les armes ; mais il leur laissa
la vie afin de témoigner d'une manière éclatante du châti-
ment dont il avait frappé *les coupables*. » ... Coupables
d'avoir résisté à César ! d'avoir défendu leur patrie !...
« Omnibus qui arma tulerant manus præcidit, vitamque
concessit, quo testior esset *pœna improborum* ! » CÆSARIS
Comment. de Bello gallico, lib. VIII, cap. XLIV.

(2) *L'Hist. de France depuis les temps les plus reculés
jusqu'en* 1789, chap. IV, p. 67.

a même érigé en « homme providentiel (1) ! »

Conclusion. L'origine du proverbe *représenter les armes de Bourges* reste absolument inexpliquée.

§ 2. *Les frères aux Anes.*

On a longtemps appelé *frères aux ânes*, ou même *Anes* tout court, « les Mathurins ou les frères de l'ordre la Sainte-Trinité, parce que quand ils voyageaient il ne leur était permis que de monter sur des ânes, suivant leur institution qui fut faite en l'an 1198 sous le Pontificat d'Innocent III ; ce qui fut changé par le pape Honorius III qui leur accorda, en l'an 1217, l'usage des mules et leur permit même de se servir de chevaux en cas de nécessité. *Histoire de l'église de Meaux*, t. I, p. 178. Ils sont encore appelés les frères aux ânes de Fontainebleau dans un registre de la Chambre des Comptes de l'an 1330. Du Cange (2). »

(1) *Hist. de J. César*, par Napoléon III.

(2) *Dict. univ. de la langue Françoise* par Furetière, 4 vol. in-f° Paris 1727, v° *Ane*. Copié par le *Dict. de Trévoux*, 8 vol. in-f°, Paris, 1771, v° *Ane* p. 343.

§ 3. *L'Ane de Buridan.*

On lui compare proverbialement les gens d'un caractère irrésolu, qui trouvent sur une question autant de raisons pour que contre et ne savent prendre un parti. Voir au chapitre XII, *Les oreilles de l'âne*, ce que nous avons dit de cet illustre quadrupède et de son maître Buridan (1).

§ 4. *Pour un point, ou faute d'un point, Martin perdit son Ane.*

Ce proverbe est souvent adressé aux personnes auxquelles il manque fort peu de chose pour gagner une partie à quelque jeu, ou pour réussir dans une affaire.

Tous les auteurs racontent à peu près de la même manière l'origine de ce dicton.

Le Dictionnaire de Trévoux en attribue la première explication à Cardan. Selon d'autres cette première explication aurait été donnée par Alciat à qui Ét.

____

(1) V. aussi DE MÉRY, *Hist. générale des Proverbes,* t. II, p. 214 et *Dict. de Trévoux,* v° *Ane,* p. 343.

Pasquier l'aurait empruntée pour la reproduire au livre VIII de ses *Recherches de la France*, mais cette dernière citation est inexacte. Pasquier ne parle ni de Martin ni de son âne dans son VIIIe livre et s'il en parle ailleurs nous n'avons pu trouver ce qu'il en a dit. Du reste l'anecdote qui aurait donné lieu au proverbe étant de toutes parts la même, il importe peu de savoir quel en fut le premier narrateur.

On raconte donc qu'un nommé Martin, abbé d'A-sello en Italie, avait voulu faire inscrire sur la porte de son monastère ce vers latin :

Porta patens esto. Nulli claudaris honesto.

« Porte, reste ouverte. Ne sois fermée devant aucun homme de bien. » L'ouvrier avait, par mégarde, placé le point après le mot *Nulli :*

Porta patens esto nulli. Claudaris honesto.

« Porte ne sois ouverte à personne. Sois fermée aux honnêtes gens. » L'ignorant abbé ne s'aperçut point de l'erreur. Le Pape, informé du fait, lui retira son abbaye. Le nouveau titulaire fit corriger le vers malheureux, auquel il ajouta le suivant :

Uno pro puncto caruit Martinus Asello.

« Pour un seul point, Martin perdit Asello. » Comme *Asello* signifie un *âne*, l'équivoque donna lieu au dicton : *Pour un point Martin perdit son âne* (1).

§ 5. *Ânes de Beaune*.

On entend par cette expression des ânes plus ânes que tous les autres. Cette épigramme, aujourd'hui un peu surannée, n'était guère qu'à l'usage des habitants de Dijon. De temps immémorial, ils détestaient les Beaunois sans que l'on sache l'origine de cette antipathie.

Piron, né à Dijon, contribua à fortifier, à envenimer même le préjugé répandu parmi ses compatriotes. Il s'était si souvent moqué des Beaunois qu'un ami lui avait conseillé de ne jamais passer dans leur ville qu'incognito ; mais la prudence n'était pas au nombre des rares vertus de Piron. Il se met en route, s'arrête à Nuits, y trouve le vin excellent et, pour essayer sa verve, débute chemin faisant par

____

(1) *Dict. étymologique* de MÉNAGE, 2 vol. in-f°, Paris 1750, v° *Martin*. *Dict. de Trévoux*, v° *Martin*, t. V, p. 882. QUITARD, *Dict. des Proverbes*, v° Ane. DE LA MÉSANGÈRE, *Dict. des Proverbes,* etc.

cette chanson, qu'il fait chanter à ses amis sur l'air
de *Joconde*, au lieu de les laisser dormir :

> A moi, garçon ! vite à grand trait
>   Verse à toute la bande !
> A toi, Pontoir, à toi, Marêt,
>   A la santé de Lande.
> Pour savourer ce jus si bon
>   Que le pays nous donne,
> Que n'ai-je le col aussi long,
>   Qu'on a l'oreille à Beaune !

Les rues de Beaune fourmillent de monde. Autre
trait de satire :

> Me voyant au milieu de ce peuple amassé,
>   J'avais l'orgueil et la malice
>   De me prendre pour un Ulysse
>   Entrant à la cour de Circé.

A l'église il lorgne les dames, mais c'est pour leur
donner aussi son coup de patte :

> Non pas qu'il y manquât de femmes ;
> Tout en était rempli depuis la porte au chœur ;
>   Mais c'est qu'en vérité ces dames
>   Auraient effrayé Jean-sans-peur.
>   Mes yeux, qui partout galoppaient,
>   N'en rencontraient que d'effroyables ;

> Et, sans le bénitier où leurs mains se trempaient,
> J'aurais cru que c'étaient des diables!

Pourtant, dit-il, « la laideur n'est pas générale à Beaune comme la bêtise. »

Les chevaliers de l'arc de dix villes marchaient en bon ordre, cinq à cinq; ils allaient se disputer le prix de l'adresse. Ceux de Dijon, qui étaient du cortége, engagent Piron à entrer dans leurs rangs de peur que les Beaunois ne lui jouent quelque mauvais tour. — Allez, leur répond-il,

> Allez, je ne crains pas leur impuissant courroux
> Et, quand je serais seul, je les *bâterais* tous!

Les chevaliers de Beaune portaient la livrée verte. En suivant la foule, dans la grande rue, Piron voit un âne arrêté, auquel il attache une belle tresse de rubans verts et l'envoie rejoindre la compagnie.

L'orage grondait sur sa tête. Il se rend néanmoins le soir au spectacle. Un de ses voisins lui demande si l'on ne va pas jouer *les Fureurs de Scapin*. Je croyais, lui répondit-il, que c'étaient *les Fourberies d'Oreste*. Le parterre se plaignant de ne pas entendre les acteurs: — Ce n'est pourtant pas faute d'oreilles, s'écrie Piron.

Il en fit tant, il en dit tant, qu'enfin les Beaunois furieux l'attendirent à la sortie du théâtre et, l'épée à la main, le poursuivirent pour lui faire un mauvais parti. Il ne leur échappa qu'à la faveur de l'obscurité des rues aussi étroites que tortueuses, non sans attraper quelques gourmades.

Les Beaunois écrivirent sur sa fuite une complainte qu'ils lui envoyèrent. Piron, pour se venger, raconta son voyage à sa manière dans une lettre du 10 septembre 1717, moitié prose et moitié vers, contenant plus de gros sel gaulois que de sel attique, et dont le dernier couplet attestait l'usage injurieux qu'il avait fait de la complainte de ses ennemis.

En tête de cette lettre on lisait, en forme d'épigraphe, le 3e verset du psaume CXXVIII : « *Supra dorsum meum fabricaverunt peccatores iniquitatem et prolongaverunt.* » — « Les pécheurs ont travaillé sur mon dos et m'ont fait sentir longtemps leur iniquité. »

On peut juger de l'apaisement que le récit de Piron dût produire dans la querelle des Beaunois et des Dijonais.

§ 6. *Il y a plus d'un âne à la foire qui se nomme Martin.*

Ce proverbe se dit aux gens qui confondent plusieurs personnes portant le même nom. Il ne mériterait pas de nous arrêter, s'il ne nous amenait naturellement à nous demander pourquoi tant d'ânes s'appellent *Martin*.

Le baudet ne se rattache par aucun lien, par nul souvenir historique au saint évêque, objet particulier de la vénération des Tourangeaux. Ne tiendrait-il pas son nom patronymique de cette circonstance qu'il a, de tout temps, existé une déplorable et bien injuste affinité entre l'âne et le bâton qu'on a aussi appelé Martin ?

Martin viendrait alors de *Martus*, marteau, l'instrument de percussion par excellence et de *Martellus*, diminutif de *Martus*, d'où le nom de *Martel* fut donné au rude vainqueur des Sarrazins et à plusieurs autres guerriers (1). Ce rapprochement peut sembler un peu hasardé, mais peut-être l'admettra-t-on si l'on suit *Martus* et *Martellus* dans leurs transformations et significations successives.

(1) Du Cange, *gloss.* v° *Martin* et v° *Martellus*.

Froissart, 4e volume, chap. 53, rapporte que la dignité de connétable ayant été supprimée « fust mandé à Clisson qu'il renvoia le *martel*, c'est à entendre l'office de connestable de France. » Dans une chronique manuscrite de Bertrand du Guesclin, on lit :

> Olivier de Cliçon par la bataille va
> Et tenoit un *martel* qu'à ses deus mains porta,
> Tout ainsi qu'un boucher abastit et versa, etc.

et plus loin :

> Bertrand de Glajeguin fu ou champ plenier,
> Ou il assaut Anglois à un *martel* d'acier,
> Tout ainsy les abat come fait le bouchier...

Le *martel* d'acier est dans ces divers textes, l'épée du connétable (1). Mais cette épée aurait pu être appelée aussi *bâton*, expression par laquelle on désignait au XIVe siècle, au XVe et même au XVIe, toutes les armes offensives, les armes blanches aussi bien que celles à feu lorsque l'on en fit usage, et même les canons (2). C'est ce que l'on peut voir dans les

(1) Du Cange *ibidem*, édition in-4o de 1845, t. IV, p. 306, 1re colonne.

(2) Ce passage de Ph. de Comines en fait foi : « Le Roy

édits, les ordonnances et tous les documents contemporains.

De *martel*, signifiant *baston*, à *Martin*, ayant le
même sens, la transition n'a rien de surprenant.

Jeanne d'Arc avait coutume de porter en guerre
un *bâton* qu'elle appelait *son Martin* et par lequel
elle faisait un de ses serments les plus ordinaires.
On en trouve de nombreux exemples dans toutes
les histoires de cette héroïne. Nous prendrons les
nôtres dans la Chronique de Perceval de Cagny,
attaché au duc d'Alençon, c'est-à-dire au capitaine
qui s'est tenu le plus constamment près de la Pucelle. Lorsque cette fille inspirée promit à Charles VII
de ravitailler Orléans : « Par mon Martin (lui dit-

(Louis XI) avoit bonne artillerie sur la muraille de Paris :
laquelle tira plusieurs coups jusques à nostre ost (l'armée
du comte de Charolois et des princes *ligués* sous prétexte
du *bien public* et qui enveloppait Paris en 1465). Qui est
grand'chose (car il y a deux lieuës) mais croy que l'on
avoit levé le nez bien haut aux *bastons*. » *Mémoires,* liv. I,
ch. XI. — Dans la Chronique de Jean de Troyes, dite
Chronique scandaleuse, lorsque le 2 mars 1475 Charles le
Téméraire est battu par les Suisses à Granson, on lit : « Les
Suisses n'estoient que de quatre à six mille coulevriniers
qui se prirent à tirer et bouter le feu *dedens* leurs *bastons,*
dont ils firent tel et si bon bruit que les chefs de l'avant-
garde du dit de Bourgongne y furent tous tués... »

elle) ce estoit son serment, je leur ferai mener des
vivres. » Quand le roi lui eut donné gens et charriots pour cette entreprise : « Par mon Martin,
ajouta-t-elle, ilz seront bien menez, n'en faictes
doubte. » Non contente d'avoir introduit des vivres
dans la place, elle résolut d'en faire lever le siége :
« Par mon Martin, je auray demain les tours de la
bastille du pont, ne n'entreray en Orléens jusques
à ce quelles soient entre les mains du bon roy
Charles. » Les gens de guerre estimaient que la
ville ne pouvait être prise en moins d'un mois.
« Par mon Martin, dit Jeanne, je la prendray demain et retourneray en la ville par sus les pons, »
ce qu'elle fit après quatre assauts qu'elle ordonna,
tenant ferme en main au bord, puis au fond des
fossés, « son étendart, ou quel estoit empainturé
Dieu en sa majesté, et de l'austre costé l'image
Notre-Dame et ung escu de France tenu par deux
anges. » Revenue à Chinon devers le Roi, elle voulut qu'il prit le chemin de Reims pour s'y faire cou-
ronner. Les Anglais et les Bourguignons étaient
maîtres du pays à traverser ; le succès semblait impossible. « Par mon Martin, s'écria la Pucelle, je
conduiray le gentil roy Charles et sa compaignie
jusques au dit lieu de Rains seurement et sans des-
tourbier, et là le verré couronné... Nul ne osa con-

tredire, » et le Roi fut sacré à Reims le 17 juin 1429,
sans avoir été attaqué dans sa marche. Ce ne fut pas
sans peine que Jeanne décida Charles VII à venir
assister au siége de Paris. Le 8 septembre elle donnait l'assaut à la porte Saint-Honoré, entrée des
premiers dans les fossés, son étendard en main,
lorsqu'elle fut blessée à la cuisse « d'un trait d'ar-
balestre. » On se battait depuis midi et la nuit
commençait. Les capitaines l'emmenèrent hors des
fossés « contre son vouloir, » la mirent à cheval et
la ramenèrent en son logis de la Chapelle, près
Saint-Denis. « Ainssi faillit l'assault. Et avoit très-
grand regret d'elle ainssi soy départir en disant :
Par mon Martin la place eust esté prinse. » Le lendemain elle revint « à l'assaut devant Paris et dist par
son Martin, que jamais n'en partiroit tant qu'elle
eust la ville. » Mais cette fois ce fut en vain qu'elle
jura par son serment accoutumé, le Roi, mal conseillé par son entourage jaloux des succès de la
Pucelle, ayant ordonné à Jeanne de retourner avec
lui vers la Loire. Tout fut alors en désarroi, et le
23 mai 1430, l'héroïque vierge était prise à Com-
piègne par les Bourguignons qui bientôt la livraient
à Bedford (1).

(1) *La chronique* de PERCEVAL DE CAGNY se trouve dans

Le Martin de Jeanne d'Arc n'était point une arme d'acier; elle n'en eût pas fait grand usage, sa coutume n'étant pas de se jeter dans la mêlée pour transpercer ses ennemis, mais de se placer avec son drapeau aux endroits les plus périlleux, d'où elle dirigeait les capitaines et encourageait les soldats. Son Martin était un bâton, et le Bourgeois de Paris dit « que quand aucun de ses gens mesprenoit, elle frappoit dessus de son baston grans coups. »

De *Martin*, Rabelais a fait *Martin-Bâton*, réunissant le mot déjà inusité à sa traduction. Panurge, à qui Pantagruel prédit qu'il sera trompé et battu par sa femme, répond : « Je la battray en tigre si elle me fasche : Martin-baston en fera l'office. » Ici, Martin-baston est évidemment le bâton et non pas celui qui s'en sert.

La Fontaine a plusieurs fois employé cette expression. On trouve dans ses fables ce mot composé, ou même Martin tout court, pour désigner l'ânier ou le bâton. Ainsi, dans l'*Ane et le petit Chien* :

> . . . . . . Holà ! Martin-bâton !
> Martin-bâton accourt, l'âne change de ton...

le t. IV, p. 1 à 50 des *Procès de condamnation et de réhabilitation de Jeanne d'Arc*, publiés par la Société de l'Hist. de France, en 5 vol. in-8°, Paris, 1841 et années suivantes.

Le Martin-bâton qui accourt est le valet d'écurie.
En est-il de même dans la fable XXIe du livre V ?

> De la peau du lion l'âne s'étant vêtu
>   Etoit craint par tout à la ronde ;
>   Et, bien qu'animal sans vertu,
>   Il faisoit trembler tout le monde.
> Un petit bout d'oreille échappé par malheur
>   Découvrit la fourbe et l'erreur :
>   Martin fit alors son office...

Martin pourrait être ici le bâton ; c'est l'opinion de
Furetière (1), car le bâton est destiné à frapper,
tandis que l'*office* du palefrenier est moins de battre
les animaux à lui confiés que de les soigner. Toutefois, les vers qui suivent semblent indiquer que le
fabuliste entend parler du garçon d'écurie :

> Ceux qui ne savoient pas la ruse et la malice
>   S'étonnoient de voir que Martin
>   Chassât les lions au moulin.

Si Martin, comme synonyme de bâton, est tombé
en désuétude, il nous reste son diminutif, le martinet, bâton court garni de lanières de laine ou de

(1) *Dict. universel, contenant tous les mots de la langue
française* 4 vol. in-f°, Paris, 1727, v° *Martin.*

cordes à nœuds ou même de chaînes de fer, selon qu'il sert à battre les habits et les meubles, ou à donner la discipline dans les monastères.

En résumé, Martin, autrefois synonyme de bâton, est aujourd'hui synonyme d'âne. Aussi dit-on : « Où il y a du Martin il y a de l'âne, » et désigne-t-on indifféremment un baudet sous les noms d'âne et de Martin. Ces deux mots s'emploient souvent l'un pour l'autre. On en trouverait un exemple au besoin dans un passage, cité plus haut, du voyage de Misson en Italie (1), si des exemples étaient nécessaires à l'appui d'un fait tellement notoire qu'il est devenu proverbe.

§ 7. *Une grêle de proverbes.*

Voici encore une multitude de proverbes et de locutions proverbiales dont l'infortuné baudet fait les honneurs.

Ane. Homme stupide, ignorant, d'un esprit lourd et grossier.

Anerie. Ignorance de ce qu'il faut savoir ; faute grossière.

(1) Au chap. IX, p. 173.

On voit bien aller l'âne, on ne sait pas ce qu'il a sous le pied. Ne vous hâtez pas de juger votre prochain ; savez-vous les difficultés qu'il éprouve ?

Bon serviteur, oreilles d'âne. Un bon serviteur doit tout entendre sans faire aucune réplique.

L'âne de la communauté
Est toujours le plus mal bâté.

On néglige ordinairement ce que l'on possède en commun : *communiter negligitur quod communiter possidetur.*

Insulter l'âne jusqu'à la bride ; c'est faire une réponse méprisante à un sot qui s'est permis d'être insolent. Par exemple : « Votre lettre est devant moi... tout-à-l'heure elle sera derrière... »

Ane bâté. Homme ignorant, sot, stupide. « *Diantre soit de l'Ane bâté !* » s'écrie, dans *le Bourgeois Gentilhomme* le maître à danser furieux de la prééminence que s'arroge le maître de philosophie. A. II, Sc. IV.

C'est un âne débâté, se dit d'un homme trop adonné aux femmes.

Il y va comme un âne débâté, c'est-à-dire très-vite, comme un âne qui n'a ni bât ni fardeau.

Qu'a de commun l'âne avec la lyre ? l'ignorant avec le savant, ou le sot avec l'homme d'esprit ? C'est le proverbe latin : *asinus ad lyram.*

Un âne chargé d'or ne laisse pas que de braire. L'argent ne fait pas le mérite.

On dit aussi : *Un âne bien paré ne laisse pas que de braire.* Un homme bien vêtu et dépourvu d'esprit se trahit dès qu'il ouvre la bouche.

Il y a des ânes de qualité.

Un rossignol d'Arcadie. Un mauvais chanteur.

Chantez à l'âne, il vous fera des pets, se dit des ignorants qui connaissent mal les choses et des ingrats qui reconnaissent mal les grâces qu'on leur fait.

Ceci ne vaut pas le pet d'un âne mort. C'est une chose de rien, une chose méprisable.

Un âne sur les toits. Une chose incroyable, impossible. Les latins disaient *Asinus in tegulis.* V. Pétrone, *Satyricon,* chap. LXIII, p. 226, édit. Nisard.

Qui est âne et veut faire le cerf se connaît au saut du fossé. Homme inepte qui présume trop de son mérite.

Est bien âne de nature qui ne sait pas lire son écriture. Ne pas négliger le soin d'écrire lisiblement.

A laver la tête d'un âne on perd sa lessive. C'est perdre son temps et sa peine, de vouloir instruire un homme stupide ou corriger un incorrigible.

On ne saurait faire boire un âne qui n'a pas soif. On ne saurait obliger une personne entêtée à faire ce qu'elle n'a pas envie de faire.

Il cherche son âne et il est dessus. Il cherche ce qu'il a entre les mains.

Pour vous montrer que votre âne n'est qu'une bête. Pour vous prouver que vous vous trompez ou que vous ne savez ce que vous dites ou ce que vous faites.

C'est le pont aux ânes. C'est une chose qu'il n'est pas permis d'ignorer ; une chose facile dans laquelle le premier venu peut réussir.

Les chevaux courent les bénéfices et les ânes les attrapent. On arrive plutôt et plus sûrement à la faveur et à la fortune par de basses intrigues que par un mérite réel et d'honorables services.

Avoir un vin d'âne. Être hébété après avoir bû.

Bien s'escrimer d'une mâchoire d'âne. Être grand mangeur.

Un âne en gratte un autre. Deux sots qui échangent entre eux des éloges. *Asinus asinum fricat.*

Contes de Peau d'âne. Se dit de petits contes pour amuser les enfants, par allusion à un vieux fabliau de Bonaventure Des Periers, dont l'héroïne n'obtint en mariage celui qu'elle aimait qu'après s'être soumise à la condition de se montrer en public vêtue d'une peau d'âne (1) ; ou peut-être par allusion au

(1) *Contes et joyeux devis* de Bonaventure des Periers, nouvelle CXXIX.

conte de *Peau d'âne* écrit par Perrault et dont la donnée est fort ancienne.

Il n'a ni cheval ni âne, ou ni âne ni mulet. C'est un homme sans équipage.

Nul ne sait mieux que l'âne où le bât le blesse. Celui qui souffre, sait mieux qu'un autre où git sa souffrance.

Méchant comme un âne rouge. Méchant comme un diable.

Sérieux comme un âne qu'on étrille, se dit d'un homme d'une gravité affectée.

La patience est la vertu des ânes.

On l'a sanglé comme un âne. On l'a sévèrement traité ou puni.

Un âne parmi des singes. C'est un sot ou un imprudent qui, sans le savoir, est le jouet d'hommes rusés et railleurs.

C'est l'âne du moulin. Un maladroit, connu pour tel, sur qui retombent tous les reproches, même lorsqu'il n'est pas coupable.

Brider un âne par la queue. S'y prendre gauchement, faire une chose tout de travers.

Faire l'âne pour avoir du chardon ou *pour avoir du son.* Faire l'imbécille pour obtenir ou attraper quelque chose.

C'est l'âne couvert de la peau du lion. C'est un fanfaron, un faux brave.

Le jour du jugement viendra bientôt, les ânes parlent latin, se dit quand un homme stupide veut faire l'entendu, quand un ignorant parle de ce qu'il ne sait pas.

Coq-à-l'âne. Petit poème français où l'on passait, sans liaison, d'un sujet à un autre. Par extension, discours sans suite, incohérent, comme serait celui d'un homme qui, parlant d'un coq, viendrait brusquement à parler de l'âne et sauterait ainsi du coq à l'âne. Clément Marot adressait à son ami Lyon Jamet, quatre pièces de vers qu'il intitulait *Epistres du coq à l'asne,* et qui n'étaient en effet qu'une suite de propos interrompus.

Il y aura de l'âne, pour dire il y aura du quiproquo, du mal entendu. Cette expression est fondée sur le conte que l'on fait de deux paysans qui, cherchant chacun de son côté deux ânes perdus, et imitant la voix de l'animal pour les exciter à revenir, se rencontraient toujours, mais ne retrouvaient point leurs bêtes. Cervantes, entre autres, a rapporté ce conte dans son Don Quichotte.

Finissons par *et cœtera* (1).

____

(1) La plupart de ces proverbes se trouvent dans le

Dictionnaire de la langue françoise ancienne et moderne,
de RICHELET, in-f°, Paris 1727 ; dans le *Dictionnaire
universel de tous les mots de la langue françoise,* de
FURETIÈRE, in-f°, Paris, 1727 ; dans le *Dict. universel
françois-latin,* vulgairement nommé *Dict. de Trévoux,*
in-f°, Paris, 1771 ; où ils ont été copiés par BOISTE,
POITEVIN, BESCHERELLE et tous les lexicographes modernes.
Voir aussi DE LA MÈSANGÈRE, *Dict. des Proverbes,* in-8°,
Paris, 1823 ; CAILLOT, *nouveau dict. proverbial,* in-12,
Paris, 1826. DE MÉRY, Hist. générale des Proverbes, 3
vol. in-8°, Paris 1828 ; et QUITARD, *Dict. étymologique,
historique et anecdotique des proverbes,* 1 vol. in-8°, Paris,
1842.

CHAPITRE XVII.

HATONS LE PAS : TROIS CHAPITRES EN UN SEUL.

1. LES ÉPIGRAMMES, LES ANA ET LES ANECDOTES.
— 2. LE BLASON. — 3. LES CHARDONS.

§ 1. *Epigrammes, ana, anecdotes.*

Les noms d'âne et de bourrique sont en France plus que des épigrammes ; ce sont des injures. Il en était autrement chez les Romains : beaucoup de leurs familles illustres portaient des noms d'animaux et les portaient noblement. Ils avaient des *Lupus*, des *Porcius* (Caton en est un exemple), des *Porcellus*, des *Asinus*, des *Asinia*, des *Asellus*, comme nous avons des *Leloup*, des *Lelion*, des *Porcher*, des *Lasnier*.

Quelques-uns de ces noms avaient pu n'être dans l'origine que des sobriquets et donnaient lieu, il faut en convenir, à des plaisanteries. Horace, par exemple, ne s'en fait faute. Ayant chargé un certain

Vinius Asella de porter à Auguste un manuscrit de ses poésies, il lui recommande de ne point s'arrêter aux flaques d'eau du chemin, de ne pas broncher et de ne pas compromettre son précieux fardeau, s'il ne veut être plaisanté sur le nom qu'il tient de son père :

> . . . . Asinæque paternum
> Cognomen vertas in risum et fabula fias (1) ;

Ce qui n'empêche pas Horace de dédier l'ode *Motum ex Metello* à son ami Asinius Pollio qu'il ne raille point. C'est à ce même Asinius que Virgile adresse sa IVe églogue.

Le chef de la famille Cornélia marie sa fille ; on lui demande une caution de la dot. Il amène sur la place publique une ânesse chargée d'argent. La caution est acceptée, et à dater de ce jour la famille Cornélia porte pour surnom le nom de la bête, *Cognomentum asinæ* (2).

Ailleurs on trouve le nom de C. Asinius Gallus, orateur et poète. Cicéron fait mention de plusieurs Asellus (3). La famille Claudia figure dans Tite-Live

---

(1) *Epist.*, lib. I, xiii.

(2) Macrob., *Sat.* I. 6 ; et Pitiscus, *Lexicon antiquit. romanar.* Vo *Asinæ*, t. I, p. 190.

(3) *Or.* II, 64 et *passim*.

avec le surnom d'Asellus (1). Ouvrez les *Annales* de Tacite, vous trouverez au livre III un petit-fils d'Agrippa du nom d'Asinius Salonicus, au livre IV Caïus Asinius, qui fut consul sous Tibère, un Asinius Agrippa d'une maison plus illustre qu'ancienne, et un Asinius Gallus dont les enfants étaient les neveux d'Agrippine et qui mourut de faim par la volonté de Tibère (liv. VI), au livre XI l'orateur Asinius, au livre XII Marcus Asinius, consul, au livre XIV un Asinius Marcellus, arrière-petit-fils de Pollion, qui se rend complice d'un faux testament et qui, grâce à ses aïeux et aux prières de Néron, échappe à la peine mais non à l'infamie ; puis au livre XIV encore, Lucius Asinius, qui fut consul avec Publius Marius. On pourrait multiplier à l'infini ces citations.

Plusieurs fleuves, plusieurs villes de l'antiquité, tiraient aussi leurs noms d'Asinius, d'Asinia ou de leurs diminutifs et n'en étaient pas pour cela plus ridicules : trois cités portaient le nom d'Asineus, une dans la Messénie, une autre dans la Laconie et la troisième dans l'Argolide (2).

(1) Liv. XXVII, 44, et XXVIII. 10.
(2) Facciolati et Forcinelli, *Totius latinitatis Lexicon,* v° *Asineus.*

Ana est moins un mot qu'une terminaison ajoutée au nom d'un auteur ou d'un personnage connu, pour indiquer un recueil de ses faits et gestes, de ses pensées détachées, de ses observations, de ses bons mots. Ces sortes de publications ont été fort à la mode au XVIIe siècle et au commencement du XVIIIe. On a vu successivement paraître le *Thuàna*, le *Bignoniana*, le *Grotiana*, le *Naudæana*, le *Scaligeriana*, le *Menagiana*, plus connu que les autres, enfin une multitude d'*ana*.

Parmi tant de volumes à peine trouve-t-on quelques pages amusantes ou curieuses. On y a mêlé tant d'anecdotes équivoques, de mots que les gens n'ont point dit, de réparties qu'ils n'ont point faites, souvent même tant de platitudes qu'*ana* est devenu synonyme d'*ânerie*. Tous les almanachs dits facétieux, qui attribuent à tels ou tels des aventures impossibles et qui mettent de vieux bons mots dans la bouche des contemporains, sont des *ana*. Ce que l'on peut dire de plus désobligeant à un ennuyeux conteur, c'est que l'histoire qu'il vient de débiter comme arrivée la veille, « traîne depuis un siècle dans tous les *ana*. »

Nous éviterons ce travers et nous nous bornerons à deux ou trois anecdotes qui rentrent dans notre sujet sans être encore tombées dans les *ana*.

C'est une tradition universitaire en Allemagne que la Faculté de philosophie de Wurzbourg ayant autrefois reçu sans examen un lord qui avait payé les droits, celui-ci envoya son cheval pour lui faire délivrer aussi un diplôme. Mais la Faculté renvoya la bête en répondant à l'anglais « qu'elle ne recevait que des ânes (1). »

Le chancelier du Grand Frédéric, chargé de la rédaction du Code qui porte le nom de ce roi, avait laissé échapper de sa plume cette naïveté : « Que l'autorité du père sur le fils cesse par la mort du père ou par la mort du fils. » Le baron de Pollnitz qui raconte ce fait à la margrave de Beyreuth, dans une lettre datée à Postdam du 13 février 1751, ajoute : « Le fils du chancelier, qui est ici dans les gardes, et à qui je fis remarquer, il y a quelque temps, cette absence de son père, me répondit plaisamment que je ne devais pas en être surpris puisque son père, en composant le Code, prenait le lait d'ânesse. »

Autre histoire du même temps.

Frédéric n'épargnait ni les promesses, ni les flat-

____

(1) M. Alexandre Buchner, article sur les *Poètes politiques de l'Allemagne depuis 1840,* dans la *Revue contemporaine,* n° du 31 juillet 1868, p. 275.

teries pour attirer à sa cour les savants illustres de
la France qu'il considérait comme sa patrie intellec-
tuelle. Sur une lettre pleine de caresses, Maupertuis
se rendit à Berlin. Avant d'être géomètre il avait été
mousquetaire et capitaine de dragons. Il voulut ac-
compagner le Roi à l'armée, partager ses dangers,
assister à ses triomphes. « Maupertuis qui avait cru
faire une grande fortune, dit Voltaire, s'était mis à
la suite de cette campagne, s'imaginant que le Roi
lui ferait au moins fournir un cheval. Ce n'était pas
la coutume du Roi. Maupertuis acheta un âne deux
ducats le jour de l'action et se mit à suivre Sa Majesté sur son âne du mieux qu'il put ; sa monture
ne put fournir la course (1). » Jordan, pour dissimu-
ler sans doute la lésinerie du Roi, son maître, dit
que Maupertuis « emporté par *son cheval* qui le
mena au milieu d'un parti de hussards, fut appré-
hendé, dévalisé, et arriva au camp autrichien dans
le plus complet dénûment (2). » « Il fut, ajoute
Voltaire, dépouillé dans la forêt Noire, où il était

(1) VOLTAIRE, *OEuvres complètes*, édit. de Lequien, t. I,
p. 314, *Mém. pour servir à la vie de M. de Voltaire,
écrits par lui-même*.

(2) Lettre de Jordan à Frédéric, du 12 mai 1841, datée
de Breslau. *OEuvres de Frédéric-le-Grand*, Berlin, t. XVII,
p. 109.

comme Don Quichotte faisant pénitence. On le mit
tout nu. Quelques housards, dont un parlait français, eurent pitié de lui, on lui donna une chemise
sale et on le mena au comte de Neuperg qui lui
prêta cinquante louis, avec quoi il prit le chemin
de Vienne comme prisonnier sur parole (1). »
A Vienne, la princesse de Lichtenstein, l'impératrice
Marie-Thérèse, l'Empereur et tous les grands firent
fête à l'envi au savant qui fut, bientôt après, rendu
à la liberté sans rançon. C'est ainsi que le baudet,
qui semblait conduire Maupertuis à sa perte, l'ache-
mina vers des succès inattendus. Toute cette aventure de l'âne de bataille de Maupertuis est racontée
avec beaucoup d'agrément par M. G. Desnoiresterres
dans son histoire de *Voltaire et Frédéric* (2).

§ 2. *Le Blason.*

La plupart des peuples, des Rois et des grands ont
adopté comme pièces principales de leurs armoiries

(1) VOLTAIRE, *OEuvres complètes*, édit. Beuchot, t. LIV,
p. 325 et 323. Lettre de Volt. à M. de Valori, Bruxelles,
2 mai 1744, et Lettre à Cideville, Bruxelles, 27 mai 1744.
(2) P. 295-298.

des bêtes féroces, des oiseaux de proie et jusqu'à des animaux immondes.

La Hollande et la Belgique ont pris le lion, l'Angleterre les léopards. Un serpent figure dans les armes du Mexique; il est vrai qu'il est étranglé par une aigle; mais l'aigle, que plusieurs nations de l'Europe se sont disputée, vaut-elle mieux que le serpent? Le serpent rampe et l'aigle vole, ce qui sourit davantage à l'imagination; l'aigle était l'oiseau de Jupiter et les aigles romaines ont conquis tout ce que les anciens connaissaient du globe terrestre. Mais si, des hauteurs historiques et mythologiques, on en revient à la réalité, de quelles vertus, de quel genre de mérite l'aigle peut-elle être le symbole? Écoutez sur ce point l'avis d'un homme dont le génie et le bon jugement sont incontestables. Lorsque les États-Unis secouèrent le joug de l'Angleterre, il fut question de constituer un ordre des chevaliers de Cincinnatus et de donner à ces chevaliers, qui devaient former une noblesse héréditaire, une décoration dont l'aigle aurait été le principal ornement. Franklin plaisanta spirituellement et mathématiquement sur la noblesse héréditaire et ajouta : « Quant à l'aigle j'aurais désiré qu'on ne l'eût pas choisie pour emblême; c'est un oiseau trop peu estimable et qui se procure sa subsistance d'une manière immorale... Si un oiseau

industrieux porte à son nid la nourriture de sa compagne et de ses petits, l'aigle fond sur lui et la lui
enlève. Ses injustices ne le rendent pas plus heureux; semblable à ces hommes qui ne vivent que de
vols et de rapines, il est ordinairement pauvre et
couvert de poux. D'ailleurs c'est un poltron fieffé.
Le petit *roitelet*, moins gros qu'un moineau, l'attaque audacieusement et le force à sortir des lieux
qu'il habite. Il n'est donc propre, en aucune manière, à servir d'emblème aux honnêtes et braves
chevaliers de Cincinnatus qui ont au contraire,
chassé de notre pays tous les *roitelets* et il convien-
drait beaucoup mieux à ceux que les Français appellent des *Chevaliers d'industrie* (1). »

Le bon sens des Américains les fit renoncer à l'aigle; mais le bon sens n'est pas le principal mérite
des grandes nations de l'Europe : la vanité, le désir
d'effrayer ses voisins, de les déchirer, de les piller,
de ce qu'on appelle enfin la gloire militaire, l'emporte sur toute autre considération. L'aigle devint
donc la pièce honorable par excellence des armes
de France. La Prusse l'adopta noire, sans doute dans

(1) FRANKLIN, *sur l'ordre de Cincinnatus et la noblesse
héréditaire*, dans les *Mélanges de morale, d'économie et de
politique*, 2 vol. in-18, Paris, 1824, t. II, p. 79-84.

l'espoir qu'elle porterait en plus d'une contrée le deuil et la désolation. L'Autriche, si orgueilleuse et si puissante au xviiᵉ siècle, et l'ambitieuse Russie firent mieux encore : elles donnèrent à leurs aigles deux têtes et deux becs crochus pour indiquer apparemment qu'elles entendaient avoir double proie.

Beaucoup de hauts et puissants seigneurs ont placé, dans leurs armoiries, le sanglier ou sa hure. La maison des Porcelets d'Espagne porte d'or à une truie de sable....

Pourquoi, de préférence à toutes ces bêtes aux instincts bas ou sanguinaires, n'avoir pas adopté pour emblèmes des animaux paisibles, honnêtes, vertueux ? L'étendard Royal de Hanovre était le seul qui en fournit un exemple : il était orné d'un cheval courant à dextre; mais le Hanovre n'existe plus.

Sous le règne heureux du Roi Louis-Philippe la France ornait ses étendards du coq Gaulois, animal vigilant, utile et courageux. Mais le coq fut un jour évincé, l'aigle revint.... Hélas !

Et personne, du moins en France, ne semble avoir pensé à l'âne !

Les Daces l'avaient mis au bout des hampes de leurs drapeaux (1). S'ils avaient eu des armoiries,

____

(1) V. plus haut, p. 276, sur *Les Proverbes menteurs*.

l'âne en eût été l'ornement, car les armoiries repro-
duisent toujours les insignes des bannières et des
pennons.

Quelques maisons, il est vrai, ont employé dans
leur blason l'âne, ou sa tête ou ses oreilles; mais ce
sont des maisons d'Allemagne brillant dans l'histoire
d'un éclat si modéré que nul n'en a peut-être entendu parler.

J'ai vu des armoiries « d'argent fretté de gueules
chargées de neuf besans d'or, dont le cimier est sur-
monté d'une tête et d'un col de mulet ou d'âne au
naturel, sortant de la couronne qui est sur le casque
et de plus ornées à dextre et à sénestre de volumineux lambrequins, l'un de gueules et l'autre de si-
nople. » C'était la tête de l'âne qui surmontait tout
et attirait l'œil du regardant (1).

« V. Helldorf, en Allemagne, porte d'argent à un
demi-asne de sable coupé et contourné, la coupure
ou taillure de gueules dégouttant de sang (2). »

« Die Riedesel zu Bellersheim, en Saxe, porte d'or

(1) *La science héroïque*, par *Marc* DE WLSON, *sieur* DE
LA COLOMBIÈRE, avec planches coloriées, 1 vol. in-f°,
Paris, 1669, chap. XL, *Des Cimiers*, n° 13, page 446.

(2) *Ibid.*, chap. XXVII, n° 226, p. 311.

à une tête d'asne de sable mangeant un chardon au naturel, feuillé de mesme (1). »

Voici une armoirie plus curieuse encore, et toujours en Allemagne : « La maison Die Janorinski, porte d'argent à un buste d'homme sans barbe, posé de tiers-point, le visage et la teste au naturel, avec des oreilles d'asne et n'ayant aucun bras, habillé d'azur. C'est le hiéroglyphe d'un juge incorruptible qui doit beaucoup ouïr et ne se laisser jamais corrompre par présents (2). » Ajoutons que cette « teste au naturel » c'est-à-dire de carnation ou de couleur de chair a les yeux très-grands ouverts et que ses oreilles d'âne sont aussi au naturel, étant peintes en gris.

On aurait bien dû exposer ce type de l'incorruptibilité dans les prétoires de nos anciens magistrats. Dans tous les degrés de juridiction, depuis le XIIIe siècle jusqu'au XVe ils prenaient des plaideurs et de toutes mains or et argent, robes et victuailles, soit directement et par eux-mêmes, soit par l'intermédiaire de leurs femmes, de leurs enfants et de leurs domestiques qui leur rendaient compte (3). Au XVIe

(1) *Ibid.*, n° 227, p. 311.

(2) DE LA COLOMBIÈRE, *Ibid.*, chap. XXXIV, n° 44, page 214.

(3) Voir mon traité *Du droit de propriété et de trans-*

siècle, c'était une véritable fureur de rapine (1). Au
XVIIe siècle, cette cupidité se calmait un peu, mais
sans s'éteindre et Racine exprimait ce qui se voyait
encore souvent, lorsqu'il faisait dire par le portier
du juge Perrin Dandin :

On avait beau heurter et m'ôter son chapeau,
On n'entrait point chez nous sans graisser le marteau.
Point d'argent, point de Suisse et ma porte était close.
Il est vrai qu'à Monsieur j'en rendais quelque chose :
Nous comptions quelquefois. On me donnait le soin
De fournir la maison de chandelle et de foin :
Mais je n'y perdais rien. Enfin, vaille que vaille,
J'aurais sur le marché fort bien fourni la paille (2).

Les prévarications qui s'étaient commises dans
l'origine *sous couleur* de menus présents de dra-
gées et d'épices, n'avaient pas tout-à-fait disparu,
même au Parlement de Paris, vers la fin du XVIIIe

mission des *offices ministériels, de ses précédents historiques,*
etc., 1 vol. in-8°, Paris, 1840, — et mes *Origines de
l'Hist. des Procureurs et des Avoués du Ve au XVe siècle,*
1 vol. in-8°, Paris, 1868.

(1) Voir dans les *Mém. de la Société des Antiquaires de
France,* t. XXIII (année 1857), mon travail intitulé :
*Tableau des principaux abus existant dans le monde judi-
ciaire au XVIe siècle.*

(2) *Les Plaideurs,* I, 1.

siècle. La femme du conseiller Goëzman provoquait les cadeaux d'argent et de bijoux et ne rougissait pas de dire « que quand son mari était rapporteur d'un procès elle savait bien plumer la poule sans la faire crier. » Elle avait exigé de Beaumarchais, qui plaidait au Parlement contre les héritiers Pâris Duvernay, deux cents louis et une montre enrichie de diamants pour lui faire obtenir une audience de son mari. Beaumarchais, son procès perdu, n'était pas homme à se laisser « plumer sans crier. » Il fallut lui rendre la montre et les deux cents louis. Mais Mme Goëzman refusa de restituer quinze autres louis qu'elle s'était fait donner pour les remettre, disait-elle, au secrétaire de son mari. L'affaire fit grand bruit. Beaumarchais n'en fut pas fâché. La corruption dont il révélait le secret et les détails souleva l'indignation publique et ne contribua pas peu aux succès des premiers mémoires judiciaires de l'auteur du *Barbier de Séville* (1).

Quant aux yeux grandement ouverts, d'aucuns prétendent qu'ils seraient encore aujourd'hui d'un bon exemple dans nos tribunaux, où parfois les juges s'endorment... — Quels sont ceux qui disent cela ?

(1) Voir les mémoires contre le conseiller Goëzman, contre sa femme et leurs complices, dans les *Œuvres complètes de Beaumarchais*, 6 vol. in-8°, Paris, 1821, t. III.

— De mauvaises langues ! — Des juges dormir à
l'audience ! jamais cela ne s'est vu. S'ils ferment
les yeux, ne croyez pas que la chaleur de la température et le débit monotone d'un avocat ennuyeux
(il y en a) les aient assoupis. Ce qu'ils en font n'est
que pour se mieux recueillir, rentrer plus complétement en eux-mêmes, descendre au fond de leurs
consciences et s'isoler des objets extérieurs qui pourraient distraire leur attention. S'ils se laissent couler dans leurs fauteuils, si leur menton aspire à
rejoindre leur abdomen, s'ils ronflent enfin !...
n'en croyez point ces apparences trompeuses. La
justice veille toujours. Les décorations de nos prétoires ont pourvu, d'ailleurs, à ce que ces apparences
ne puissent longtemps se prolonger ; partout les
bureaux placés devant nos magistrats sont ornés
d'un tapis vert qui descend jusqu'à terre et permet
au président de toucher légèrement du pied ses as-
sesseurs de droite et de gauche sans que le public
s'en aperçoive. Ceux-ci, avertis de l'erreur dans
laquelle pourrait tomber l'auditoire, se redressent
sur leurs siéges avec toute la soudaineté d'un diable
sortant d'une boîte à surprise ; ils ouvrent des
yeux aussi grands que ceux du jouvenceau des
armes des Janorinski, et le plaideur, qui croyait
Thémis endormie, voit bien qu'il s'était trompé.

§ 3. *Les Chardons.*

Quoi ! s'écriera le lecteur, allez-vous maintenant vous étendre sur les chardons ? Passez outre, passez, passez ! — Impossible ! Le chardon et l'âne sont inséparables, et c'est surtout dans le choix de l'espèce de chardon par lui préférée que l'âne fait voir sa sobriété, car il y a chardons et chardons, comme il y a fagots et fagots; il y a même infiniment plus d'espèces de chardons que d'espèces de fagots, puisque, malgré la réforme du genre chardon, on en compte encore une cinquantaine de variétés (1).

Servez à un âne une collection complète de chardons. Croyez-vous qu'il se jette sur tous indistinctement ? Non. A peine s'arrêtera-t-il au *carduus vinearum repens* (le chardon rempant des vignes). Le *polyacanthus*, le *carduus benedictus* (le chardon béni), le *dipsachus sativus* ou *carduus fullonum*, que l'on cultive pour obtenir le parallélisme des fils des matières textiles, le *carduus solstitialis*, qui mûrit au solstice d'été, l'*echinopus major*, ainsi

(1) D'ORBIGNY, *Dictionnaire universel d'Histoire naturelle*, v° *Chardon*.

nommé à raison de l'énormité de ses piquants, le *cal-
citrapa* ou chardon étoilé, aussi appelé chausse-trape,
le *carduus Marianus* (chardon Marie ou de Notre-
Dame), sorte d'artichaut sauvage aux feuille mer-
veilleusement argentées, l'*eryngium* lui-même, en
dépit de ses cent têtes, n'obtiendront de Martin
qu'un regard indifférent. Tout cela, se dira-t-il, est
bon pour les hommes. C'est sur le *carduus foliis
tormentosis*, c'est-à-dire sur le chardon aux feuilles
remplies de bourre qu'il fixera son choix. Or, ce
chardon est de tous le plus commun, celui qui croît
dans les lieux les plus incultes, dans les terres les
plus ingrates. Il aura laissé les autres espèces aux
savants, aux médecins, aux industriels, aux coquettes et même aux têtes couronnées.

Les disciples d'Hippocrate viendront recueillir la
plupart des espèces dédaignées par Aliboron. Ils
feront sécher ou torréfier les unes, infuser les autres.
Il prescriront le chardon béni comme un bon sudorifique, un puissant alexitère, un utile fébrifuge ;
ils l'emploieront à rendre l'éruption de la petite vé-
role facile et bénigne ; ils ordonneront le chardon à
carder comme un antiputride et un diurétique aussi
efficace que l'asperge ; le *solstitialis* fera transpirer ;
l'*echynopus major* guérira de la pleurésie et de la
goutte sciatique ; le chardon étoilé préviendra les

douleurs de la néphrétique et dissipera les obstructions ; le chardon Notre-Dame sera employé contre les points de côté, les inflammations et les fièvres exanthématiques. L'*eryngium*, depuis son pétale le plus élevé jusqu'à sa moindre radicelle, s'emploiera, confit ou non, avec ou sans sa graine, et guérira de tout, même de la vieillesse, ou du moins d'une partie de ses infirmités, ainsi que l'*eryngium marinum*, que l'on conservera en outre pour la phthisie.

Quand les docteurs auront fait leurs petites provisions, les cardeurs, les bonnetiers, les drapiers, les couverturiers seront trop heureux de glaner les restes du *dipsacus sativus* qu'on aura bien voulu leur laisser.

Après eux les Espagnols des provinces de Valence et d'Andalousie viendront détacher de l'*echynopus major* les feuilles naissantes chargées d'un coton qu'ils feront bouillir dans une lessive de cendres de sarment et ce coton, ainsi préparé, leur servira de mèche ou d'amadou pour allumer leurs cigares. Le moxa des Chinois ne serait pas, dit-on, autre chose.

Est-ce tout ? Pas encore ! Les dames auront leur part de cette plante aux vertus universelles : la liqueur que contient l'aisselle des feuilles du *dipsacus sativus* est estimée comme un excellent cosmétique ;

aussi l'appelle-t-on *bain de Vénus*. Il est passé de mode ; mais ce cosmétique, fort apprécié il y a cent ans, pourrait revenir comme les paniers et la poudre qui ont reparu sur les hanches et sur la tête des belles et même des laides... s'il y en a toujours.

Grands Dieux ! j'allais oublier une propriété merveilleuse du *carduus vinearum repens*, improprement appelé chardon aux ânes. On prétend, dit un savant, « que sa tige desséchée, portée dans la poche, guérit les hémorroïdes ; mais cette vertu, ajoute gravement l'auteur, est une idée populaire contraire aux lumières de la saine physique, car il faudrait de prodigieuses émanations pour produire un effet aussi sensible (1). »

N'omettons pas non plus de constater que le chardon, fort honoré en Écosse, y figurait dans les armoiries de plus d'une grande maison.

Franklin dit qu'il existait quelque part un ordre du chardon, dont il nomme les chevaliers entre ceux

____

(1) Sur ces diverses espèces de chardons et sur leurs propriétés vraies ou supposées, v. *Dict. universel d'Hist. naturelle de* VALMONT DE BOMARE, v° *Chardon*, in-8°, Paris, 1775, et la plupart des ouvrages de médecine et de pharmacie du XVIII° siècle. — Il nous paraît superflu d'ajouter que le XIX° siècle a bien changé tout cela.

de l'ordre du Bain et les chevaliers de Saint Louis (1).
Franklin se trompe lorsqu'il parle *d'un* ordre du
chardon ; il y en a eu deux, l'un en France et l'autre
en Écosse. Le chardon figurait en outre parmi les
insignes d'un ordre anglais.

L'ordre anglais est celui de la Jarretière établi par
Édouard III, en 1347, pour vingt-six chevaliers en
l'honneur de la Comtesse de Salisbury. La principale
marque distinctive de cet ordre est une jarretière de
soie bleu céleste, mise au genou gauche et sur laquelle on lit la devise *Honny soit qui mal y pense.*
L'autre insigne, qui se porte au col et seulement
dans les cérémonies « est un grand collier, qui est
une jarretière à plusieurs doubles entremêlés de
roses blanches et rouges, qui fut augmentée par
Henri V, roi d'Angleterre, de roses nouées et entre-
lacées de nœuds en lacs d'amour de soie noire, au
milieu des quels le roi Jacques fit mettre des *char-*
dons d'or, tirés de l'ordre d'Écosse (2). » Ici le chardon n'est qu'un accessoire.

Il est la décoration principale, dans *l'ordre du*
chardon ou de Saint-André, fondé ou restauré en

(1) FRANKLIN, sur *l'ordre de Cincinnatus et la noblesse*
héréditaire. p. 78.

(2) DE LA ROQUE, *Traité de la noblesse,* ch. CIX, 1 vol.
in-4°, Paris, 1710, p. 436.

1534 par Jacques V pour douze chevaliers seulement. « Le collier était composé de chardons entrelassés ensemble, au bas du quel pendait l'image de Saint-André, patron de l'Écosse, avec ces mots : *Nemo me impune lacesset*, (*nul ne me touche impunément*), comme on le voit au portrait de Jacques V, roi d'Écosse, qui est dans une salle de Whitehall, à ceux de plusieurs chevaliers, aux sceaux de l'ordre et enfin au sceau de l'infortunée Marie Stuart, où l'on voit le collier de cet ordre autour des armes de cette princesse. » L'ordre du chardon, institué pour la défense de la religion catholique, disparut lorsque le catholicisme fut à peu près anéanti en Écosse. Jacques II le rétablit en 1687 et fit au château de Windsor quelques nouveaux chevaliers qui le suivirent en France lorsqu'il vint y demander l'hospitalité à Louis XIV (1). Hors des cérémonies, la décoration était « une médaille d'or au milieu de laquelle il y avait un chardon couronné d'une couronne impériale, avec la devise *Nemo* etc. (2). »

(1) Le P. HÉLYOT, *Histoire des ordres monastiques religieux et militaires*, in-4°, Paris, 1749, t. VIII, chap. LXII, p. 388, et DE LA ROQUE, chap. CIX, p. 436.

(2) Le P. HÉLYOT, *ibid. — Dissertationi storiche e critiche sopra la cavalleria antica e moderna, secolare e regolare, di* ONORATO DA SANTA MARIA, lib. I, dissert. VII,

L'*ordre* français *du chardon*, appelé parfois l'ordre
de l'écu d'or ou l'ordre de l'espérance, avait été institué par Louis II, duc de Bourbon, en 1368 ou 1370,
à son retour d'Angleterre où il avait partagé la captivité du roi Jean. On n'y recevait que vingt-six
chevaliers « nobles et sans reproche. » Ils portaient
une ceinture où était brodée la tête d'un chardon.
Aux grandes solennités, sur un très-riche costume,
ils étaient décorés « d'un grand collier d'or fin, du
poids de dix marcs, au bout duquel pendait sur
l'estomac une ovale dans laquelle était l'image de la
Sainte Vierge, entourée d'un soleil d'or et couronnée
de douze étoiles avec un croissant sous ses pieds, et
au bout une tête de chardon émaillée de vert (1). »
« Le collier, dit Philippes Moreau, était fait de fleurs
de lys et de chardons d'or et d'argent. La devise était
le mot *Espérance* (2). » Cet ordre, fort recherché par
les plus grands seigneurs, a depuis longtemps disparu « quoique l'abbé Giustiniani ait donné une
chronologie de ses grands maîtres depuis Louis II,

p. 148 ; le collier est représenté parmi les planches, sous
le n° XXX. 1 vol. in-4°, Brescia, 1764.

(1) Le P. Hélyot, t. VIII, chap. XLVII, p. 319, et
De la Roque, ch. CVIII, p. 435. — V. Onorato da
santa Maria, *ibid.*, p. 152.

(2) De la Roque, ch. CVIII, p. 435.

duc de Bourbon, jusqu'à Louis-le-Grand (1). »

On voit que les chardons, aujourd'hui simple pâture des baudets, ont eu leur temps de gloire. Ils ont brillé dans plus d'une cour, excité la convoitise de hauts personnages, resplendi sur leurs poitrines et senti palpiter le cœur de Marie Stuart. Plût à Dieu que leur devise eût été une vérité pour cette reine, si française de grâce, de cœur et d'esprit, assassinée deux fois par une impitoyable rivale qui, après l'avoir torturée vingt ans, lui fit trancher la tête et soudoya la calomnie pour atténuer l'horreur de son crime. En arrachant tout à la fois à Marie la vie et l'honneur, la digne fille d'Henri VIII ne se doutait guère qu'en échange des couronnes de France et d'Écosse qu'avait portées cette tête (hélas! trop belle!), elle lui donnait celle du martyr et qu'un jour il se lèverait en faveur de l'infortunée de nombreux vengeurs qui réhabiliteraient la victime, démasqueraient les diffamateurs et voueraient la Reine régicide « et sa coquetterie sanguinaire (2) » à la justice des siècles futurs.

(1) Le P. Hélyot, t. VIII, ch. XLVII, p. 324.

(2) Expression de Mme de Staël. La mémoire de Marie Stuart, en dépit des efforts du fanatisme protestant, a été réhabilitée par plusieurs écrivains anglais et français.

Voici l'indication de leurs ouvrages : — Keith' *History*

*of the affairs of church and state in Scotland, from the beginning of the reformation in the reign of the King James V,
to the retreat of queen Mary into England, anno* 1568, in-f°. Édimb., 1734. — WALTER GOODALL, *An examination
of the letters said to be written by Mary, queen of Scots, to
James, earl of Bothwell. An inquiry into the murder of King
Henry,* 2 vol. in-12, Édimb., 1754. — TITLER, *An inquiry
historical and critical into the evidence against Mary, queen
of Scots,* 4 vol. in-8°. Édimb., 1772. — GAILLARD, dans
son *Histoire de la rivalité de la France et de l'Angleterre,*
1771-1777. — JOHN WHITAKER, *Mary, queen of Scots, vindicated,* 3 vol. in-8°, London, 1790. — L. DE SEVELINGES,
Histoire de Marie Stuart rédigée d'après des actes authentiques et enrichie de pièces inédites 2 vol. in-8°, publiés
avant 1820. — GEORGES CHALMERS, *The life of Mary, queen
of Scots, drawn from the state papers, with subsidiary mémoirs,* 3 vol. in-8°, 2° édit. Londres, 1822. — MISS AGNÈS
STRICKLAND, *The lives of the queens of Scotland,* t. II-VII,
in-12, Londres, 1852-1858. — L. WIESENER, *Marie
Stuart et le comte de Bothwell,* 1 vol. in-8°, Paris, 1863.
— ALEXANDER M'NEEL CAIRD, *Marie Stuart, her guilt or
innocence,* 1 vol. in-8°, Édimb., 1866. — L. WIESENER,
Marie Stuart et ses derniers historiens, étude publiée dans
la *Revue des questions historiques,* en 1868. — JOHN HOSACK, *Mary, queen of Scots, and her accusers,* 1 vol. in-8°,
Édimb. and London, 1869. — JAMES F. MELINE, *Mary,
queen of Scots, and her latest historian,* 1 vol. in-8°, New-
Yorck, 1872. — Enfin, l'*Histoire de Marie Stuart,* réhabilitation de cette reine infortunée, par M. JULES GAUTHIER ;
œuvre couronnée par l'Académie Française au concours
de 1871 et 1872 (V. le Rapport de M. Patin).

CHAPITRE XVIII.

BIBLIOGRAPHIE. LES ÉLOGES DE L'ANE.

Lorsque l'on traite une matière, c'est un genre d'*habileté* trop commun de garder le silence sur ceux qui l'ont déjà traitée. On est plus coupable encore de profiter de leurs travaux sans en rien dire. Pour ne point risquer d'être plagiaire, même à notre insu, nous n'avons voulu lire aucun des anciens éloges de l'âne avant d'avoir fini le nôtre, et lorsque nous avons pris connaissance des écrits de nos devanciers, nous avons eu la satisfaction de voir que notre travail n'avait guère de commun avec leurs œuvres que le sujet et un certain nombre de faits qui, à raison de leur notoriété, devaient se présenter pour ainsi dire d'eux-mêmes à l'esprit.

Nous allons donc analyser ceux des éloges de l'âne que nous avons pu nous procurer et louer quelques-uns de leurs auteurs, dût-on tirer de notre analyse cette conclusion que nous aurions bien pu nous taire.

Il est inutile de revenir sur la justice rendue à l'âne dans l'antiquité par Homère ou Aristote, par Pline, Columelle ou Varron. Il n'entre pas non plus dans notre dessein d'énumérer les livres d'histoire naturelle ou d'agriculture qui ont traité sérieusement du mérite et de l'utilité de Martin. Il ne s'agit ici que de la réaction qui s'est opérée en sa faveur depuis l'époque de la renaissance. Considéré trop longtemps comme le type de la bêtise et de l'ignorance, il a eu cette heureuse fortune d'être loué, depuis le commencement du XVIᵉ siècle, par des prosateurs et des poètes, par des hommes d'esprit et par des savants, en latin, en italien, en allemand, en français, et sans doute aussi dans d'autres langues.

Cette réaction a pris place, il est vrai, dans un flot d'*Éloges* qui n'étaient le plus souvent que des plaisanteries, des paradoxes ou des satires indirectes contre l'espèce humaine. Elle a fait partie du grand mouvement littéraire renouvelé des Grecs et des Romains. Homère n'avait-il pas chanté le combat des rats et des grenouilles ; Lucien, la mouche et l'art du parasite ; Virgile, les services d'un moucheron (*culex*), l'aigrette (*ciris*), sorte de phénix ou d'oiseau merveilleux, et même le fromage à l'ail, aux fines herbes et au vinaigre, le *moretum*, régal du laboureur; Ovide, le noyer et, paraît-il la puce (*de pulice*), dans des vers un peu libres? Pourquoi la renaissance des lettres n'aurait-elle pas ramené ces jeux d'esprit ? Ils furent un délassement pour les érudits à une époque où ils n'avaient pas, comme nous, les journaux grands et petits, raisonnables ou extravagants, les romans, les feuilletons, les spectacles, trop souvent corrupteurs des mœurs, les bals, les concerts, les courses de chevaux, les jeux de la bourse et du hasard, la villégiature, le *far niente* des villes d'eaux et des bains de mer, et tant d'autres moyens à l'aide desquels nous gaspillons notre existence. L'hébreu, le grec et le latin étaient à peu près leurs seules ressources contre l'ennui : aussi travaillaient-ils toujours et s'ennuyaient-ils rarement, tandis que ceux de nos contemporains qui s'ennuient le plus, sont ceux qui travaillent le moins.

Erasme (de Rotterdam), le grave et respectable théologien et en même temps le plus bel esprit, l'homme le plus aimable et le savant le plus universel de son siècle, donna au mouvement littéraire, dont nous venons de parler, une vive impulsion par son *Éloge de la Folie*, qui date de 1508. Cet écrit, fruit de quelques jours de loisir, est un chef-

d'œuvre de raison et de bon goût, une satire spirituelle et charmante de tous les âges de la vie et de
toutes les professions, depuis la plus infime jusqu'à
celles des cardinaux, des papes et des rois. Léon X
s'empressa de le lire et, loin de s'en fâcher, dit en
souriant : « Notre Erasme a aussi son grain de folie. » Le succès de cet opuscule fut tel, au moment
de son apparition, qu'il en fut publié, en France
seulement, jusqu'à sept éditions en quelques mois.

Dès lors, on vit tous les savants de Hollande, d'Allemagne et d'autres pays, du nord de l'Europe particulièrement, se piquer d'honneur. Chacun voulait
tenter un succès pareil ; chacun lançait son *Encomium*, soit en vers, soit en prose, mais presque toujours en latin. L'éloge le moins attendu, le plus
paradoxal, était le mieux accueilli. C'était comme
une sorte de tournoi littéraire où les érudits le plus
en renom ne dédaignaient pas de faire assaut de
savoir, d'imagination et d'esprit. On y disait aussi
bien des vérités en riant. Les uns firent l'éloge du
vin et de l'ivresse, d'autres celui de la mendicité,
de l'injustice, de la cécité, du mensonge, de l'envie,
du froid et de la fièvre, de la vieillesse, de la goutte,
et même de la mort. Dornaw écrivit les éloges du
chêne et du pommier, Passerat ceux du figuier, de
l'olivier, du laurier, du palmier. Les fleurs, les lé-

gumes eurent leurs apologistes. On blasonna les
animaux les plus nobles aussi bien que les plus immondes, et même des insectes très-incommodes, tels
que l'escarbot, la fourmi, la mouche, l'araignée, et
l'on peut dire avec vérité que l'éloge du poux (*laus
pediculi*) de Daniel Heinsius est un des plus piquants et des plus amusants opuscules de ce genre.
Gaspard Dornaw, médecin et littérateur saxon, né
eu 1577, et qui, comme on vient de le voir, avait
payé plus d'une fois son tribut à cette mode du
temps, a réuni, sous un titre bizarre, en deux volumes in-f°, publiés en 1619, et d'une très-fine impression, plus de six cents éloges sur les sujets les
plus divers, extraits des auteurs de l'antiquité ou
composés par ses devanciers et ses contemporains (1).

C'est aux éloges de l'âne, publiés depuis la fin du
XVe siècle jusqu'à nos jours, que nous devons bor-
ner cette notice bibliographique ; encore sera-t-elle

(1) *Amphitheatrum Sapientiæ Socraticæ joco-seriæ*, h. e.
encomia et commentaria autorum (*sic*) qua veterum qua
recentiorum prope omnium, ad mysteria naturæ discenda,
utilissimum, in duos tomos partim ex libris editis, partim
manuscriptis, congestum, tributumque a CASPARE DORNAVIO,
philosopho et medico. — 2 vol. in-f°, Hanoviæ (Hanaw,
Duché de Hesse-Cassel), 1619.

incomplète, plusieurs de ces opuscules étant écrits
dans des langues que nous ne connaissons pas, et
d'autres, dont nous avons à peine découvert les
titres, ayant échappé à nos recherches.

— L'un des premiers éloges de l'âne composés
à cette époque, est sorti de la plume d'Henri Corneille Agrippa, de Nettesheim ; il commence par ces
mots : « Pour qu'on ne me fasse pas un crime d'a-
voir appelés *ânes* les Apôtres, je vais en peu de
mots expliquer le sens mystique de l'âne (1)...; »
début singulier qui ne saurait, comme le reste,
être compris qu'à l'aide de certains détails biogra-
phiques.

Agrippa, médecin et philosophe très-illustre en
son temps, était né à Cologne en 1486. Après avoir
servi dans les armées de Maximilien Ier, il étudia le
droit, la philosophie, la médecine et les langues
anciennes, voyagea en France et professa l'hébreu à
Dole, d'où il fut banni par suite de ses querelles
avec les cordeliers. Il donna des leçons en Angle-

(1) « Ne quis me calumnietur quod Apostolos vocarim
asinos, ipsius asini mysteria... paucis explicabimus... »
Henrici Cornelii AGRIPPÆ, ab Nettesheym, *Encomium Asini*.
Se trouve dans le Recueil de Dornaw, t. I, p. 198.

terre, éleva une chaire de théologie à Cologne, fut
envoyé par un cardinal, en qualité de théologien,
au concile de Pise, ouvrit des cours publics à Paris,
puis à Turin, ne put se fixer nulle part, obtint des
fonctions à Metz, d'où il fut encore contraint de
s'éloigner à cause de nouvelles querelles religieuses
auxquelles on mêlait contre lui l'accusation de
sorcellerie. A Fribourg (en Suisse), à Genève, con-
tinuation de sa vie errante et précaire. En 1524,
dix-huit ans après avoir été reçu docteur, il s'établit à Lyon, où il exerça la médecine avec tant
d'éclat que Louise de Savoie, mère de François Ier,
le nomma son médecin. Elle voulut aussi qu'il fut
son astrologue, et l'on ne sait pourquoi il s'y refusa,
s'étant mêlé plus tard de pronostiquer l'avenir et
de cultiver les sciences occultes. Chassé de France
et sollicité par plusieurs souverains de se fixer dans
leurs États, il accepta la charge d'historiographe de
l'empereur Charles IV, fut accusé de magie, empri-
sonné à Bruxelles, se réfugia à Cologne, osa revenir
à Lyon où il fut arrêté pour avoir écrit contre la
Reine-mère, et finit à Grenoble, dans un hôpital, en
1535, son aventureuse existence (1). C'est bien cer-

(1) V. dans la *Biographie universelle* de Michaud, v°
Agrippa, l'article de M. GUIZOT sur ce personnage singulier.

tainement à la suite de quelque démêlé théologique où il avait traité d'âne ses adversaires qu'Agrippa, sous prétexte de se justifier, écrivit son *Encomium*.

L'âne, dit-il, était pour les docteurs hébreux le symbole du courage, de la force, de la patience et de la douceur ; il réunit toutes les qualités d'un sage : il est sobre, content de peu, souffre sans se plaindre la faim, le travail, les coups, les persécutions. Il est simple et pauvre d'esprit ; exempt d'aigreur il vit en paix avec les autres animaux ; il accepte les plus lourds fardeaux et rend d'innombrables services. Son aspect est de bon augure (l'exemple de Marius est cité). Dans l'ancienne loi, Dieu lui-même fit à l'âne et à l'homme cet honneur de les dispenser de lui sacrifier leurs premiers-nés. L'âne assiste à la naissance du Christ, le sauve des persécutions d'Hérode et le porte en triomphe à Jérusalem. Ne dit-on pas proverbialement que l'âne porte les choses sacrées, *asinum portare mysteria ?* Tenez-vous donc pour avertis, professeurs fameux, que si vous ne consentez à secouer le bagage des sciences humaines, vous ne serez jamais bons à propager la parole de Dieu (1). Apulée eût-il été

---

(1) « In quem (asinum) nisi versi fueritis, divina mysteria portare non poteritis... »

initié aux mystères d'Isis s'il n'eût été d'abord métamorphosé de philosophe en âne ? N'est-ce pas par
la bouche des ânes, je veux dire de disciples illettrés
et simples, que Jésus-Christ a confondu la vaine sagesse des docteurs de la loi ? Les Romains appelaient
les premiers chrétiens *asinarii ;* ils ont peint le Sauveur avec des oreilles d'âne ; c'est Tertullien qui
l'atteste (1). Que nos pontifes et nos abbés ne se
tiennent donc pas pour insultés si, les comparant à

(1) Les Romains appelaient les premiers chrétiens *asinarii, les âniers,* prétendant qu'ils adoraient une tête d'âne.
Tertullien dit, il est vrai, que le Dieu des chrétiens a été
représenté avec des oreilles d'âne, et de la corne au pied,
vêtu d'une robe et portant un livre, et qu'au bas de l'image
était cette inscription : *Deus Christianorum ononychites,*
(le Dieu des Chrétiens, à sabot d'âne) ; mais il constate que
cette effigie était l'œuvre d'un païen mercenaire, malveil-
lant, hostile aux chrétiens ; c'était donc une sorte de cari-
cature destinée à livrer au ridicule la religion nouvelle.
« Mercenarius noxius picturam proposuit cum ejus modi
inscriptione : *Deus Christianorum ononychites.* Erat auribus
asininis, altero pede ungulatus, librum gestans et togatus.
Risimus et nomen et formam... » Tertulliani *Apologeticus,*
cap. XVI : *De capite asinino et cœteris insignibus quorum
cultura christianis objiciebatur.* — V. aussi ce que nous
avons dit sur cette question au commencement de notre
chap. IX, p. 165 et 166.

ces colosses de savoir, nous leurs disons qu'ils ne sont que des ânes (1).

— *L'éloge de l'âne* a été écrit en italien, au commencement du XVIe siècle, par l'un des poètes les plus célèbres de la Toscane, par François Berni, (de Lamporechio) (2). Ce morceau fait partie des *Rime burlesche* publiées à Venise en 1538, deux ans après la mort de l'auteur. Le caractère facétieux de Berni et le titre du recueil de 1538 ne permettent guère de douter qu'il ait traité plaisamment son sujet. Il n'est pas défendu d'avoir raison en riant.

> . . . . Ridentem dicere verum
> Quid vetat? (3).

— Nous trouvons, vers la même époque, *L'oraison funèbre de l'âne Ponocrate, prononcée par le moine Cipole, son maître, et recueillie par Guillaume Canter* (4). Canter, l'auteur de cette prétendue oraison

(1) « . . . Quocirca jam non indignentur, nec sibi opprobrio reputent nostri pontifices et abbates, si apud istos scientiarum giganteos elephantes, asini sint atque vocentur. »

(2) *Capitolo in lode dell'asino.*

(3) Hor. Sat. I, 1.

(4) *Cipoli monachi in asinum Ponocratem oratio funebris,*

funèbre, était l'un des plus infatigables et des plus
graves érudits de la Hollande. Son opuscule est une
petite pièce charmante où sont exposés les principaux mérites de l'âne, ses bonnes qualités, ses aptitudes, l'utilité de sa peau, de ses os, etc. Le sérieux
s'y mêle à un spirituel enjouement et parfois à une
ironie fine et contenue, par exemple lorsqu'il s'agit
des vertus médicinales attribuées par Galien et les
princes de l'art, à tant de parties diverses d'un baudet que son corps est une pharmacie complète (1).
Canter nous revèle même une vertu dont nous n'a-
vions pas trouvé d'indice ailleurs, c'est la propriété

interprete Gulielmo Canter. Dornaw, I, 493. — Canter,
né à Utrecht en 1542, mort en 1575. — Ce nom de
Ponocrate formé de 2 mots grecs, Πόνος et Κράτος, veut
dire courageux au travail. C'est le nom d'un précepteur de
Gargantua, que Canter emprunte à Rabelais.

(1) « . . . . Medicinam per totum quodammodo corpus
dispersum (*sic*) in se continere... » *Ibid*. p. 494. « Eussé-
je cent langues et autant de bouches qu'Argus avait d'yeux
sur le corps, a dit Van den Eynde, (dont nous parlerons
tout-à-l'heure) à peine pourrais-je indiquer sommairement
les innombrables remèdes dont l'âne fournit la matière... »

Non mihi, si linguæ centum sint, ora quot Argo
Lumina quæ totum per corpus sparsa loquantur,
Pharmaca quot præbent asini percurrere possim .. »
Dornaw, *Ibid*. p. 495.

attribuée à l'urine et au fiel de l'âne, de faire disparaître les taches du visage (1). Si grande est la douleur du moine d'avoir perdu son cher Ponocrate, que, pour le retrouver dans un meilleur monde, il consentirait à être métamorphosé en âne. Il est tellement pénétré des vertus d'un baudet en général et de celles de Ponocrate en particulier, qu'il termine son pieux discours en souhaitant, d'un grand sérieux, à ses auditeurs de devenir ânes, tous, et le plus tôt possible. C'est sa bénédiction finale.

— Cette oraison funèbre plaisait tant à Jacob Van den Eynde (de Haemstade), illustre poète hollandais, qu'il la mit en vers hexamètres latins. Il suit pas à pas son modèle et son poème n'est pas sans mérite; mais il a le tort de la plupart des imitations : il est inférieur à l'original dont il n'a ni la grâce ni le naturel. Il doit faire partie des poésies de Van den Eynde publiées à Leyde en 1611. On le trouve aussi dans le Recueil de Dornaw, immédiatement après la prose de Canter (2).

____

(1) « Urina faciei maculas eluit, ut et fel. » *Ibid.* p. 494.

(2) *Eadem oratio a* Jacobo Eyndio, *ab Hæmstede Zelando, versu reddita.* Dornaw, I, p. 495. — Van den Eynde né à Delft vers 1575, mort en 1614.

— Un saxon, sous le nom de Jean de Lauterbach,
a donné, à son tour, un *Éloge de l'âne* en 118 vers
latins, alternés hexamètres et pentamètres (1). L'auteur a-t-il pris son véritable nom? A-t-il adopté un
pseudonyme? Lauterbach est-il le nom de sa famille
ou celui d'une ville d'Allemagne (il y a plusieurs
Lauterbach) où il aurait reçu le jour? Nous n'avons
pu le découvrir et cela importe peu. La dédicace de
cette pièce de vers à Vitus Winshemius ne permet
d'en fixer la date que d'une manière assez incertaine,
deux philologues allemands ayant porté ce nom,
l'un né en 1501, mort en 1570, l'autre, fils du premier, né à Wittemberg en 1521, mort en 1608. Le
poète paraît s'être un peu inspiré de ses devanciers:
l'utilité de l'âne, son aptitude à toutes sortes de travaux, les services qu'il a rendus aux patriarches et
à Notre-Seigneur Jésus-Christ, ceux qu'il rend à la
médecine, servent de thème à l'auteur. Les bonnes
qualités de Martin sont offertes en exemple aux
hommes :

Discite mansuetis homines hinc moribus uti ;

(1) Johannis Lauterbachii in noscoviz, j. c. saxonis
Encomium asini, in gratiam Viti Winshemii j. c. Dornaw,
I, p. 501.

C'est là, pour ainsi dire, la morale et le résumé du poëme.

— Passerat, le successeur de Ramus au collége de France, et l'un des auteurs de la Satire Ménippée, a chanté en vers français, par l'ordre d'Henri III, *Le Chien courant ;* mais c'est spontanément qu'il a écrit en prose latine l'éloge de l'âne (1).

Passerat défend son protégé contre l'injuste mépris du vulgaire. Il le compare au cheval et le lui préfère. Sans le concours de l'âne point de mulets, et sans mulets que de magistrats et de médecins à pied ! Le cheval est propre à la guerre, soit, mais l'âne est plus utile aux travaux paisibles. Il n'est point, comme le cheval, ombrageux, dur à monter, rétif, disposé à ruer et à désarçonner son cavalier. Il fournit son fumier à la terre, creuse les sillons, féconde les moissons, rentre les récoltes, porte les grains au moulin, tourne la meule et rapporte la farine chez son maître. Après des travaux plus rudes que ceux d'Hercule, il reste la nuit à la belle étoile et se contente de quelques chardons. Sa patience égale sa frugalité.

(1) Johannis Passeratii *Asini encomium,* dans le recueil de Dornaw, I, p. 499. — Passerat né à Troyes en 1554, mort en 1602.

Le cheval s'échappe s'il n'est attaché ; l'âne n'a pas besoin d'être lié ou gardé, il n'abuse pas de sa liberté. Utile à tous, il ne nuit à personne. L'ânesse est un modèle d'amour maternel. L'espèce asine est peu musicienne et ne joue point de la flûte, mais ses os en fournissent la matière et, si elle dédaigne cet instrument, elle imite en celà Minerve qui le jeta loin d'elle parce qu'il lui gonflait désagréablement les joues, comme le raconte Properce. La longueur des oreilles de l'âne est un sujet de dérision, mais se moque-t-on de celles du lièvre ? Ces oreilles d'ailleurs ont l'ouïe très-fine : de là, la fable de Midas. La seule chose que l'on puisse reprocher à un baudet, c'est la rudesse de sa voix, mais on sait qu'elle a sauvé les Dieux des attaques des Titans... Je ne m'étonne pas, ajoute Passerat, que vous m'écoutiez avec patience lorsque je vous parle de l'âne, puisqu'en parlant seulement de l'ombre d'un âne, Démosthène a ramené ses auditeurs à l'attention qu'il ne pouvait obtenir d'eux. Et l'auteur finit comme il avait commencé, par une allusion à la comédie de Plaute l'*Asinaria*.

— C'est peut-être ici le lieu de mentionner quelques écrits sur l'âne dont nous donnerons les titres tels que nous les avons découverts sans avoir pu nous procurer les ouvrages eux-mêmes.

— *Del mansueto et patiente animale detto l'Asino*, da Giulo Braccialetti, dans Della dignita del Castrone; Macerata, in-4°, 1601.

— *Asinus*, Carmen ex. mss. regii Goraddivi. Fr : 1602, in-8°, (*Praxis jocandi*).

— Martini Lutherii *Asinus*, rex, dans les *orat. de Siber*.

— Autre *Éloge de l'ânesse*, en italien, dans la *Bibl. romana* de Pr. Mandosio.

— Voici encore deux ou trois opuscules italiens dont nous ne faisons mention que pour laisser, dans cette énumération, le moins possible de lacunes.

— *La nobilissima anzi asinissima compagnia delli briganti della Bastina...* etc... etc... compositione di Camillo Scaligeri della fretta, in Milano, 1598, in-16; c'est-à-dire : « La très-noble ou plutôt très-asine compagnie des embrigadés de la Bastine, décrite et compilée par quatre auteurs embrigadés, dont l'un est M. Ragghiante (brayant), trésorier de l'ânerie, l'autre M. Cengione (déguenillé), secrétaire principal, etc. etc. » — Ce sont les statuts d'une Académie asine. Il y a des chapitres sur le manger, le boire, le vêtement, les voyages, l'étude. Il est recommandé de porter toujours sur soi un livre d'Attabalippa intitulé *La noblesse de l'âne*, et qui, sans doute, est l'ouvrage suivant.

— *La nobilita dell' Asino*, di Attabalippa dal Peru, composizione di Camillo Scaligeri della fretta, (Adriano Banchieri), in Venet. Barezzo, 1599, in-4°, traduit en français par Fr. Huby, in-8°, 1806.

— *Il donativo di quatro asinissimi personaggi....* nella nobilissima compagnia delli briganti della Bastina, in Milano, 1598, in-16 ; « Le don de quatre personnages très ânes et de six de leurs serviteurs. » — Chaque don est une pièce de vers ou une chanson ridicule, à braire en chœur.

Ces petits pamphlets italiens avaient peut-être une portée satirique comprise des contemporains.

— Nous supposons qu'il en est de même de l'écrit intitulé : « *L'asinesca gloria dell' inasinito academico Pellegrino*, petit vol. in-18, avec gravures dans le texte. « La gloire asinesque de l'académicien Pellegrin, devenu âne. » — L'auteur raconte que, dans un moment d'hallucination, il s'est cru métamorphosé en âne. Il a connu les misères de cet animal toujours brutalisé par ses conducteurs. Se trouvant dans une assemblée d'ânes, il leur a fait un discours pour leur prouver la noblesse de leur espèce. Il parle du rôle de l'âne dans l'ancien et le nouveau Testament, etc.,

etc... En somme, rien de nouveau ni d'intéressant.

— Les écrits dont nous avons parlé jusqu'à présent, se bornent à un petit nombre de pages. Nous allons en aborder un beaucoup plus volumineux ; c'est l'*Éloge de l'âne* (*Laus asini*), de Daniel Heinsius, célèbre philologue hollandais, né à Gand en 1580, mort à Leyde en 1665. — Heinsius a donné, dans cette dernière ville, deux éditions de son livre, la première in-4°, en 1623, facile à lire, mais rare, et la seconde en 1629, in-32, mal imprimée, sur mauvais papier, en caractères microscopiques et presque illisible, sans divisions en plusieurs parties ni en chapitres, et même sans un seul alinéa depuis la première page jusqu'à la dernière (1). Cette seconde édition, que nous avons particulièrement suivie, est augmentée d'un tiers par de nombreuses additions faites en divers endroits de la première, ce qui ajoute selon nous fort peu au mérite de l'œuvre telle qu'elle avait été conçue d'abord.

Le frontispice, mis en tête du volume, représente un âne élevé sur un piédestal. Au-dessus de lui est

___

(1) *Laus asini, tertia parte auctior*, cum aliis festivis opusculis, in-32, Lugd. Batavorum, ex officina Elzeviriana, anno 1629.

suspendue une couronne impériale ; au-dessous sont déposés, à titre d'hommage sans doute, les attributs de la science, des manuscrits, des livres et deux bonnets de docteur. A droite et à gauche deux nobles seigneurs bottés et éperonnés, la fraise au col, le feutre empanaché à la main, fléchissent le genou et s'inclinent profondément devant l'Asine majesté. Le *Laus asini* est dédié à un médecin (1).

Dans la Préface *Amico lectori*, l'auteur déclare qu'il s'est permis plus d'une plaisanterie aux dépens de l'humanité. Mais, ajoute-t-il, tant pis pour ceux qui croiraient que j'ai voulu faire leurs portraits ; ils se trahiraient maladroitement en prétendant se reconnaitre, et je leur dirais avec Phèdre :

> Suspicione si quis errabit sua
> Et rapiet ad se quod erit commune omnium,
> Stulte nudabit animi conscientiam.

Heinsius, qui connaissait les éloges publiés avant le sien, et même le recueil de Dornaw (2), a pu tom-

---

(1) « Viro clarissimo Ewaldo Screvelio, medicinæ professori dignissimo, amico veteri ac intimo. »

(2) « De asino accurate magni aliquot ætate nostra viri commentati sunt. Neque desunt qui encomium ac laudem ejus *ediderunt*... » Préface *Amico lectori*.

ber dans d'involontaires réminiscences ; peut-être aussi, de nombreux faits historiques inhérents à la matière se sont-ils présentés d'eux-mêmes au bout de sa plume ; toujours est-il qu'on trouve dans son livre une bonne partie de ce qui a été dit avant lui. Ainsi, l'exemple de Démosthène obtenant l'attention des Athéniens en interrompant une Philippique pour leur parler de l'ombre d'un âne, persuade à Heinsius qu'il captivera bien plus sûrement l'attention de ses lecteurs en leur parlant de l'âne lui-même. Ailleurs, il se rencontre encore plus d'une fois avec les Encomiastes de Martin. Comme Passerat, Heinsius compare l'âne au cheval, mais trop longuement. En vain objecterait-on que le cheval était tellement apprécié des anciens, qu'un empereur romain fit son cheval consul ? Prétendrait-on que, ni jadis, ni de nos jours, aucun âne n'ait été revêtu de la pourpre ou décoré d'une couronne ? A-t-on oublié ces roseaux agités par le vent et disant à tous : « Le roi Midas a des oreilles d'âne ? » Et jouant sur le mot *calamus*, qui désignait les roseaux dont on se servait autrefois pour écrire et dont le nom est resté aux plumes employées ensuite au même usage, l'auteur ajoute que jamais les roseaux, *calami*, (comprenez les plumes) n'ont plus souvent que de nos jours divulgué de pareils secrets. Autre parallèle entre le peuple romain subjugué par ses empereurs et le baudet qui se laisse accabler de fardeaux. De cette comparaison, déjà trop longue, l'auteur se jette dans des digressions interminables sur César, Auguste et Néron, appuyées d'une foule de citations tirées de Lucain et d'Horace. Heinsius vante à son tour les vertus médicinales de l'âne, l'excellence de son fumier due à la lenteur avec laquelle il mange et à ses parfaites digestions : puis la saveur de sa chair dont Mécène faisait ses délices. Ailleurs, sur les traces d'Agrippa, il réfute l'erreur des païens qui traitaient les chrétiens d'*asinarii* et les accusaient d'adorer la tête d'un âne. Quelque modestes que soient les baudets, cependant ils ne s'estimeraient pas moins dignes d'un culte que le bœuf Apis, le Dieu Annubis qui avait été chien ou le crocodile adoré par les Égyptiens ; ils ne sauraient se regarder comme inférieurs aux Dieux qui, dans la guerre contre les Titans, et pour se soustraire à leurs coups, se métamorphosèrent, Jupiter en bélier, Apollon en corbeau, Bacchus en chèvre, Diane en chat et Junon en vache.

A mesure que l'auteur avance, il semble que sa verve se lasse. Ce qu'on lui reprocherait avec le plus de fondement, ce seraient des longueurs qui produisent parfois sur l'esprit le sentiment qu'éprouve

un voyageur ayant devant lui une route monotone
et sans points de repère, lui paraissant d'autant
plus longue qu'il ignore où elle mène et dont il ne
voit pas la fin. Une division en chapitres aurait évité
au lecteur cette sorte de fatigue et à l'ouvrage une
certaine confusion.

En résumé, cet *Éloge*, riche d'un nombre infini de
citations tirées des auteurs grecs ou latins et même
de l'hébreu, est très-savant et très-curieux ; mais
malgré les trésors d'érudition qui s'y trouvent se-
més à pleines mains, malgré les traits d'esprit qui
l'assaisonnent, nous doutons que beaucoup de ceux
qui en ont commencé la lecture aient persévéré jusqu'au bout dans leur entreprise.

— Un écrivain estimable du xviiie siècle, l'auteur
des *Variétés littéraires* et des *Soirées littéraires*,
l'abbé Coupé, a donné du *Laus asini* de Heinsius,
moins une traduction qu'une imitation fort abrégée
et qui se lit avec plaisir (1).

— Ici encore, l'ordre chronologique, auquel nous
nous attachons autant que possible, amènerait l'exa-

---

(1) *Éloge de l'âne*, traduction libre du latin de Daniel
Heinsius, par M. L. Coupé, 1 vol. in-18, Paris, 1796. —
Coupé né en 1732, mort à Paris en 1818.

men de deux volumes que nous n'avons pu découvrir dans les bibliothèques publiques.

— Dornavii *et aliorum Laus asini*. Leyde, elzév. in-4°, six part., 1623. La date de cette publication indique suffisamment pourquoi les éloges qu'elle contient ne se trouvent pas dans le recueil de 1619. Selon toute apparence, les éloges de l'âne publiés dans l'*Amphitheatrum sapientiæ Socraticæ* auront été suivis de celui de Dornaw et de plusieurs autres que Dornaw aura réuni au sien en 1623. On trouve néanmoins dans ce recueil les écrits d'Agrippa, de Lauterbach et de Passerat.

— *Dispute d'un âne contre frère Anselme Turmeda, touchant la prééminence de l'homme devant les autres animaux*. Pampelune, in-16, 1626. Nous ne sommes pas bien sûr que cette *dispute* soit un éloge de l'âne ; son titre cependant nous porte à le croire, et surtout le titre plus développé et presque analytique que nous allons transcrire immédiatement, et qui semblerait faire remonter les premières éditions de cet écrit au milieu du XVI⁰ siècle.

« *Disputation de l'asne contre frère Anselme Turmeda, sur la nature et noblesse des animaux*, faicte et ordonnée par le dict frère Anselme en la cité de Tuniez (Tunis), l'an 1417 ; en laquelle le dict frère Anselme preuve comment les enfants de nostre père

Adam sont de plus grande noblesse et dignité que ne sont tous les aultres animaux du monde, et par plusieurs vives preuves et raisons ; traduict du vulgaire hespagnol en langue françoise ; à Lyon, chez Jaume Jaqui, en la rue Thomassin, sans date. Petit in-8°, feuillets non chiffrés, sign. A et a-2, fig. sur bois. »

Brunet, qui nous fournit ce titre, ajoute que cette *disputation* est « une facétie spirituelle. » Il donne les raisons de croire que la date véritable du livre est 1544, et que l'auteur se nommait Guillaume Lasne (1). Les termes dans lesquels est conçu l'intitulé de ce factum sembleraient indiquer que l'âne y soutient la prééminence des animaux sur l'homme et que frère Anselme lui prouve « par vives preuves et raisons » la suprématie de l'homme sur les autres bêtes. Avec beaucoup d'esprit frère Anselme a pu soutenir ce paradoxe.

Avant de poursuivre notre *Catalogue*, constatons

----

(1) BRUNET, *Manuel du libraire*, v° *Disputation*, renvoie, pour plus ample information, au *Bulletin des Bibliophiles*, XII° série, p. 888. Brunet ajoute qu'il serait convenable de réunir à ce livre singulier l'article suivant : *La revanche et contre-dispute de frère Anselme Turméda, contre les bestes*, par MATHURIN MAURICE, Paris, Chrestien, 1544, in-16.

une révolution littéraire dont notre sujet fournira pour sa part la justification.

Le XVIe siècle s'est envolé ; le XVIIe est parvenu au tiers de son cours. L'érudition pâlit et va disparaître. On s'éloigne du temps où le premier président Achile de Harlay (1) adressait du haut de son siége des vers d'Homère aux procureurs du Parlement de Paris. D'une part Ronsard et les poètes de la pléïade,

> Dont la muse en françois parloit grec et latin,

et de l'autre les *Précieuses* de l'hôtel de Rambouillet, qui finissaient par être *ridicules*, avaient contribué à décréditer l'usage des langues anciennes. Le bel esprit détrônait l'érudition. Le grec deviendra bientôt une rareté, et lorsqu'en 1672 Tissotin, présentant Vadius aux *Femmes savantes*, leur dira de son confrère « qu'il sait du grec autant qu'homme de France » Philaminte pourra s'écrier :

> Quoi ! Monsieur sait du grec ! Ah ! permettez de grâce
> Que pour l'amour du grec, Monsieur, on vous embrasse.

La langue des Hellènes et celle des Romains devien-

(1) Achille Ier, premier Président du Parlement de Paris de 1582 à 1616.

nent tout de bon des langues mortes. On cesse d'é-
crire et de plaisanter en latin, et si l'âne reçoit
encore des louanges, chacun les lui adressera dans
l'idiome de son pays natal. A peine un malheureux
Portrait de l'âne (Icon asini) viendra-t-il en 1759
s'égarer au milieu d'écrits moins savants, au risque
de ne plus trouver de lecteurs.

— C'est en français qu'un auteur anonyme chan-
tera les louanges de l'âne, en 1651. dans un volume
intitulé : *Harangues burlesques sur la vie et la mort
de divers animaux* (1) ; mais comme il ne fera guère
que traduire. imiter ou répéter ce qui aura été dit
par d'autres, nous laisserons-là ses harangues.

—C'est en français aussi qu'un philosophe, après
avoir quitté la robe d'avocat-général au Parlement
de Paris pour se livrer « au commerce des Muses »
et dans l'espoir de contribuer à l'éducation de
Louis XIV, La Mothe-le-Vayer (2), va louer l'âne
par deux fois :

D'abord dans une assez froide plaisanterie où il

(1) ... dédiées à la Samaritaine du Pont-Neuf par
M. Raisonnable, 1 vol. in-12. Paris, 1651. La 2ᵉ harangue
est l'*Éloge de l'âne*.

(2) Né en 1588, mort en 1672.

établit en trois points, que le baudet est — le plus
patient — le plus généreux — et peut-être le plus
spirituel — des animaux (1) (le principal mérite de
cet écrit est sa brièveté, trois pages in-folio) ;

Et ensuite avec beaucoup plus de développements
dans un *Dialogue sur les rares et éminentes qualitez
des asnes de ce temps, entre Philonius et Paléologue* (2). « J'estime, dit l'auteur, qu'on ne me saura
pas mauvais gré de cette petite asnerie en laquelle
ceux qui m'ont précédé m'ont donné plus de con-
trainte pour éviter les redites, que de soulagement...
Jamais notre Europe ne produisit de plus beaux
asnes et en meilleur nombre qu'au siècle où
nous sommes. Il n'y a lieu au monde où ils viennent en plus grand nombre et en plus grande per-
fection que chez nous... Sous toutes les zônes du
monde il naît des asnes à longues et courtes oreilles...; » puis, rapportant « les prérogatives de
l'asne aux trois genres de biens connus des philosophes, c'est à scavoir ceux de l'esprit, du corps et

(1) Œuvres de François DE LA MOTHE-LE-VAYER, t. II,
p. 212, édit. in-f°, Paris, 1754.

(2) *Cinq Dialogues* faits à l'imitation des anciens par
ORASIUS TUBERO, 2 vol. in-12, Francfort, 1716. La 1re
édition est de 1698. — Le dialogue sur l'âne est, dans
l'édition de 1716, au t. II, p. 241 à 326.

de la fortune, » Le Vayer loue ces trois mérites de
son héros, mettant à son tour à contribution les
faits rapportés par les auteurs grecs et latins ou par
l'ancien et le nouveau Testament, et qui sont en
quelque sorte le fonds commun de tous ceux qui
traitent ce sujet.

— Le même reproche pourrait s'adresser au livret
d'une quarantaine de pages, intitulé *L'asne*, publié
en 1737 par Louis Coquelet, facétieux auteur de
l'*Éloge de la goutte* et du *Triomphe de la charlata-
nerie* (1). Néanmoins cet opuscule, auquel Coquelet
n'a pas mis son nom, est écrit d'une plume plus
légère et plus agréable que le *Dialogue de Philonius
et Paléologue*.

— Le temps paraît avoir rendu bien rares plusieurs écrits dont nous allons seulement indiquer
les titres, n'ayant pu les découvrir dans aucune
bibliothèque :
— *L'Anesse, parodie de l'âne* ; P. Louis Coignard,
1729, in-8° (un docteur de Montmartre, dont nous

(1) *L'asne*, 1 vol. in-12, Paris chez Ant. de Henque-
ville, libraire, etc. 1737. — Coquelet né en 1676, mort
en 1754.

parlerons tout-à-l'heure, parait avoir connu cette
parodie).

— *Éloge de l'âne, ou discours où l'on prouve que
cet animal possède de rares et éminentes qualités.*
Toulouse, 1735, in-8°.

— *Le portrait de l'âne (Icon asini)*, auct. Salom.
Priezaco, P. 1759, in-4°.

— *Coq-à-l'âne, ou éloge de Martin Zèbre*, pro-
noncé dans l'assemblée générale tenue à Montmartre (1) par Messieurs les confrères d'Asnières,
aux dépens de qui il appartiendra, 1760, in-8°.

—En 1748, Voltaire avait publié un roman qui
commençait par ces mots : « Du temps du roi Moab-
dar, il y avait à Babylone un jeune homme nommé
Zadig... » Vingt ans plus tard il avait donné sa
« Princesse de Babylone. » Il était bien entendu que
Paris était la Babylone moderne. On ne sera donc
pas surpris de lire dans un *Éloge de l'âne par un
docteur de Montmartre*, imprimé en 1769 (2) : « Les
ânes privés se subdivisent en deux espèces, les ânes

(1) Il y avait tant de moulins à vent et d'ânes à Montmartre avant, et même depuis la Révolution de 1789, que
cette commune était considérée comme le pays des ânes.

(2) Un vol. in-12 de 259 pages ; à Londres et à Paris.

de Montmartre et ceux de Babylone. Les premiers
sont couverts de poil depuis la tête jusqu'aux pieds,
portent les oreilles longues, marchent à quatre
pattes, ont la physionomie un peu allongée et la
queue au bas du dos. Les autres ont les oreilles
courtes, la tête ovale, le corps droit, ne marchent
que sur deux pieds et communément n'ont pas de
queue..... Les voyageurs rapportent qu'ils en ont vu
qui avaient de longs cheveux, une robe à grandes
manches et une petite pyramide sur la tête ; d'autres
qui ne marchent qu'à l'aide d'un bâton doré et re-
courbé par le bout. Il y en a qui ne parlent que de
fièvres, de saignées, de purgations : ils donnent de
grandes espérances aux vivants et vivent aux dépens des morts. Ceux-ci ont une peau de bête sur le
bras, ceux-là un capuchon au milieu du dos... Ce
n'est point de cette race bâtarde que j'entreprends
l'éloge... » L'auteur, qui ne s'est point nommé (1),
rappelle que deux panégyriques de l'âne ont été
faits en latin par Heinsius et Passerat. « En 1729,
ajoute-t-il, il parut un troisième éloge de l'âne en

(1) MM. Ferdinand Denis et Pinçon, disent que le
docteur de Montmartre est P. Laguette. Voir leur *Nouveau
manuel de Bibliographie*, 1 vol. in-8°, à 3 colonnes, Paris,
1857, v° *Ane*.

'angue babylonienne. On concevra aisément que de
ces trois éloges j'ai pu en faire un : ce n'est pas un
mystère. » Le docteur de Montmartre continue avec
enjouement cet éloge, qui est en réalité la critique
des Babyloniens... et des Babyloniennes ; car un
chapitre intitulé *Le coup de patte* leur est particulièrement réservé. On y parle de coquetterie, de ba-
vardages, de petites méchancetés, que l'auteur considère comme les péchés mignons de ces Dames. Cet
ouvrage est amusant. En le lisant pour en rendre
compte ici, je m'aperçois que je l'avais lu autrefois :
quelques-unes des idées que j'avais cru, de bonne
foi, écloses dans ma cervelle pourraient donc bien
être le résultat de vagues ressouvenirs (1) ; je me
fais un devoir de le confesser.

— Quant à l'*Éloge de l'âne lu dans une séance
académique*, par Christophe Philonagre, 1782, in-18,
si je m'étais rencontré avec son auteur, ce serait
grand hasard, n'ayant pu mettre la main sur un
exemplaire de son œuvre.

(1) Dans notre chapitre II, *Questions neuves sur le droit
d'ainesse*, nous traitons à peu près la même question que
le Docteur de Montmartre dans son chapitre intitulé : *Noblesse de l'âne*; mais nous la traitons autrement.

— Un autre *Éloge de l'âne* a été écrit en allemand par Aloys Blumauer et se trouve dans le recueil de ses poésies ; Vienne, 1782, in-8°.

— *L'âne promeneur, ou Critès promené par son âne*, chef-d'œuvre pour servir d'apologie au goût, aux mœurs, à l'esprit et aux découvertes du siècle. 1re édition, à Pampelune, chez Démocrite, etc., et à Paris, etc., un vol. in-8°. 1786.

Ce livre a la prétention d'être philosophique et facétieux. Il n'est ni l'un ni l'autre. C'est le bavardage sans goût d'un homme absolument dépourvu de mérite. Moitié vers et moitié prose, il est horriblement décousu et par-dessus tout ennuyeux. Aussi peut-on dire qu'il n'a ni rime ni raison. « *L'âne promeneur* n'a ni queue ni tête. »

Son auteur était très-chaud royaliste... en 1786. Le chapitre intitulé *Sermon de Jocrisse* en fait foi. Le sermonneur excite « son benoît auditoire » à boire et à chanter. « Mettez ces rubans à vos chapeaux, s'écrie-t-il (des rubans blancs) ! c'est la couleur du bon Roi et nargue de celui qui ne fera pas chorus... allons, gai... je pars.

« J'aimons les filles
Et j'aimons le bon vin.

> De nos bon drilles
> C'est là tout le refrain :
> J'aimons les filles
> Et j'aimons le bon vin.

> « Vive Henri quatre
> Vive ce Roi vaillant :
> Ce diable à quatre
> A le triple talent
> De boire, de battre
> Et d'être un vert galant.

« Bis, mes amis, mes bons amis, mes braves amis. C'est pour notre roi Louis XVI, sa femme, ses frères, ses sœurs, ses tantes, enfants, petits-enfants, arrière, arrière, arrière petits-enfants. Allons, graves magistrats, jetez vos grandes perruques si elles vous gênent : une ronde ; la main à vos femmes... — Çà, à présent qu'on jure. — Des magistrats jurer ! — Oui, jurer le juron du bon Roi *Ventre-Saint-Gris!*... Tout le monde.... Quel carillon ! Les sourds l'ont entendu, les muets ont parlé.

» Actuellement trois fois rasade à la santé du bon Roi ; c'est à la santé de notre père.... »

Qui tenait ce langage ? — Qui ? Gorsas ! — C'est qu'en 1786 la France ne pensait pas à l'abîme vers lequel les Parlements allaient bientôt la précipiter, ni M. Gorsas, petit maître de pension, à jouer un rôle. Mais lorsqu'avec les États Généraux de 1789 commença le mouvement révolutionnaire, M. Gorsas voulut être quelque chose. C'était un de ces vils ambitieux qui, ne pouvant rien attendre de leur mérite, se posent en prôneurs des « idées avancées, » attirent l'attention par la violence de leurs discours ou de leurs écrits, poussent le peuple au renversement de toute autorité régulière, se mettent à sa tête pour l'œuvre de destruction et reculent au dernier moment (pas toujours!) devant les crimes, conséquence logique de leurs doctrines. Le royaliste de 1786 se jeta dans la politique, fut un des plus ardents promoteurs de ces journées des 5 et 6 octobre 1789, où la populace parisienne força l'entrée du palais de Versailles, envahit de nuit la chambre à coucher de Marie-Antoinette, préluda à la violation des personnes royales et aux manifestations ornées de têtes au bout des piques. En 1790, Gorsas rédigea le *Courrier de Versailles* qui ne respirait que haine et bouleversements. Il contribua à la journée du 20 juin 1792 et surtout à celle du 10 août suivant qui conduisit au temple Louis XVI et sa famille. Arrivé au but de son ambition, devenu député du département de Seine-et-Oise à la Convention, il avait cru pouvoir revenir impunément à une modération relative; il

trouva qu'on allait un peu loin contre le Roi ; il vota
pour le bannissement de ce prince et pour l'appel
au peuple. Il fut en conséquence déclaré traître à la
patrie par ses coréligionnaires, mis hors la loi, condamné à mort le 7 octobre 1793 et guillottiné....
comme réactionnaire bien entendu ! Que de Gorsas
nous avons vu de nos jours soulever les passions de
la plèbe, exciter ses convoitises, se mettre à sa tête,
incendier Paris, massacrer les ôtages et finir miséra-
blement ou fuir en lâches, lorsqu'approchait l'heure
de la justice ! Dieu nous préserve des Gorsas !

— Nous n'accorderons qu'une simple mention aux
Mémoires d'un âne de Madame la Comtesse de Ségur,
mais ce sera une mention honorable, ce livre, destiné
aux enfants de 6 à 8 ans, étant propre à les amuser
et à leur inspirer de bons sentiments pour le compagnon ordinaire de leurs parties de plaisir.

— *Le Guide-âne*, de Balzac, *à l'usage des animaux
qui veulent parvenir aux honneurs* n'est autre chose
qu'une satire contre certains charlatans et ne doit
pas nous arrêter.

— Le dernier en date des écrits touchant le sujet
qui nous occupe est de M. Auguste Joltrois; il est

intitulé : *Les coups de pied de l'âne* (1). Félicitons l'auteur de n'avoir pas donné à cette expression le sens injuste et proverbial qu'on y attache communément. Les coups de pied de l'âne sont des épigrammes à l'adresse de l'homme et non des lâchetés.

« J'ai eu dans ma vie, dit M. Joltrois dans sa préface, occasion de connaître un grand nombre d'ânes ! L'un d'eux était un âne savant. Les notes qu'il prit au jour le jour pendant plusieurs années, et dont il n'avait voulu, de son vivant, donner connaissance à *âne* qui vive, viennent de tomber dans mes mains. Je les publie, avec l'autorisation de la famille bien entendu, et sans y rien changer.... »

C'est donc l'âne qui tient la plume. Il raconte son origine et les *conditions* par lesquelles il a passé. Quelques citations donneront du livre une idée plus juste que ne sauraient le faire nos appréciations.

« Je descends d'un âne de Montmorency, dit Martin. Montmorency ! C'est le pays des ânes et aussi celui des grisettes. Ah ! j'en ai bien vu tomber, mais elles se relevaient vite pour tomber encore et c'étaient précisément les plus exercées qui faisaient le plus de chûtes... »

(1) Un volume in-18, Paris, 1862. — 2e édition en 1872.

L'âne a servi dans un moulin. « Je vois encore, dit-il, la jolie meunière avec son fichu rouge et sa jupe rayée. Je me souviens qu'elle aimait à jeter son bonnet pardessus les moulins et que le bonnet tombait toujours, n'importe d'où venait le vent, aux pieds du garçon le plus avenant du pays... »

Notre héros séjourne dans une ferme d'où il passe chez de *bons* bourgeois. « Le mari trompait sa femme et la femme son mari. Tous deux à leur tour étaient trompés par leurs enfants qui, de leur côté, se trompaient les uns les autres, et tout ce monde était trompé en masse par une domestique qui, elle-même... Bref, tous et toutes étaient trompés, et le pauvre Aliboron, qui avait cru pouvoir compter sur les bons soins de ces gens-là, était trompé comme les autres. »

L'âne énumère les mauvais traitements qu'il a subis : « Un de mes maîtres me traitait d'entêté parce que je refusais de boire quand je n'avais par soif ; il est vrai que celui-là était un ivrogne. »

L'âge d'or des ânes était le temps des patriarches... Les ânes rendus célèbres par l'Histoire sainte et l'Histoire profane sont passés en revue. Là ne sont oubliés ni l'ânesse de Balaam, ni la mâchoire d'âne de Samson. « Cette mâchoire, dit Martin, devait être sur les dents » après avoir tué mille Philistins. Il y a d'autres mâchoires qui ont assommé et qui assomment encore tous les jours bien du monde ; seulement ces mâchoires-là assomment de préférence les amis. »

L'aventure du Roi Midas inspire cette réflexion judicieuse : « Si le Roi, au lieu de cacher ses oreilles, les avait montrées, les courtisans se fussent bien gardés de s'en moquer ; ils auraient, au contraire, cherché à s'en procurer de pareilles, ne fut-ce que pour pouvoir dire qu'ils avaient l'oreille du maître. »

Après avoir plus d'une fois gémi de son sort, l'âne ajoute en philosophe : « Mais il me faut subir ma destinée, et je n'en dois pas moins, avant de mourir, remercier Dieu de m'avoir fait naître âne, alors qu'il lui eût été tout aussi facile de faire de moi un homme. » C'est « *le coup de pied de la fin* », suivi d'un appel modeste à l'indulgence des lecteurs.

M. Joltrois est plein de son sujet ; il le possède à fond. Il n'ignore rien de ce qui en a été dit et c'est toujours d'une plume spirituelle et légère qu'il effleure même les parties sérieuses et savantes de la matière. En somme, son petit volume est le plus amusant de tous les écrits dont nous terminons enfin l'analyse.

Beaucoup d'écrivains ont exprimé leur sympathie

pour l'âne ; par exemple l'abbé Pluche dans le
1er volume de son *Spectacle de la nature*; Jacques
Vanière, surnommé le Virgile Français, au livre III
d'un poème latin intitulé *Prædium rusticum* (la
Maison rustique) ; Sterne dans deux chapitres du
Voyage sentimental (le Bidet, et Nampont), et dans
le chapitre CCLXXII de *Tristram Shandy (l'âne)*;
Topffer, dans ses *Réflexions et menus-propos d'un
peintre Genevois*. Nous en pourrions citer plusieurs
encore, mais leurs ouvrages ne sont pas des écrits
spéciaux sur l'âne : Nous n'avions donc pas à nous
y arrêter.

Hic meta laborum.

CHAPITRE XIX ET DERNIER.

ÉPILOGUE.

Ami lecteur,

L'auteur de ce livret vous a-t-il appris quelque chose? Vous a-t-il parfois fait sourire? Votre approbation comblerait tous ses vœux.

Vous aurait-il, au contraire, ennuyé de temps en temps? Ce tort serait involontaire. Il ne pouvait faire autrement. Daignez écouter son excuse.

Après dix ans de leçons mal écoutées et de soins demeurés stériles, les oracles des colléges d'Henri IV et de Louis-le-Grand, chargés d'apprécier et de développer les dispositions naturelles de la jeunesse du susdit auteur, avaient déclaré d'une voix unanime, il y a plus d'un demi-siècle, qu'il mourrait dans la peau d'un âne. Il approchait de sa fin. Comme un soldat mourant s'enveloppe de son drapeau, il devait se soumettre de bonne grâce à ·

l'accomplissement de sa destinée : son sujet s'impo-
sait fatalement à lui... Montrez donc un peu d'indulgence pour cette œuvre inévitable de ses vieux
jours. Accordez à son badinage une couronne de
chardons. Ce serait son dernier succès et il en
jouirait avec assez de modestie pour ne pas faire
d'envieux.

L'OIE RÉHABILITÉE.

L'OIE RÉHABILITÉE

Victrix causa Diis placuit, sed victa Catoni. Luc.
(RACINE, *Les Plaideurs*.)

Cardan a dit en ses livres *De Sapientia* : que les proverbes sont « la sagesse des nations » et Sénecé : « qu'ils contiennent la quintessence du bon sens. » Il faut cependant convenir que certains proverbes se contredisent entre eux, et que plusieurs (nous en avons montré des exemples) sont même tout-à-fait le contre-pied de la vérité. Au nombre de ces derniers, on peut citer celui qui fait de l'oie le synonyme et le symbole de la stupidité. Ce proverbe frappe à faux aussi complétement que possible ; il ne saurait résister au moindre examen ; à plus forte raison devra-t-il être condamné si l'on envisage « la question de l'oie » à tous les points de vue dont elle est susceptible : histoire naturelle, physiologie, sentiment, morale, philosophie, archéologie..... Oui, cette question, si modeste en apparence, comporte, en réalité, tous ces aspects divers ;

« Nous l'allons montrer tout à l'heure. »

§ 1er. *De l'intelligence de l'Oie, de son caractère et de ses vertus.*

Pourquoi dit-on : *bête comme une oie?* Rien n'est plus injuste que cette expression proverbiale. L'oie surpasse, au contraire, en intelligence la plupart des autres oiseaux domestiques ; elle ne cherche querelle à aucun d'eux, ni à personne ; elle a l'instinct éminemment sociable et docile ; elle est enfin, comme l'a dit Buffon, « dans le peuple de la basse-» cour, un habitant de distinction. »

Quand on la conduit au pâturage, un seul gardien suffit pour toutes les oies du village ; le matin, il les réunit au son de son cornet, et quand il les ramène à l'heure où le jour tombe, chaque bande sait bien retrouver son logis (1). Une oie qu'on emporte dans un panier bien fermé, bien enveloppé, vers une

______

(1) *M. Le Sage* ou *Entretiens d'un instituteur avec ses élèves sur les animaux utiles*. par M. BOURGUIN. Chap. *des Oies.*

nouvelle habitation, sait parfaitement s'orienter et revenir chez son ancien maître, en dépit des précautions qu'on a prises pour l'empêcher de reconnaître son chemin.

Ni le temps, ni la distance ne lui font perdre le souvenir de ce maître, de sa demeure et de ses bons procédés. Le savant docteur Sanchez raconte que, revenant d'Azof, dans l'automne de 1736, et voyageant à petites journées sur les bords du Don, il prenait gîte, chaque nuit, dans des villages de Cosaques. Tous les jours, au coucher du soleil, des troupes d'oies, arrivant des contrées septentrionales les plus éloignées, où elles avaient vécu tout l'été à l'état sauvage, venaient s'abattre dans les habitations qui les avaient reçues et hébergées l'hiver précédent. Elles amenaient avec elles toute leur progéniture de l'année. « J'eus constamment ce spectacle, chaque soir, durant trois semaines, dit-il ; l'air était rempli d'une infinité d'oies, qu'on voyait se partager en bandes. Les filles et les femmes, chacune à la porte de leur maison, les regardant, se disaient : *Voilà mes oies, voilà les oies d'un tel* ; et chacune de ces bandes mettait, en effet, pied à terre dans la cour où elle avait passé l'hiver précédent (1). »

(1) *Relation du docteur Sanchez*, citée par Buffon.

Chez l'oie, le sentiment de l'amour maternel est développé au plus haut degré. Quoiqu'elle ne doive faire qu'une ponte par an, elle en fait une seconde si ses œufs lui sont enlevés, et parfois même une troisième. Elle couve si assidûment qu'elle en oublie le boire et le manger. « Elle conduit ses petits avec une sollicitude affectueuse, leur indique avec tendresse et empressement la nourriture de choix, les rappelle au moindre danger et montre une véritable intrépidité quand il s'agit de les défendre contre les oiseaux de proie ou contre toute agression étrangère (1). » Parmi ces bonnes bêtes, pas de mères dénaturées, jamais de petits abandonnés, tandis que chez d'autres bipèdes, les hospices d'enfants-trouvés sont toujours insuffisants.

Nulle sentinelle n'est plus sûre et plus vigilante. Vous ne verrez jamais plusieurs oies réunies dormir toutes à la fois : il y en a toujours une qui, le cou tendu, la tête en l'air, examine, écoute, veille et jette, à la moindre apparence de danger, le cri d'alarme. Une acclamation générale y répond, et le salut de tous est assuré. On a vu des gardes nationaux s'endormir dans une guérite. Jamais une oie en faction n'a commis cette énormité. Aussi, les

(1) M. *Le Sage, loc. cit.*

rondes de jour et de nuit sont-elles inconnues parmi les palmipèdes, tandis qu'elles sont indispensables pour assurer l'insomnie réglementaire de la garde civique et même des meilleures troupes!

L'oie a sur les soldats un autre avantage. Les étapes de ceux-ci ne dépassent guère sept à huit lieues par jour; l'oie domestique, malgré la lenteur apparente de sa marche, en fait, à pied, jusqu'à douze ou quinze, et même davantage, sans avoir l'air de se presser; c'est ce qu'atteste Salerne, dans son *Histoire des Oiseaux* (1).

Tous les naturalistes anciens et modernes ont rendu hommage à la sobriété de l'oie. « Les bonnes ménagères, disait Belon au xvie siècle, sachant bien que la nourriture des oies est de moult grand profit, en font une grande estime pour ce qu'elles ne font aucune dépense. » Beaucoup de profit et peu de dépense! O Harpagon! combien tu devais en avoir dans ta basse-cour! O fainéants, qui dépensez beaucoup et ne produisez rien... rougissez! et n'ayez pas la présomption de vous comparer à l'utile animal, que vous poursuivez aussi de vos sarcasmes!

L'oie est d'une propreté recherchée. Sa toilette n'est pourtant pas compliquée : une petite vésicule

(1) Page 407.

de graisse, placée près de la queue, suffit à lustrer tout son plumage ; mais c'est bien d'elle que l'on peut dire, avec le poète latin : *Simplex munditiis!* Quelle petite-maîtresse, avec son blanc et son rouge sur les joues, son noir autour des yeux (on revient, hélas! à ces affreux badigeonnages), avec tous ses cosmétiques, toutes ses pâtes, toutes ses odeurs et tous ses bains parfumés, enfin, avec tout son *mundus muliebris,* je veux dire avec tout son matériel de toilette et ses atours, approchera jamais de la blancheur irréprochable, simple, unie, virginale et surtout inodore de la robe de notre aimable oiseau ?

Ces détails de coquetterie nous conduisent naturellement à expliquer, ce que l'on entend par la *petite oie.* Au propre, ce sont les ailerons, le cou, le foie, enfin ce qu'on appelle en langage vulgaire *les abatis* (1). Au figuré, ce sont les rubans, les gants et les menus accessoires d'un habillement. « Que vous semble de *ma petite oie?* » demande le marquis de Mascarille à Cathos et à Madelon, « la trouvez-vous congruente à l'habit? » Et, pour répondre lui-même à sa question, il vante aux *Précieuses ridicules* la richesse de ses plumes, l'élégance

______

(1) LA MÉSANGÈRE, *Dict. des Proverbes,* v° *Oie.* BOISTE, *Dict. univ. de la langue française,* v° *Oie.*

de ses rubans et de ses canons. Il les invite même
à « attacher la réflexion de leur odorat » sur ses
gants et jusque sur la poudre de sa perruque (1).
Corneille, dans *La Galerie du Palais* fait dire par
une mercière à un promeneur :

> Ne vous vendrai-je rien, Monsieur, des bas de soie,
> Des gants en broderie ou quelque *petite oie?*

Cette expression « *la petite oie* » avait aussi une si-
gnification dans le vocabulaire de la galanterie. On
peut en citer ici un exemple assez amusant. Au XIIe
livre de l'Énéide, un traité assure la paix entre les
Latins et les Rutules d'une part et les Troyens de
l'autre. Un combat singulier entre Énée et Turnus
mettra fin à la guerre. Le vainqueur épousera la
fille du Roi Latinus, et succédera au trône de ce
prince, combat fatal à Turnus, Roi des Rutules ! Il
devait y perdre la vie. Aussi le traité ne lui plaisait-
il qu'à demi, dit Scaron.

> De s'affliger il eut raison :
> On le bridait comme un oison,
> On lui ravissait sa maîtresse,
> L'unique objet de sa tendresse,

(1) MOLIÈRE. LA MÉSANGÈRE. *Dict.* de BOISTE.

> Sans que ce malheureux garçon
> En eût le moindre échantillon,
> Je veux dire la courte joie
> Qui chez nous est *la petite oie* (1)

Cette acception est tout-à-fait tombée en désuétude. Quel plus bel hommage pouvait-on rendre, cependant, à la pureté du sentiment des oies que de donner leur nom aux « faveurs légères » (2) par allusion, sans doute, aux gracieuses caresses que se prodiguent nos chers oiseaux dans leurs innocentes tendresses ?

L'oie a le cœur tendre, je viens d'en convenir ; mais il ne faut pas croire qu'elle s'abandonne pour cela aux égarements et aux entraînements instantanés des sens ! Ses mœurs sont pures. Tous ceux qui ont eu le bonheur de fréquenter les bêtes, savent qu'elle connaît la pudeur et ne s'écarte point des lois de la décence. Jamais on ne l'a vue suivre, à cet égard, les déplorables exemples des gallinacées. Ne craignez pas non plus que son heureux vainqueur célèbre impudemment ses succès, comme le coq, par des chants de victoire ! Non ! Les amours de l'oie sont essentiellement honnêtes et discrètes. *Les oies du frère Philippe* pourraient-elles toutes en dire autant ?

(1) *Virgile travesti*, liv. XII.
(2) Boiste et La Mésangère. — La Fontaine.

Si l'amour est commun à tous les hommes et à
toutes les bêtes, il n'en est pas de même de la reconnaissance et de l'amitié, sentiments plus élevés et
qui n'appartiennent qu'aux espèces d'élite. O ma
bonne oie!

Viens, reconnais la voix qui frappe ton oreille....

Oui, tu mériterais, comme Arcas, d'entendre ces
paroles du Roi des Rois, car tu es, comme lui,
fidèle et dévouée. N'en riez pas, lecteurs : l'oie
s'attache à son maître, le reconnaît, accourt au son
de sa voix, lui témoigne sa joie de le revoir après
quelques heures d'absence et le suit comme un chien.
« Elle est capable, dit Buffon, d'un attachement personnel très-vif et très-fort, et même d'une amitié
passionnée qui la fait languir et dépérir loin de celui
qu'elle a choisi pour l'objet de son affection. » En
veut-on un exemple? Le voici : Le concierge du
château de Ris, appartenant à M. Anisson-Duperron,
avait sauvé des dangers d'un combat inégal, un jars
(oie mâle), qui s'en montra profondément reconnaissant. Du plus loin qu'il apercevait son libérateur,
Jacquot (c'était le nom du jars) accourait à lui, tendait son cou pour solliciter une caresse et s'en montrait joyeux dès qu'on la lui avait accordée. Le con-

cierge, se rendant un jour aux bois d'Orangis, avait enfermé l'oiseau dans le parc. Jacquot parvint à passer par-dessus les murs, rejoignit son ami qui avait déjà parcouru plus d'un kilomètre, le suivit partie à pied, partie au vol, depuis dix heures du matin jusqu'à huit heures du soir, dans toutes les allées du bois, et dès-lors ne voulut plus le quitter, l'accompagnant partout, au point d'en devenir importun, et d'aller, un jour, le rejoindre jusque dans l'église; puis, un autre jour, dans la chambre de M. le curé où Jacquot, en retrouvant son maître, jeta un cri de joie si bruyant qu'il fit grand peur au pauvre pasteur.

« Je m'afflige, dit une notice du brave concierge, quand je pense que c'est moi qui ai rompu une si belle amitié....... Le pauvre Jacquot croyait être libre dans les appartements les plus honnêtes comme dans le sien, et après plusieurs accidents de ce genre, on me l'enferma et je ne le vis plus; mais son inquiétude a duré plus d'un an, et il en a perdu la vie de chagrin. Il est devenu sec comme un morceau de bois, et l'on m'a caché sa mort jusqu'à plus de deux mois après qu'il a été défunt... Il est mort dans la troisième année de son règne d'amitié; il avait en tout sept ans et deux mois (1). »

(1) BUFFON.

Je pourrais citer d'autres preuves de l'intelligence et de la bonté des oies.

« Le docteur Jonathan Franklin a vu une oie d'Écosse qui suivait son maître comme le chien le plus fidèle, et qui le reconnaissait toujours, quelque travestissement qu'il prit. »

« Une autre oie (et le fait est plus touchant encore) se voua au service de sa pauvre vieille maîtresse, devenue aveugle, au point de la tirer par la robe avec son bec, pour la conduire sûrement partout où elle voulait aller. C'était en Allemagne. Un jour, dit Franklin, le pasteur alla rendre visite à la dame, qui était sortie; mais il trouva la fille et lui témoigna quelque surprise de ce qu'elle laissait sa mère s'aventurer ainsi toute seule. — Ah ! Monsieur, répondit-elle, nous ne craignons rien ; ma mère n'est pas seule, puisque le jars est avec elle ! — Les dimanches, l'oiseau conduisait l'aveugle à l'église, puis se retirait dans le cimetière pour brouter l'herbe en attendant l'issue du service divin (1). »

> Qu'on m'aille soutenir, après un tel récit,
> Que *ces* bêtes n'ont point d'esprit (2) !

(1) M. Oscar Honoré, *Le Cœur des bêtes*, ch. XLIII.
(2) La Fontaine, livre X, fable I.

Mais alors, encore une fois, pourquoi dit-on *bête comme une oie ?* Serait-ce, par hasard, parce qu'elle se dandine un peu en marchant ? Mais le canard, plus bas sur pattes, se dandine bien davantage !..... Et puis, après tout, le dandinement de l'oie n'est pas absolument dépourvu de grâce. Le plus élégant écrivain du siècle dernier a mis au nombre des caractères qui constituent la distinction de cet oiseau « sa contenance, son port droit, sa démarche grave (1). »

Le dandinement appartient, parmi les hommes, à presque tous les gros personnages. Il contribue à leur donner un air d'importance et de gravité en rapport avec leurs fonctions, et peut-être ne faut-il pas chercher d'autre raison du nom de *Dandin* donné par Racine à toute une dynastie de respectables magistrats :

> Regarde dans ma chambre et dans ma garde-robe,
> Les portraits des Dandins ; tous ont porté la robe ! (2).

Plus vous monterez les degrés de l'échelle sociale, plus vous serez frappé de la vérité de l'observation

(1) Buffon.
(2) Racine, *Les Plaideurs.*

que je viens de vous soumettre. Et s'il vous est jamais arrivé de vous trouver sur le passage d'un roi *très-puissant*, vous avez dû remarquer qu'il ne marchait pas autrement. Je suis même persuadé qu'à sa cour, le dandinement devait être de très-bon goût, et qu'il n'était pas de courtisan, si maigre fût-il, qui ne marchât en écartant les jambes, et en portant alternativement à droite et à gauche le poids de son corps. Là, tous les gens bien pensants se dandinaient indubitablement, et la démarche *sui generis*, qu'on reproche chez nous aux palmipèdes, y serait restée en honneur si tous les rois avaient la même corpulence. Malheureusement, il en est des souverains comme des jours de la semaine; ils se succèdent et ne se ressemblent pas : les uns sont gras, les autres sont maigres, en sorte que la mode la plus élégante n'a le temps de se fixer nulle part.....

Mais encore un coup, me dira-t-on, vous n'avez pas résolu la question posée en tête de ce chapitre : Pourquoi dit-on *bête comme une oie?*... — Pourquoi?... Chers lecteurs, je l'ignore absolument, et si quelqu'un de vous le sait, il me fera plaisir de me l'apprendre.

§ 2. *Des bienfaits de l'Oie et de l'ingratitude des hommes à son égard.*

On peut dire de l'oie, qu'elle comble l'homme de bienfaits et qu'elle en est fort mal récompensée.

Sa plume, son duvet, sont les éléments les plus doux du lit, qui reçoit l'enfant nouveau-né, les jeunes époux, le voyageur fatigué, le malade, le vieillard, l'homme heureux ou l'infortuné. La chaleur de la plume sur laquelle ils s'étendent, de l'édredon sous lequel ils se glissent, favorise le sommeil réparateur, et l'heureux cortége des songes riants, trop souvent hélas ! la seule trève aux réalités de la misère et de toutes les souffrances physiques et morales dont se compose le tissu de la vie humaine.

Cette plume légère, ce duvet plus léger encore, pour les recueillir, ne suffirait-il pas à l'homme de rendre l'oie prisonnière pendant les quelques jours de la mue ? Eh bien ! non. Il la plume vivante trois fois par an, en mai, en juin et en septembre, et calcule qu'une oie de taille ordinaire lui fournit un hectogramme de plume à chacune de ces douloureuses opérations. Ce supplice de l'oie commence pour ainsi dire avec sa vie, six à sept semaines après sa naissance. C'est encore cinq ou six semaines après qu'elle a cessé de couver, que la mère est dépouillée de ce duvet, si nécessaire pour réchauffer ses petits (1). Pauvre mère ! pauvres enfants ! mais qu'importe ? L'avarice seule est écoutée :

La cruelle qu'elle est se bouche les oreilles
Et *les* laisse crier..... (2)

Les grandes pennes de l'oie étaient un trésor infiniment plus précieux que le reste de son plumage ; ce trésor frappait incessamment nos yeux ; et cependant, combien il a fallu de siècles pour le découvrir ! Les Romains, même sous les empereurs, ne se servaient pour écrire que du *calamus*. Perse le qualifie *nodosa arundo*, un roseau noueux. Ces roseaux se vendaient par paquets. *fasces*. Au 1er siècle de l'ère chrétienne, l'Égypte fournissait beaucoup de ces joncs à écrire, comme le prouve ce vers de Martial :

(1) BUFFON, *L'Oie*. COLUMELLE n'autorisait à plumer l'oie que deux fois par an. « Plumam.... bisanno, vere et autumno, vellere licet. » *De re rustica*, lib. VIII. — PALLADIUS de même. *De re rustica*, lib. I, cap. XXX.

(2) MALHERBE, *Stances à Du Perier*.

Dat chartis habiles calamos Memphitica tellus (1).

Il en était de même cent ans plus tard. En annonçant dès les premières lignes de son *Ane d'or*, qu'il va raconter des histoires à dormir debout, Apulée promet d'y employer toute la finesse du calamus égyptien, *argutia nilotici calami*, ce qui paraît avoir été dans l'intention de l'auteur une double allusion au conte milésien qu'il allait écrire et à la provenance du roseau dont il se servait.

On assure qu'au v⁰ siècle, Théodoric, roi des Ostrogoths, se servit d'une plume pour tracer les quatre premières lettres de son nom ; mais, dans ce fait isolé, il ne faut pas plus voir l'origine des plumes d'oie à écrire, que l'origine des plumes de fer dans cette autre circonstance que les patriarches d'Orient croyaient de leur dignité de signer avec un *calamus* d'argent. L'examen des monuments de paléographie autorise « à donner des diplômes mérovingiens au *calamus*, ainsi que les chartes romaines dont l'origine remonte encore plus haut. Au viii⁰ siècle, la canne et la plume auraient, en France, écrit tour à tour les diplômes ; mais 'la plume aurait insensiblement pris le dessus. Au siècle suivant, le roseau n'aurait presque plus été admis à écrire le

(1) *Epigr.* lib. XIV. § 38, *Fasces calamorum.*

corps des actes émanés de la puissance royale, quoiqu'il ne fût pas exclu des signatures, et que les bulles des papes et les actes synodaux le préférassent encore à la plume... (1) »

Avec un instrument aussi imparfait que le *calamus*, l'art d'écrire ne pouvait devenir d'un usage bien général. Y substituer la plume d'oie, c'était faire une véritable révolution. Alors seulement put devenir moins rare

> . . . . . . Cet art ingénieux
> De peindre la parole et de parler aux yeux.

Mais, hélas ! l'homme sait faire tourner à son détriment les plus grand bienfaits de la Providence et des oies. Que de mauvaises pensées et de volumes dangereux sont sortis de ces mêmes plumes, qui n'auraient dû tracer que des écrits destinés à élever le cœur et à procurer à l'esprit les plus pures jouissances ! Ce qui met le comble à l'ingratitude de l'homme, c'est d'avoir employé ses meilleures plumes à écrire toute une série de livres où de nombreuses pages sont invariablement consacrées aux moyens

(1) *Nouveau Traité de Diplomatique.* V. le *Dict. raisonné de Diplomatique chrétienne,* par QUANTIN, v° *Instruments de l'Écrivain.*

les plus variés, les plus raffinés, d'apprêter l'oie, de l'embrocher, de la rôtir et de la manger !... Voyez plutôt *la Cuisinière bourgeoise, le Cordon bleu, l'Art culinaire mis à la portée de toutes les fortunes* et autres ouvrages du même genre, qui formeraient à eux seuls une énorme bibliothèque !

Encore si l'homme se contentait de l'oie telle qu'elle lui tombe sous la main !... Car il est admis (par lui, du moins) qu'il lui est permis, ainsi qu'aux loups, de se nourrir de la chair des animaux dont il peut se rendre le maître... Mais, non ! « Par une pratique abominable et que l'on ne saurait trop flétrir, il lui donne une maladie dont l'effet est de grossir prodigieusement son foie. Pour cela, les uns clouent les pattes et crèvent les yeux ou cousent les paupières de ces malheureuses victimes ; ils les gorgent en même temps de boulettes et les empêchent de boire pour les étouffer dans leur graisse. D'autres se contentent de les tenir dans des cages obscures et tellement étroites que le pauvre animal ne peut faire le moindre mouvement. On les gave deux fois par jour, en ajoutant à leur nourriture de l'huile de pavot qui agit comme stupéfiant. Enfin, il y en a qui enferment les oies dans des sacs, de telle sorte qu'elles ne peuvent se mouvoir dans aucun sens ;

et ces sacs, on les suspend à la muraille de chambres fortement chauffées. Par suite de ce traitement barbare, le foie prend un développement énorme ; la respiration de la malheureuse bête devient presque impossible. On la tue alors, et c'est ainsi qu'on obtient ces foies gras dont on fait des pâtés pour les gourmands... (1) » Les fameux patés de Strasbourg.

O modernes Apicius ! chaque fois que vous vous rendez complices de ces actes de cruauté, puissent vos estomacs, à défaut de vos consciences, être bouleversés par d'affreux remords qui vous troublent jusqu'au fond des entrailles !

Et cependant, on est allé plus loin encore ! Au XVIᵉ siècle, J. B. Porta, raffinant sur toutes ces horreurs, osa donner la recette de rôtir l'oie toute vive et de la manger membre à membre, tandis que le cœur palpite encore (2) ! Il ne manquait plus que d'obliger une autre oie à tourner la broche... Vous riez ! Vous croyez que je plaisante ? Pas le moins du monde. Avant l'invention des tournebroches, on employait souvent des animaux pour suppléer à la main de l'homme, et, parmi ces animaux, se trou-

(1) M. Le Sage, *Les Oies* ; Buffon, *L'Oie.*
(2) V. Aldrovande, t. III, p. 133.

vait l'oie (1) qui était ainsi exposée à faire rôtir le lendemain l'amie pour laquelle son cœur avait battu la veille, ou l'enfant qu'elle avait couvé...

« Triste objet, » que la mort avait défiguré,
« Et que méconnaîtrait l'œil même de son père !... (2) »

Chez les peuples des régions polaires, où l'ignorance, la barbarie et la pauvreté des ressources, rendraient plus excusable l'industrie des Strasbourgeois, où des myriades d'oies couvrent les mers glaciales, on se contente de prendre de cette manne vivante envoyée par la Providence, ce qu'il en faut absolument pour la subsistance de chaque famille. La chair des oies est un des principaux aliments des habitants du Spitzberg, du Groenland et de la baie d'Hudson ; leur graisse est fondue pour remplacer le beurre, inconnu dans ces contrées ; et les Esquimaux utilisent jusqu'aux déjections des oies, qu'ils font sécher et mettent dans leurs lampes, en guise de mèches de coton (3). Willughby affirme que cette même matière est le remède le plus sûr contre la

(1) *Nouveau Cours d'agriculture*, 1822, t. X, p. 448.
(2) RACINE, *Phèdre*.
(3) ELLIS, t. II, p. 171. OLAÜS MAGNUS, *Hist. Sept.*, lib. XIX, cap. VII. BUFFON.

jaunisse (1). J'ignore si nos médecins nous en font
avaler sous un nom scientifique et sous une forme
déguisée.

Quand on meurt de faim et de froid, on rit peu,
et je doute que les Kamtschadales aient jamais
songé à folâtrer dans la neige avec les jeunes oisons ; mais, dans nos climats plus doux, ces aima-
bles oiseaux pourraient être les compagnons des
jeux de notre enfance. Un âge moins innocent s'a-
muse seul des oies, et j'ose à peine expliquer comment...

Il est un jeu barbare auquel j'ai vu souvent des
gens du peuple s'exercer autrefois dans les guin-
guettes et les cabarets du boulevard Mont-Parnasse
et de la Banlieue ; c'est ce que l'on appelait le *tir à
l'oie*. On plaçait le cou d'une oie entre deux bâtons
assez rapprochés pour empêcher la tête de passer,
et le malheureux oiseau se trouvait ainsi suspendu.
Les joueurs, dont chacun avait payé une certaine
somme au gargotier, se plaçaient à 25 ou 30 pas,
armés de longs bâtons qu'ils lançaient à la pauvre
bête. Le corps de l'oiseau était préservé par des
planches, et sa tête seule pouvait être atteinte. Pour
gagner l'enjeu, il fallait que cette tête fût coupée par

(1) BUFFON, *L'Oie*.

les bâtons auxquels elle servait de but et que l'oie, tout-à-fait décapitée, tombât à terre. Il arrivait le plus souvent que l'oie était touchée vingt fois avant de mourir : plus elle était blessée, saignante, plus le jeu prenait d'intérêt ; les convulsions de son agonie faisaient le bonheur des joueurs, dont elles excitaient l'hilarité. Grâce à la loi Grammont, grâce à la Société protectrice des animaux, qui veille à l'exécution de cette loi, le *tir à l'oie* est devenu rare. Il n'est cependant pas encore aboli partout, mais on se cache pour s'en amuser. Bêtes féroces, à face d'homme, qui vous livrez à ce plaisir avec vos enfants, poursuivez et vous recueillerez ce que vous aurez semé. Vos fils seront dignes de vous... ce bâton teint du sang d'un innocent animal se lèvera peut-être un jour sur votre tête et viendra figurer sur la table d'une Cour d'assises, parmi les pièces à conviction d'une accusation de parricide !...

Détournons nos yeux de ces horreurs, et reportons notre pensée vers de plus douces émotions, qui sont aussi pour nous des souvenirs d'enfance. Je veux parler d'un autre jeu qui porte également le nom de l'oie, et que je regarde comme un de ses bienfaits. Il a fait le bonheur de beaucoup de générations, puisqu'il est renouvelé des Grecs, et « l'esprit s'y déploie, » comme l'a judicieusement remarqué un

certain Hector (1), qui descendait peut-être des
Troyens, puisque rien ne s'oppose à ce qu'il en soit
descendu. *Le noble Jeu de l'Oie* apprend aux enfants
à compter jusqu'à 63, à lire des règles mieux rete-
nues que celles du rudiment, et à supporter les
coups du sort. Je ne suis point surpris du succès
soutenu de ce jeu philosophique. Il est l'image de
la vie : beaucoup d'appelés et peu d'élus. Au point
de départ, le nombre des concurrents est illimité.
Une fois lancés dans la carrière, c'est à qui de-
vancera les autres; chacun pour soi ; nulle considération n'arrête ou ne suspend la marche des
derniers venus. Tant pis pour les grands-parents
s'ils se trouvent sur le chemin de leurs petits-enfants :
ceux-ci leur passent sur le corps et peu leur importe, pourvu qu'ils arrivent au but les premiers.
C'est en cela que consiste le bien-jouer... mais que
d'obstacles sur la route ! Prenez garde au n° 19 !
celui qui entre à l'*Hôtellerie* y perd son temps, pendant que ses rivaux continuent d'avancer et font
leurs affaires à ses dépens. Avis pour le reste de
leurs jours à ceux qui seraient tentés de succomber
aux séductions du cabaret ou du café. Pour moi,
c'est tout un : le café est le cabaret des *gentlemen*, et

(1) REGNARD, *Le Joueur*.

le cabaret, le café des pauvres diables. Combien de
gens prennent la fâcheuse habitude d'y gaspiller
leur argent et leur temps, leurs soirées surtout, au
mépris des douceurs du foyer domestique ! Et pourquoi ? Pour n'avoir pas compris, dans leur enfance,
le sens profondément moral du n° 19. Ce danger
passé, un autre écueil vous attend au n° 31 (*le Puits*),
et vous y restez jusqu'à l'arrivée d'un libérateur qui
prend votre place, comme un autre Vincent de Paul,
moins la charité. Gare au 52 ! c'est *la Prison* avec
laquelle les plus honnêtes gens sont exposés à faire
connaissance, dans notre siècle de troubles et de
révolutions. Tout cela est-il enfin derrière vous ?
Vous approchez... hélas ! *La Mort* vous attend au
n° 58, quand vous n'aviez plus à faire qu'un petit
nombre de pas pour arriver au « *Jardin de l'Oie* »,
verdoyant, florissant, vrai paradis où sont réunis
les enjeux. Un seul y parvient et prend tout ! N'a-
vais-je pas raison de dire que *le Jeu de l'Oie* est
l'image de la vie humaine ?

§ 3. *De l'Oie aux points de vue de l'archéologie et de l'histoire.*

Un être aussi intéressant que l'oie ne pouvait manquer d'avoir une histoire à lui. J'en ai cherché les traces dans la nuit des temps, et comme, en pareille matière, on ne saurait remonter trop haut, je la commencerai *gemino... ab ovo.*

Il n'est pas bien certain, en effet, que les deux œufs pondus par Léda, et d'où devaient sortir Hélène et Pollux, aient été le résultat des amours de cette princesse avec un cygne. On a quelque raison de croire que Jupiter, obligé, pour séduire l'épouse du Roi Tyndare, de se déguiser en oiseau, s'était métamorphosé en oie mâle, en jars ! C'est ce que l'on trouve formellement exprimé dans le poëme de Ciris (l'aigrette), attribué à Virgile : une jeune fille est changée en une sorte de phénix, au chef orné d'une aigrette de pourpre et d'une beauté qui surpasse même celle de l'*Oie de Léda :*

Ciris Amycleo formosior *ansere* Ledæ (1).

(1) *Ciris,* versu 489.

Pausanias et plusieurs autres auteurs pensent aussi que l'amant de Léda était un oison. C'est par cette raison, dit-on, que l'oie était consacrée à Priape (1); mais il y avait encore un autre motif, auquel je ferai allusion tout-à-l'heure, en renvoyant, toutefois, le lecteur à Buffon (2).

Aux temps héroïques de la guerre de Troie, c'est-à-dire environ 1200 ans avant Jésus-Christ, l'oie était déjà et tout à la fois un objet d'affection et d'utilité. On avait des oies dans les cours, dans les jardins et jusque dans les habitations royales, comme oiseau d'agrément, et dans les basses-cours comme oiseau comestible. Je ne sache pas qu'il en soit question dans l'*Iliade*, mais l'*Odyssée* en parle à deux reprises différentes. Devenue épouse de Ménélas, Hélène en élevait dans les cours de son palais, et l'une d'elle, ayant été enlevée par un aigle, il s'en suivit une émotion générale :

Un aigle, paraissant à la droite des cieux,

(1) Sur la consécration de l'oie à Priape et sur la mort d'une oie sacrée, V. le *Satyricon* de Pétrone, ch. CXXXVII et suiv. dans la Biblioth. Latine-française de Panckoucke, t. II, p. 205, et quant aux autorités de Pausanias et autres, v. la note sur ce passage, même t. II, p. 448.

(2) V. p. 447.

S'envole en emportant, dans ses serres cruelles,
Loin d'une cour voisine, une oie aux blanches ailes.
Hommes, femmes, chacun à grands cris le poursuit (1).

Émotion bien légitime, émotion filiale d'Hélène peut-être ! Qui sait si cette oie n'était pas Jupiter lui-même, méconnu et enlevé par l'oiseau de Jupiter ?...

Dans son petit royaume d'Ithaque, Pénélope avait aussi des oies et leur témoignait une grande tendresse ; c'est elle-même qui le dit :

Hôtes de mon palais, vingt oisons domestiques,
D'un blé détrempé d'eau, nourris sous les portiques,
Charment mes yeux. . . . . (2)

« Un homme, dit Ésope, avait une oie destinée à sa table et un cygne qu'il nourrissait pour la beauté de son chant. Il veut prendre l'oie, dans l'obscurité, pour lui couper la gorge. Il se trompe et prend le cygne ; mais celui-ci chante son chant harmonieux et suprême ; il est reconnu et sauvé. » Si les apologues qu'on attribue à l'illustre Phrygien étaient de

(1) Ch. xv, vers 161, 162, 174, traduct. de M. Bignan. — M. Delorme, *Les hommes d'Homère*, chap. xi.

(2) Ch. xix, vers 536, 537. M. Delorme, *Ibid.*

lui, ils fourniraient, comme on le voit, une preuve nouvelle de la domestication de l'oie, dans l'Asie-Mineure, 600 ans environ avant notre ère ; mais les fables d'Ésope sont un peu de tout le monde : Socrate en versifia plusieurs (1), Démétrius de Phalère en fit un recueil. Babrius, ou plutôt Babrias les mit en vers, et finalement un dernier recueil en fut fait par le moine Planude, au xive siècle (2). Toutefois, l'antiquité de cette fable du Cygne et de l'Oie est certaine, et son attribution au Phrygien peut être un indice utile de son origine, surtout si cet indice est confirmé par d'autres, comme on le verra tout à l'heure.

A ces époques et dans ces contrées lointaines où l'homme, moins distrait par les complications de la vie, s'adonnait davantage à l'intimité des êtres vivants dont il est entouré, l'oie était plus qu'un oiseau d'agrément : on utilisait sa vigilance. On lui confiait la garde de la maison, comme on la confie de nos jours au chien. Nous trouvons une preuve de cet usage chez les peuples de l'Asie-Mineure dans la fable de Philémon et Baucis. Le plus ancien récit qui nous en soit parvenu est d'Ovide, écrit, par consé-

(1) PLATON, *Phédon*.
(2) CLAVIER, vº *Ésope*, dans la *Biogr. univ.*

quent, au siècle d'Auguste ; mais son origine orientale n'est pas douteuse. La scène se passe en Phrygie, pays voisin de la Troade : c'est là que Jupiter et Mercure, repoussés de toutes les riches habitations, sont accueillis avec empressement dans l'hospitalière cabane de Philémon et Baucis. Ceux-ci n'avaient presque rien à offrir ; un prodige leur fait reconnaître les Dieux ; ils veulent leur faire un festin d'une oie, leur seule richesse, leur amie, la gardienne de leur pauvre taudis :

> Unicus anser erat, minimæ *custodia* villæ
> Quem Dis hospitibus, domini mactare parabant (1).

On sait le reste : l'oie se réfugie près des Dieux, qui s'opposent à ce qu'on la tue.

La Fontaine a dénaturé ce sujet, en ne précisant pas le pays où la scène se passe ; et, malgré les admirables vers dont il a orné cette fable, j'oserai dire qu'il l'a un peu gâtée en substituant à l'oie, amie des vieillards phrygiens et gardienne de leur modeste habitation, « une perdrix privée. » courant dans le verger, et qui n'eût été qu'un objet de luxe et d'amusement.

(1) *Métamorphoses*, liv. VIII.

L'oie, si douce et si familière, était, chez ces peuples primitifs, la compagne des jeux de l'enfance. Un joli groupe de notre musée des Antiques en porte témoignage : c'est *L'Enfant à l'Oie*. Ce groupe, en marbre pentélique, et déjà ancien par lui-même, « est la copie d'un groupe semblable dont Pline fait mention, et que Boëthus, statuaire carthaginois, avait exécuté en bronze (1). » Nous citons ce monument de sculpture parce qu'il est connu de tout le monde, mais il en existe beaucoup d'autres. Dans la collection des antiquités du Louvre, provenant du marquis de Campana, on voit plusieurs exemples d'enfants jouant avec des oies. Nous pouvons indiquer notamment une des terres cuites trouvées à Tarse, en Cilicie, données par M. Langlois en 1853 et qui avaient été réunies dans une montre. Dans les musées de Rome, on voit plusieurs *Enfants à l'Oie*. Il y en a un aussi au musée de Leyde, portant une inscription en caractères étrusques, preuve de sa haute antiquité (2).

(1) *Manuel de l'Histoire de l'Art chez les anciens*, etc., 1re partie, n° 694, par M. DE CLARAC, membre de l'Institut et conservateur des antiques.

(2) Voir le mémoire de M. le Comte CONESTABILE, professeur d'archéologie à Pérouse, dans les *Mémoires de la*

La passion de l'oie pour l'homme, qui répondait à son attachement était bien connue des anciens.

Dans la ville d'Ægium en Achaïe, près de Sicyone, une oie aimait *d'amour* un jeune garçon, nommé Amphilochus, natif d'Olène. Cet amour est attesté par Cléarque, par Théophraste, par Athénée. Pline en a rajeuni la mémoire (1) ; le P. Hardouin n'a pas dédaigné d'en vérifier les détails, et Bayle d'en enrichir son *Dictionnaire historique* (2).

A ce fait, Athénée et Pline en ajoutent un autre, non moins fameux, qui suggère au naturaliste latin cette réflexion, que l'oie paraît apprécier la sagesse et la philosophie (*potest et sapientiæ videri intellectus anseribus esse*). Tous deux rapportent, en effet, que Lacyde, philosophe grec, natif de Cyrène, disciple d'Arcésilas et son successeur dans l'Académie, était lié de la plus intime amitié avec une oie, qui le suivait dans sa maison et au dehors, le jour et la nuit, en public, au bain, au milieu de ses élèves, partout. Quand la pauvre bête mourut, Lacyde lui fit des funérailles aussi magnifiques que si elle eût

Société des antiquaires de France, t. XXVII, p. 130 et 144, in-8°, Paris, 1864.

(1) Lib. X, cap. XXII.

(2) V° *Amphilochus*.

été son fils ou son frère (1). Il est douteux que les héritiers de Lacyde lui en aient fait d'aussi belles, lorsqu'il mourut 215 ans avant l'ère nouvelle. Ah ! si son oie avait pu lui fermer les yeux et présider à ses obsèques !... Il ne faudrait pas croire cependant que tous les Grecs aimassent l'oie, seulement à la façon de Lacyde ; beaucoup d'entre eux l'aimaient autrement, les Spartiates surtout : ils s'en régalaient (2).

Je ne voudrais rien dire ici qui fût désagréable aux chiens ; mais je dois à la vérité de déclarer qu'à Rome on leur préférait les oies pour la garde des maisons, des fermes et même des places fortes. Ælien remarque en effet, avec raison, qu'en présentant un appât à un chien, on obtient de lui le silence, tandis que l'oie incorruptible crie lorsqu'on lui présente de la nourriture (3). C'est au plus savant agronome de l'antiquité, c'est à Columelle que nous devons de connaître la préférence des cultivateurs romains pour les oies, comme animaux de garde (4). Enfin,

(1) ATHÉNÉE, lib. XIII, cap. VIII. PLINE, lib. X, cap. XXII. ÆLIAN. *De natura animal.*, lib. VII, cap. XLI. Bayle, *Dict. hist.*, v° *Lacyde. Biographie univ.*, v° *Lacyde.*

(2) ATHÉNÉE, lib. XIV, cap. LXXIV.

(3) ÆLIAN. lib. XII. cap. XXXIII.

(4) « Anser præcipue rusticis gratus est quod solertiorem

Végèce, dans son traité *De l'art militaire*, n'hésite pas à les donner pour les plus vigilantes sentinelles que l'on puisse poser dans une ville assiégée (1). Virgile a chanté leurs exploits au VIIIe livre de l'*Énéide* (2).

« Tout le monde sait qu'au Capitole, elles avertirent les Romains de l'assaut que tentaient les Gaulois, et que ce fut le salut de Rome. Aussi, le censeur fixait-il chaque année, une somme pour l'entretien des oies, tandis que le même jour on fouettait les chiens dans une place publique pour les punir de leur coupable silence dans un moment aussi critique (3). » Il paraîtrait même, d'après le texte de Pline, qu'au jour du triomphe des oies, on crucifiait des chiens vivants, à des troncs de sureaux, dans les carrefours (4). Pauvres bêtes ! était-ce leur faute d'avoir l'oreille moins fine que les palmipèdes ? et n'était-ce pas bouleverser toutes les notions du juste et de l'injuste, que de punir sur des

custodiam quam canis præbet. » *De re rustica*, lib. VIII, cap. XIII.

(1) *De re militari*, lib. IV, cap. XXVI.

(2) Description du bouclier d'Énée.

(3) Buffon, *L'Oie*.

(4) « Supplicia annua canes pendunt, vivi in sambuca arbore fixi. » Lib. X, cap. XXII.

chiens de la 500ᵉ génération, la faute d'ancêtres qui pouvaient bien n'être pas les leurs.

Lucrèce paraît croire que les oies ont l'odorat d'une finesse extrême, qu'elles éventent de très-loin la piste des hommes et que c'est au fumet exhalé par les Gaulois, suant sang et eau pour escalader le Capitole, qu'elles ont reconnu leur présence :

> . . . . . . Humanum longe præsentit odorem
> Romulidarum arcis servator candidus anser (1).

Cette assertion n'a été confirmée par aucun naturaliste. Lucrèce s'est donc trompé : il a pris le nez pour les oreilles. Cet affreux matérialiste a commis bien d'autres erreurs !

Sept ou huit cents ans après l'exploit qui valut au vainqueur des Gaulois le surnom de *Capitolinus*, on retrouve les oies en activité de service sur les remparts d'Argentoratum. Elles sauvèrent aussi cette ville des dangers d'un siége, dans la guerre que Julien y soutenait contre les Allemans et les Francs, qu'il battit en 347, sous les murs de cette importante cité (2). Argentoratum est devenu Strasbourg...

(1) *De rerum natura*, lib. IV, v. 684 et 685.

(2) Bouillet, *Dict. d'histoire et de géographie*, vᵒ *Stras-*

l'ingrate Strasbourg... où l'on exploite plus furieusement que partout ailleurs, le commerce des patés de foies gras !... Quel rapprochement et qu'elle dérision du sort !...

Si du moins les soldats romains s'étaient montrés reconnaissants envers les nobles bêtes qui les remplaçaient si bien sur les remparts ! Mais non ! la cupidité étouffait chez eux tout autre sentiment, même celui de la discipline. « Le prix que les Romains mettaient au duvet d'oie, qui leur venait de Germanie, fut plus d'une fois la cause de la négligence des soldats à garder les postes de ce pays ; car ils s'en allaient, par cohortes entières, à la chasse aux oies (1). » Ajoutons que ces soldats pouvaient encore tirer bon parti de la graisse : « Cette graisse d'oie était très-estimée des anciens, comme topique nerval et comme cosmétique ; ils en conseillaient l'usage pour raffermir le sein des femmes nouvellement accouchées, et pour entretenir la netteté et la fraîcheur de la peau ; ils ont vanté comme médicament la graisse d'oie que l'on

bourg. M. Oscar Honoré, _Le Cœur des bêtes,_ chap. XLIII. M. Geoffroy-Saint-Hilaire.

(1) Buffon, _L'Oie._ — « Cohortibus totis. » Pline, lib. X, cap. XXII.

préparait, à Comagène, avec un mélange d'aro-
mates. Aldrovande donne une liste des recettes où
cette graisse entre comme spécifique (1)... »

On voit que, pour les anciens, l'oie était bonne à
peu près à tout.

Son foie était particulièrement apprécié des gourmets romains. Pline le constate et agite la question
de savoir si c'est à Scipion Métellus, personnage
consulaire, ou à M. Sestius, chevalier romain de la
même époque, qu'il faut attribuer la découverte
d'un tel trésor (2). Martial vante les foies les plus
volumineux :

> Aspice quam tumeat magno jecur ansere majus (3).

Horace, dans le repas de Nasidienus, fait apporter
entre autres mets, par les esclaves, le foie d'une oie
blanche nourrie de figues grasses :

> . . . . Deinde secuti
> . . . . pueri . . . . discepta ferentes
> Membra gruis. . . . .
> Pinguibus et ficis pastum jecur anseris albi (4).

---

(1) BUFFON, *L'Oie.*
(2) « Qui primus tantum bonum invenerit. » Lib. X,
cap. XXII.
(3) L. XIII, 58.
(4) Lib. II, Sat. 8.

Columelle, enfin, avait reconnu qu'on favorisait l'engraissement de l'oie et le développement de son foie, en la privant de locomotion, en l'exposant à une température élevée et en l'enfermant dans l'obscurité (1) ; mais là se bornait, chez les Romains, l'art de se procurer des foies gras ; ce qui n'empêche pas Juvénal, ami de Martial, et sans doute aussi des foies gras, d'affirmer, peut-être avec un peu de cette « *mordante* hyperbole » à lui reprochée par Boileau, qu'on parvenait à rendre le foie de l'oie aussi gros qu'une oie :

Anseris ante ipsum magni jecur, anseribus par (2).

De cet usage de développer les foies en nourrissant les oies avec des figues (*ficus*), usage constaté par Palladius (3), était né chez les Romains le mot *ficatum*. Le *ficatum* était le foie d'une oie engraissée avec des figues. Ce n'était, dans l'origine, qu'un terme de cuisine. Dans la basse-latinité des siècles

(1) « Facilis harum avium sagina.... dummodo large bidendi potestas fiat, nec vagandi facultas detur ; sint que calido et tenebricoso loco. » *De re rustica*, lib. VIII, cap. XIV.

(2) Juvénal, Sat. V, vers 114.

(3) *De re rustica*, lib. I, cap. XXX.

suivants, le mot propre *jecur* fut remplacé par *ficatum* et même par *figatum*. Les langues romanes, héritières de ce parler populaire, ont tiré de là l'italien *fegato*, l'espagnol *hegado*, le portugais *figado*, le provençal *fetge*, et enfin le français *foie*. Ce dernier mot tire donc son origine de l'art culinaire des anciens, et son étymologie est constatée par M. Louis Quicherat dans le savant Dictionnaire à l'usage des érudits, qu'il a publié sous le titre : *Addenda lexicis latinis*.

Les anciens attribuaient au cygne un chant mélodieux qu'ils refusaient à l'oie. Virgile, dans sa IXe églogue, promet à Varus que les cygnes

> Porteront jusqu'au ciel son renom glorieux (1).

Et dans la même pastorale le berger Lycidas, comparant modestement ses inspirations à celles d'autres poètes, ajoute :

> C'est le cri de l'oison près du cygne sonore (2).

(1) Vare, tuum nomen. . . . .
   Cantantes sublime ferent ad sidera cycni.
               (Traduction de M. BERVILLE).
(2) . . . . . . videor . . . .
       . . . . argutos inter strepere anser olores.
               (Même traduction).

Tout cela a longtemps passé pour n'être que mythologie; mais le siècle du progrès devait amener
le jour de la justice. Un de nos contemporains, qui
a écrit l'histoire de son pays avec beaucoup d'imagination, et l'histoire naturelle depuis la baleine jusqu'à l'insecte, avec des idées toutes neuves, veut
que le chant du cygne soit une vérité. Il a pris Virgile pour un naturaliste d'autrefois, et les cygnes
pour des perroquets auxquels on apprenait à répéter
un nom propre. Il affirme donc que les cygnes vivaient jadis dans les pays chauds « où, dans leur
vol sublime, ils poursuivaient les étoiles d'un chant
harmonieux et leur portaient le nom de Varus. »
Il se demande sérieusement « si les organes du chant,
qu'on trouve si développés chez le cygne, lui furent toujours inutiles, » et il conclut en déclarant
que cet oiseau, « refoulé au nord, où ses amours
trouvent mystère et repos, a sacrifié son chant et
pris l'accent barbare (1). » S'il en est ainsi du
cygne, il doit en être de même de l'oie, en vertu des
lois d'analogie des espèces. Je demande donc à l'illustre physiologiste de s'assurer, par ces dissections
pour lesquelles il professe un goût (auquel je crois
qu'il ne s'est jamais laissé entraîner), si les organes

(1) MICHELET. *L'Oiseau. Décadence de quelques espèces.*

du chant sont également développés chez l'oie, et d'étendre, en ce cas, à mes protégées ses savantes assertions. Les oies n'en chanteront pas davantage pour cela ; mais on saura du moins qu'elles pourraient chanter comme des cygnes, si elles n'avaient pas aussi adopté « l'accent barbare. »

Je serais tenté de penser que cette étroite parenté entre les cygnes et les oies avait frappé les Francs ; car, dans cette fameuse Loi Salique dont on parle tant sans la connaître et qui n'est guère qu'un tarif de dommages-intérêts, le voleur d'une oie domestique et le voleur d'un cygne sont également condamnés à payer 120 deniers, qui faisaient trois sous d'or (1) ; assimilation d'autant plus flatteuse pour l'oie, que les Francs étaient meilleurs juges que nous du mérite des animaux qu'ils savaient aussi mieux utiliser (2).

Les habitants de la Grande-Bretagne avaient pour l'oie plus d'estime encore que les Gaulois et les

(1) « ..... cxx denariis, qui faciunt solidos iii, culpabilis judicetur..... » Tit. vii, *De furtis avium*, art. 5 et 6. Le sou d'or se divisait en 40 deniers et valait environ 16 fr. de notre monnaie. V. Scaliger, *De re nummaria.*

(2) Ils dressaient à la chasse non-seulement des chiens, des faucons et des éperviers, mais encore des cerfs. Tit. xxxv, *De Venationibus*, art. 2 et 3.

Francs. Il semble qu'ils l'aient regardée comme sacrée. César dit que manger une oie était chez eux une mauvaise action, presque un crime. Ils élevaient cependant ces oiseaux, mais seulement par fantaisie et pour leur agrément (1).

Les Païens avaient consacré l'oie au Dieu des jardins par des raisons qu'il ne serait pas convenable d'expliquer ici (2). Les Chrétiens la placèrent sous le patronage de saint Ferréol (3). Par quel motif ? Je l'ignore ; et de quel saint Ferréol, car il y en a quatre ? Je n'en sais rien. C'est en vain que je l'ai demandé aux Bollandistes et à d'autres hagiographes.

Quoiqu'il en soit, ce patronage atteste l'affection de nos bons aïeux pour l'oie ; et, de fait, elle était pour eux un des mets les plus recherchés. Témoin

(1) « Anserem gustare fas non putant..... tamen alunt animi voluptatisque causa. » *De Bello Gallico*, lib. V. p. 136, édit. de M. Potier.

(2) BUFFON, *l'Oie*.

(3) Le RABELAISIANA, Jurons, v° *Ferréol*, cite quatre saints de ce nom et l'on y renvoie, pour la justification du patronage des oies, à l'*Apologie pour Hérodote*, chap. XXXVIII. On ne voit que trois saints Ferréol dans le *Catal. alphab. des Saints*, donné par la Société de l'Hist. de France dans son *Annuaire* de 1860, p. 73.

la Farce de maître Pathelin. L'oie était l'élément principal des festins bourgeois et rustiques. Au mois d'août, on mangeait solennellement l'oie de la moisson, et l'usage existe encore dans les fermes normandes de régaler d'une oie les moissonneurs au jour de la rentrée des dernières gerbes. L'oie de la St-Martin était plus indispensable encore aux galas de l'arrière-saison. La Mésangère parle de « jetons qui ne paraissent pas être très-anciens et qui certainement font allusion à cet usage, puisqu'ils représentent d'un côté une oie et offrent de l'autre le mot *Martinalia* (1). »

Le savant Millin, naturaliste, antiquaire et numismate, n'a pas dédaigné de faire de cette médaille le sujet d'une grave dissertation sur *les Martinales et l'oie de la St-Martin* (2). Il nous apprend qu'elle est d'argent, d'un petit module, et que, d'après la forme des caractères, elle date du commencement de l'avant-dernier siècle. Il est persuadé qu'elle a été frappée à l'occasion des réunions de certaines corporations ou confréries, et des réjouissances auxquelles elles se livraient à l'époque de la St-Martin.

(1) *Dict. des proverbes français,* v° *Oie de la Saint-Martin.*

(2) *Collection des meilleures dissertations, notices, etc., relatifs à l'Hist. de France,* par M. LEBER, t. XX, p. 328.

J'ajouterai que la médaille dont il s'agit pourrait bien être un de ces méreaux ou jetons de présence, dont l'usage a été fréquent au moyen-âge, et qu'on distribuait aux moines et aux confrères, assistant aux offices religieux qui précédaient d'ordinaire les banquets des grandes fêtes. « L'oie, qui est la base de la fête, dit Millin, y figure d'un côté, et le mot *Martinalia*, inscrit de l'autre, indique l'objet de la réunion. Ce mot *Martinalia* a été reçu dans l'Église, pour désigner la fête de saint Martin, comme on dit *Paschalia*, *Natalia*, parce qu'elle avait une octave. »

Millin constate que l'oie était très-multipliée et appréciée dans les Gaules ; « mais, se demande-t-il, quel rapport peut-elle avoir avec le saint évêque de Tours ? Plusieurs saints ont un oiseau pour attribut : l'aigle accompagne saint Jean ; le corbeau, saint Benoît ; le cygne, saint Hugues. Aucune antique image de saint Martin ne le représente avec une oie. »

Millin réfute successivement toutes les hypothèses proposées par ceux qui, avant lui, avaient examiné la question. Suivant une certaine tradition, on mange une oie le jour de la St-Martin, pour punir cet oiseau d'avoir troublé le célèbre évêque dans une de ses prédications. Suivant les autres, saint Martin, pour

se soustraire aux honneurs de l'épiscopat, que les
chrétiens voulaient lui décerner, se serait caché dans
une caverne profonde, et sa retraite aurait été dé-
celée par les cris d'une oie; en punition de quoi le
Saint aurait maudit cet oiseau à perpétuité et l'aurait voué à la chaleur des fours, à l'ardeur des bra-
siers et aux broches acérées de fer ou de bois, pour
être mangé dans les familles, en redisant, dans des
chœurs joyeux, le sujet de la solennité. Cette légende
racontée, d'après Bartholin, par Jean Bloy, en fort
mauvais vers latins (1), n'est appuyée sur aucune
autorité sérieuse.

Frédéric Nauséa, évêque de Vienne (2), dit que
l'oie a été consacrée au repas de la St-Martin, parce
qu'elle veille et crie pendant la nuit, comme le saint
évêque veillait souvent pour rappeler aux fidèles
leurs devoirs dans de vives prédications. Cette explication est encore rejetée par Millin. Il est vrai que,
dans la symbolique chrétienne, l'oie (qui avait
diverses significations) était considérée comme représentant principalement la vigilance, à cause de
l'extrême finesse de son ouïe et de l'instinct qui la

(1) Johan. Christ. FROHMANN, *Anser Martinianus*, 1683,
pars prima.

(2) Cité par LAMARRE, *Traité de la Police*, t. II, p. 735.

porte à crier et à signaler, surtout pendant la nuit,
l'approche furtive de tout venant. Dans tous les traités
à l'usage des cloîtres, écrits par les mystiques, à partir
du xᵉ siècle, et notamment dans ceux de Raban-
Maur, l'oie figure le religieux vigilant, prudent, qui,
voyant pécher son frère, en quelque sorte endormi
dans l'oubli du devoir ou de la règle, l'éveille et
l'oblige à se garder des surprises de l'éternel ennemi
(*hostem antiquum*), c'est-à-dire du démon (1). Mais
ce symbolisme ne suffit pas pour rattacher au souvenir du saint qui fonda dans les Gaules le premier
monastère, l'usage de se régaler d'une oie au jour
de sa fête.

Bartholin, qui avait déjà indiqué une origine citée
plus haut, en hasarde encore une autre : c'est que
les Chrétiens auraient mangé l'oie dans leurs festins

(1) «... Cum igitur anser supervenientis hominis odorem
sentit, nocte clamare non desinit, quia cum negligentias
ignorantiæ circonspectus frater in aliis videt, clamare de-
bet... a capitulo vero clamor providi fratris hostem repellit
antiquum... Divina Providentia naturam volucrum nobis,
ut opinor, non proponeret, nisi eos in aliquo nobis prodesse
vellet. » Hug. a Sancto Victore, *Instit. monast.* lib. I,
cap. lxvi, t. II, p. 443. —V. aussi Eucher, saint Isidore
de Séville, le savant abbé de Fulde Raban-Maur et autres
qui ont écrit pour l'instruction des religieux.

du 11 novembre, en mémoire de ce que sa chair trop
pesante aurait occasionné des désordres dans l'estomac du Saint et causé sa fin ; à quoi l'on objecte,
avec raison, que Sulpice Sévère, ami et biographe
de saint Martin, qui fait de sa mort un touchant récit,
ne dit rien de ce conte ridicule.

Millin cite encore l'opinion du Père Carmeli (1),
qui n'aurait vu dans les *Martinalia*, que la conti-
nuation dans la Gaule, païenne d'abord et ensuite
chrétienne, des fêtes de Bacchus, succédant aux vendanges célébrées chez les Grecs, au mois Antheste-
rion, sous le nom de Pithoegia (Πιθοιγία), et chez les
Romains, sous les noms de *Vinalia* et de *Brumalia*.
Cette opinion s'appuierait sur divers miracles opérés
au tombeau de saint Martin en faveur des buveurs de
vin. M. Leber admet sans hésiter cette origine : « C'est
en passant par les *Brumalia* des Romains, dit-il,
que les Anthestéries grecques sont venues se mêler
au divertissement des Chrétiens, où elles ont usurpé
longtemps après le nom de saint Martin (2). »

A cette explication, Millin en préfère une autre

____

(1) *Della festa di san Martino. V. Storia di vari costumi
sacri e profani*, t. II, p. 79.

(2) *Collection des meilleures dissertations, notices, etc.,
relatifs à l'Hist. de France*, par C. LEBER, t. IX, p. 465.

qu'il attribue au religieux Camaldule Anselmo Costadini (1), mort vers la fin du siècle dernier, et que celui-ci paraît avoir empruntée au moine français, Gervaise, qui écrivait cent ans auparavant. « L'église grecque, dit Millin, avait d'abord quatre carêmes; l'église latine en eut trois, et ils furent réduits à deux : l'un, appelé *le grand carême*, précédait Pâques, et l'autre, nommé *le petit carême*, précédait Noël; celui-ci reçut aussi le nom de *carême de saint Martin*, parce qu'il commençait le 12 novembre. La veille, qui était le jour de la fête du Saint, était consacrée, comme la veille des Cendres, c'est-à-dire du grand carême, à des plaisirs et à des festins. L'usage du premier carême a cessé au commencement du XIII° siècle, et ne s'est plus conservé que dans quelques cloîtres. Il dure encore chez les Camaldules, qui en consacrent la veille, c'est-à-dire le 11 novembre, à d'innocentes récréations telles qu'une promenade commune au dehors de leur monastère, pendant laquelle ils peuvent rompre le silence rigoureux qui leur est

(1) Ragionamento sopra la recreazione di santo Martino. Cologera, *Nuova Raccolta*, XX, 143. V. aussi *Vie de saint Martin*, par GERVAISE, p. 462. édit. in-4°, de Tours, 1699.

habituellement imposé, tandis que des viandes, qui dans d'autres temps sont toujours proscrites, les attendent au réfectoire..... Quoique le carême de la St-Martin ait été réuni à celui de Pâques et qu'il n'existe plus, le jour de réjouissance a subsisté ; et comme il se lie en quelques lieux aux opérations de la vendange, on l'a regardé comme une fête bachique, et l'on en a cherché l'origine dans les orgies païennes et les Bacchanales (1). »

Mais pourquoi l'oie est-elle, plutôt que tout autre animal domestique, la pièce fondamentale des repas de la St-Martin ? Par la seule raison peut-être qu'elle était, chez les Gaulois et au moyen-âge, le plus gros et le plus estimé des oiseaux de basse-cour, et qu'à ce titre, elle devait être servie de préférence aux autres volailles dans les festins nombreux, et par conséquent aux banquets des confréries ; et cet usage s'est perpétué même après l'extinction des confréries.

Apprêter les oies, les rôtir, les vendre à une fenêtre ouverte sur la rue, était jadis, chez nous, un privilége et presque un sacerdoce. Ceux qui l'exerçaient s'appelaient des « oyers. » Les oyers de la rue aux *Oués,* qu'on a depuis appelée par corruption rue aux

(1) *Collection* citée plus haut, t XX, p. 328.

Ours (1), jouissaient surtout d'une réputation d'habileté, ce qui avait donné lieu à cette singulière locution : *Vous avez le nez tourné à la friandise comme St-Jacques-L'Hôpital*, parce que le portail de cette église était en face de la rue aux Oués. N'entrait pas qui voulait dans la puissante corporation des « oyers et maistres rostisseurs de la ville et faux-bourgs de Paris : » les conditions à remplir étaient nombreuses et rigoureusement exigées. L'art pratiqué par eux fut longtemps protégé, contre les empiétements de leurs rivaux, par les plus glorieux d'entre les rois de France. Elle donna lieu à des statuts minutieux de Philippe-le-Bel, en 1298, et à des lettres-patentes de Louis XII, de mars 1509 (2). En vain les « *poulaillers* » voulurent-ils faire concurrence aux « *oyers* » : François Ier les repoussa et maintint ceux-ci dans leurs priviléges, par une ordonnance de mars 1526. Henri II se laissa forcer la main ; il admit le premier cette concurrence, tant convoitée par les poulaillers; mais il mit à ses lettres-patentes du

(1) Félibien, *Hist. de Paris,* Preuves, Table, v° *Rue aux Oués.* Dulaure, *Hist. de Paris,* V. à la table, v° *Rue aux Ours.*

(2) V. *Recueil des anc. lois franç.,* t. XII, p. 274, notes; *Traité de la Police,* II, 1430; et *Anc. lois franç.,* t. XI, p. 537.

9 avril 1546 cette condition « qu'ils useroient tous de leurs droits et priviléges, ainsi que leur estoit licite et permis par les ordonnances, sur peine aux délinquans et commettans faultes et abus, pour la première fois d'estre fustigez par les carrefours de la ville de Paris, et de la hart pour la deuxième fois... (1) »

D'autres ordonnances furent rendues sur l'exercice de cette noble profession, par Charles IX, les 4 février 1567 et 14 avril 1578, par Louis XIII, en 1610, et par son lieutenant civil, le 30 mars 1635 (2). Ce n'était pas petite affaire de maintenir dans toute sa pureté une industrie de cette importance, surtout à l'époque où tout se gâtait : aussi, trouve-t-on des traces de sa réglementation jusque sous le règne de l'infortuné Louis XVI (3).

Mais, ô anarchie ! tandis que le souverain protégeait les oyers et les rôtisseurs, son parlement persécutait les oies ! Par trois arrêts des 21 mars 1782, 9 décembre 1783 et 20 juin 1785 (4), il accusait les

(1) *Anc. lois franç.*, t. XIII, p. 1.

(2) Voir, à leurs dates, au *Recueil des anc. lois franç.*

(3) Ord. de police du 22 juillet 1778. *Anc. lois franç.*, t. XXV, p. 365.

(4) *Anc. lois franç.*, t. XXVII, p. 169 et 347, et t. XXVIII, p. 63.

oies d'endommager « par leur fiente..... » (oui, le
Parlement

> De ce burlesque mot a sali ses arrêts !)

d'endommager, dis-je, par leur fiente, les pâturages
des bestiaux... comme s'il était possible d'interdire
à de pauvres oiseaux ce dont les conseillers eux-
mêmes n'eussent pu se dispenser !... et comme si les
bêtes à cornes ne salissaient pas cent fois davantage
les herbages des oies !... mais les petits ont toujours
tort, et les gros ont toujours raison. Ce n'est pas
tout, ces arrêts ordonnaient de restreindre le nombre
des oies dans les campagnes ! c'était ordonner le
massacre des innocents ! Dans toutes les paroisses,
les officiers des justices locales devaient déterminer
le nombre d'oies que la paroisse pourrait posséder,
et les lieux où il leur serait loisible de paître. Et si
quelques-unes dépassaient le nombre permis ou les
limites du terrain légal, on mettait à leurs trousses
les substituts du procureur-général dans les siéges
royaux, les officiers des justices locales, les syndics
des paroisses, les commandants et les cavaliers de la
maréchaussée, pour assurer l'exécution de ces arrêts,
lesquels devaient être imprimés, publiés, affichés et
lus chaque année devant toutes les églises, à l'issue
des messes paroissiales ! Si le nom de Brid'oye n'eût

été depuis longtemps inventé par Rabelais, ces arrêts l'auraient fait trouver ! Et, comme pour ajouter la dérision à la cruauté, le dernier de ces monuments judiciaires était rendu « sur le rapport de maître Lattaignant, conseiller (1), » parent sans doute du jovial abbé dont le nom rappelle la chanson ironique : *J'ai du bon tabac!*... Quel emploi de la force armée et de la magistrature elle-même! Quelle révolution dans les idées! On le sentait déjà dans l'air, 93 n'était pas loin !...

CONCLUSION.

Respectons le malheur!... Plumons l'oie, sans la faire crier ; tuons-la en lui faisant le moins de mal possible ; enfin, mangeons-la..... il le faut bien, hélas! puisque la race humaine ne se nourrit plus des doctrines de Pythagore. Mais n'aggravons pas son sort par de barbares tortures, et surtout n'ajoutons pas l'ironie d'une expression proverbiale, dont l'injustice est aujourd'hui démontrée, aux infortunes d'un être innocent, intéressant, intelligent, aimant et... succulent.

(1) *Anc. lois françaises*, t. XXVIII, p. 64. — L'abbé Lattaignant, auteur de la chanson, était mort en 1779.

LES TROIS PIGEONS.

LES TROIS PIGEONS

Il était une fois, dans l'antique Neustrie, au centre
du pays Bessin, et dans une petite localité jadis
nommée *Barbara villa* (aujourd'hui Barbeville), un
homme jouissant d'un pouvoir absolu sur les sujets
soumis à son autorité. Il était de si grande taille que,
de ses deux bras étendus, il eût pu couvrir son peuple tout entier. Ce peuple, il est vrai ne se compo-
sait que de vingt-cinq familles ; mais il avait sur elles
droit de vie et de mort ; il ne se faisait faute de les
plumer et même, dit-on, de les dévorer, quand son
maître et seigneur le lui permettait. On le nommait
Clément, et ce nom, qui pourrait passer pour une
dérision, était mérité dans une certaine mesure.
En effet, loin de s'opposer au mariage de ceux qu'il
tenait sous sa domination, il favorisait leurs alliances, ne séparait jamais les couples et veillait avec
sollicitude à l'éducation de leurs enfants. Ces vingt-

cinq familles habitaient un donjon où chacune avait son appartement à part. Elles pouvaient voisiner et même sortir, mais il fallait rentrer le soir au gîte. Les sujets de Clément étaient attachés à la glèbe.

Un jour, c'était le 31 mai, ce tyran modèle reçut de son suzerain l'ordre de livrer une des familles dont on a parlé tout-à-l'heure, à un gentleman dont la seigneurie, dite de Saint-Lubin (1), était à sept ou huit lieues de là. Le gentleman attendait pour emmener les captifs destinés à peupler son fief. Il fallut obéir et livrer un jeune couple sur le point de goûter les douceurs de la paternité et de la maternité.

Clément à sa tour monte... A sa démarche décidée on pressent une résolution fatale. De proche en proche se répand une émotion inexprimable ; l'effroi règne dans toute la colonie ; chaque famille tremble d'être séparée des autres parmi lesquelles elle jouit d'une consolante intimité. On se précipite de toutes parts ; le ménage d'un appartement se sauve dans un autre ; les époux sont séparés de leurs épouses éplorées ; celles-ci perdent la tête ; se sauve qui peut... et Clément voyait le moment où bientôt il lui serait impossible d'obéir à l'injonction

(1) Aujourd'hui Saint-Germain-du-Pert, canton d'Isigny (Calvados).

qu'il avait reçue. Il y allait de son honneur et de
son autorité. Il fallait en finir. Il pénétra dans l'un
des sanctuaires de la tour et mit la main sur deux
jeunes effarés si fortement blottis dans un coin,
qu'ils semblaient vouloir enfoncer la muraille pour
prendre aussi la clef des champs.

Les deux victimes, remises à leur nouveau maître,
eurent beau résister, il fallut prendre le chemin de
Saint-Lubin dans la partie la plus obscure d'une
machine roulante, couverte d'une peau de vache où
la lumière du soleil ne pouvait pénétrer. L'on y
souffrait d'une chaleur suffocante comparable à
celle des plombs de Venise. On fit ainsi sept mor-
telles lieues, pour être confiné dans un donjon plus
cruel que le premier, car on y devait rester dans
une étroite captivité jusqu'à ce que l'on eut donné,
par l'habitude de cette triste existence, les garanties
nécessaires pour bannir d'un esprit soupçonneux
les craintes d'une évasion légitime.

Cette douloureuse épreuve n'était cependant que
la moindre des souffrances du jeune couple. Clément, sans le vouloir (car il ne faut calomnier personne, pas même les tyrans), au lieu de prendre
deux époux, à qui leur tendresse mutuelle eût permis de supporter leur sort avec résignation, avait
saisi deux infortunés également vertueux et qui

n'étaient rien l'un à l'autre. Faites-vous, si vous le pouvez, une juste idée de leur supplice, de se sentir côte à côte, dans l'obscurité de leur long trajet, l'un regrettant la fidèle compagne restée à *Barbara villa*, dont il pouvait juger les angoisses par les siennes, et l'autre, dans la position la plus intéressante, la plus pressante et sur le point de devenir mère en présence d'un étranger !... Dans de telles circonstance, l'être le plus compatissant est de trop, à moins qu'il ne puisse se rendre utile... et le genre masculin est si maladroit en pareil cas ! Hélas! il ne sait ni consoler, ni secourir !

On arrive enfin. Chacun des captifs revoit le jour et reconnaît dans l'autre un ci-devant voisin. Mais voisiner n'est pas vivre en communauté, et le voisin le plus aimable importune si l'on ne peut lui défendre sa porte. A quel point est-il détestable s'il se trouve introduit, même malgré lui, dans l'appartement où les premiers avant-coureurs d'une existence nouvelle commencent à troubler le cœur et l'esprit d'une jeune mère ! Sans avoir égard à des protestations désespérées, on enferma dans le même réduit les deux victimes, et, peu d'instants après, la plus embarrassée se trouvait délivrée de deux jumeaux blancs comme le lait le plus pur et qui se ressemblaient comme deux gouttes d'eau. Une ressemblance

si frappante n'est pas sans exemple et l'on y croira
sans peine lorsque l'on apprendra que les deux jumeaux étaient... deux œufs de pigeon !... La nouvelle
Léda venait de les pondre sans avoir eu le temps de
faire son nid...

Je regrette cette révélation. Elle va peut-être
changer en hilarité le tendre intérêt qui commençait à s'attacher à mes deux héros ? Eh bien ! non !
vous vous y intéresserez malgré vous, plus que par
le passé, lorsque vous saurez la fin de l'*histoire*.
J'insiste sur le mot *histoire*, parce que ce récit commençait comme un conte et que la vérité, dépouillée
maintenant des voiles de l'allégorie, va sortir seule
de ma plume : « Toute la vérité, rien que la vérité ! »

Au bout de cinq jours, le Clément de Saint Lubin,
je veux dire le respectable jardinier qui cumulait
avec ses fonctions celles d'intendant du colombier,
jugea qu'il était temps de faire cesser la captivité de
ses pensionnaires. Il avait bien remarqué que, loin
de « s'aimer d'amour, » les deux pigeons n'avaient
pas vécu dans une intimité parfaite ; mais il les
avait gorgés de nourriture et, dans son opinion,
cette circonstance, ajoutée au *far niente* qu'ils avaient
pu savourer à l'aise, avait dû leur faire accepter et
même chérir leur nouvelle demeure. La grille est
ouverte et les voilà libres.

Brunette s'élance au dehors, mais d'un vol laborieux et pesant : pour la rendre plus casanière, on lui avait arraché des ailes les grandes pennes. Elle se perche ici et là, d'un air inquiet, agité ; elle s'éloigne... on ne devait plus la revoir... Brunette avait abandonné, sans esprit de retour,

Ses œufs, ses tendres œufs, sa plus douce espérance (1) !

Que cherchait-elle avec tant d'émotion, voletant d'un toit à l'autre, et consultant tour à tour tous les points de l'horizon ? Il n'est pas difficile de le deviner : l'amour lui tournait la tête : l'amour conjugal étouffait en elle l'amour maternel. Sans doute elle reprit la route déjà parcourue. Hélas ! ni Barbeville ni son cher époux ne la virent reparaître !

Quant à Blanchet, l'autre captif, on l'avait bel et bien réintégré dans sa prison de peur qu'il ne suivît l'exemple de sa compagne. L'eau transparente et le grain ne lui manquaient pas, on y ajoutait même mille douceurs, mais il les dédaignait, était plus triste que jamais et maigrissait à désespérer une cuisinière. A quoi songeait-il ? — A ses amours ? —

(1) LA FONTAINE, *l'Aigle et l'Escarbot.*

Sans doute. — A Brunette peut-être ; car, s'il avait
montré de la froideur pour elle, on pouvait supposer que c'était là un de ces nuages légers qui flot-
tent parfois dans le ciel de l'hymen... Erreur !
Blanchet n'avait eu pour Brunette, triste et captive
comme lui, que les procédés d'une politesse discrète :
son cœur battait pour une autre !

Le 8 juin, trois jours après la disparition de Brunette, on vit apparaître sur les toits les plus élevés
du manoir de Saint-Lubin une volatile de la même
race que le prisonnier, et comme lui « plus blanche
que la blanche hermine. » Elle s'accouvait sur les
faîtières comme une pauvre bête accablée de fatigue,
puis, après quelque repos, changeait d'observatoire
et regardait de tous côtés. Son attitude exprimait
clairement l'épuisement de ses forces, l'inquiétude
et le découragement. Le vieux jardinier de Saint-
Lubin, appuyé sur sa bêche, observait les manœu-
vres de l'oiseau blanc et cherchait à comprendre sa
pantomime. Il appela la châtelaine et celle-ci se prit
de telle compassion pour les souffrances dont elle
était témoin qu'elle eût désiré des ailes pour aller
prendre l'intéressante et douce créature, la caresser
et la consoler... quand tout-à-coup on vit celle-ci
s'agiter comme animée d'une force nouvelle, battre
des ailes et se précipiter vers le pigeonnier de Blan-

chet. Elle ne pouvait se poser sur le bord, la grille de cette prison affleurant le mur de tous côtés. Heureusement une petite échelle, appuyée près de l'ouverture du colombier avait servi les jours précédents à visiter le prisonnier et à lui porter les friandises auxquelles il ne touchait pas. L'oiseau nouveau venu s'y percha. Dès que le captif l'aperçut, il se présenta de l'autre côté du grillage et répondit par des transports de joie aux empressements passionnés du voyageur. Il était clair que ces deux êtres se connaissaient, s'adoraient, étaient tout l'un pour l'autre. L'obstacle qui les séparait fut enlevé. La même prison les reçut et devint pour eux un lieu de délices dès qu'ils y furent réunis. Le voyageur, qui était une voyageuse, fut à l'instant nommée Blanchette. Elle était si heureuse d'avoir retrouvé la moitié d'elle-même, qu'elle négligeait la nourriture dont elle avait pourtant grand besoin. Le jardinier en était un peu étonné.

On conjectura tout d'abord que Blanchette s'était échappée de Barbeville. On écrivit à Clément, et Clément répondit qu'en effet, depuis huit jours, une de ses pensionnaires avait disparu, ajoutant qu'elle était toute blanche à l'exception de deux plumes de la queue nuancées de couleur isabelle à leur extrémité. On courut vérifier cette partie caractéris-

tique du signalement, qui se trouva parfaitement
exacte. Nul doute n'était plus possible : c'était bien
la compagne du pauvre prisonnier qui avait fini par
découvrir son bien-aimé après huit jours de voyages,
de recherches, de fatigues, de pluie, de tempêtes et
de dangers !

Qui lui avait révélé le chemin si mystérieusement
parcouru huit jours auparavant par le préféré de
son cœur, dans un panier fermé et sous la bâche
du siége de derrière d'une américaine ? Par quel
instinct avait-elle été guidée ? Par l'amour, dira-
t-on ? Oui ! l'amour était là pour beaucoup. Mais n'y
avait-il pas, dans cette aventure incroyable et vraie
pourtant, quelque chose de plus ? N'y faut-il pas
reconnaître cette providence divine qui compâtit
aux maux de tous ceux qui souffrent, grands et petits, bêtes et gens, et dont un poète, écrivant sous
la dictée de son cœur, a dit, avec tant de raison :

« *Que* sa bonté s'étend sur toute la nature. »

L'ÉCOLE DE VILLAGE

ET L'ANE SAVANT.

L'ÉCOLE DE VILLAGE

ET L'ANE SAVANT.

Un ancien condisciple que j'avais un peu perdu de
vue, Henri Bernard, avait acheté depuis plusieurs
années, en Normandie, une ferme élevée sur les
ruines d'un vieux château, à quelques kilomètres
de la mienne, et s'était ménagé dans les dépendances
des appartements assez confortables. J'avais promis
d'aller le voir. Je tins parole à la fin de juillet de
l'année 183.. J'arrivais chez lui vers deux heures et
j'allais ouvrir la grille de son jardin lorsque je le vis
accourir essoufflé, couvert de poussière et dévorant
un morceau de pain. Il avait subi, depuis le matin,
l'ardeur du soleil à vérifier et à recevoir trois ou
quatre cents mètres de pierres et de sable sur les chemins vicinaux de sa commune, dont il avait l'honneur d'être le premier magistrat. Il était à jeun et
courait à la distribution des prix de l'école. On l'attendait depuis une demi-heure. Le seul moyen de

passer quelques instants avec lui était de l'accompa-
gner à la solennité qui l'appelait.

Nous partîmes par des chemins creux, étroits,
abrités d'arbres séculaires et d'une fraîcheur délicieuse. La senteur des foins embaumait l'air. De loin
en loin des éclaircies nous laissaient entrevoir de
vastes tapis de verdure, émaillés de ces innombrables
petites fleurs jaunes attestant l'excellente qualité des
herbages où paissaient et ruminaient ces belles et
fortes races de bestiaux qui ne connaissent l'étable,
ni le jour ni la nuit, même au temps des froids les
plus rigoureux.

Chemin faisant nous devisions des bienfaits d'une
loi qui avait fort amélioré l'instruction primaire (1).

Ce que nous regardions alors comme de grands
progrès nous semblerait bien peu de chose aujour-
d'hui, comparé à l'essor donné depuis quelques années
à l'éducation populaire. Ce que Bernard approuvait
le plus chaudement, c'étaient les garanties d'instruction et de moralité résultant du nouvel ordre de
choses et surtout de la création dans chaque dépar-

(1) Loi du 28 juin 1833 sur l'instruction primaire.
L'art. 11 établit dans chaque département une école normale primaire. — Ordonnance royale des 16-23 juillet
1833, relative à l'instruction primaire.

tement d'une école normale. Cette innovation devait
faire disparaître les instituteurs d'une ignorance déplorable admis sans examen ni preuves de capacité
et que l'on appelait alors par dérision des *gardeurs
d'enfants*.

Aurais-tu, par hasard, dans ta commune un de
ces maîtres-là? demandai-je à Henri.

Hélas! oui, me répondit-il avec un long gémissement. Il faut que j'aie bien envie de ne pas me séparer
de toi, pour me résigner à te rendre témoin de ce
que tu vas voir. Tandis que nos environs se peuplent
d'instituteurs qui rivalisent de zèle et d'intelligence
dans l'accomplissement de leurs devoirs, j'ai le malheur de subir l'un des derniers *spécimens* de cette
race de *magisters* que je croyais n'exister plus que
dans l'imagination des auteurs d'opéras comiques.
Aussi l'école est-elle déserte. Sur quarante enfants,
trente au moins vont chercher quelque instruction
dans les communes voisines. A peine en reste-t-il
huit ou dix que leurs parents envoient là pour s'en
débarrasser. Ils n'apprennent rien. Et comment
pourraient-ils apprendre quelque chose? Leur maître, M. Fortin, ne sait ni lire ni écrire... — Ni compter, peut-être? — Ni compter, reprit Bernard ; ce qui
ne l'empêche pas de me remettre tous les trois mois
un état du personnel, de la main du custode, et qui

commence invariablement par ces mots : Classe de mathématiques ! pour continuer par ceux-ci : 1ʳᵉ division, 2ᵉ division, etc. La classe de mathématiques se compose d'un seul écolier qui en est encore à l'addition et n'a jamais pu l'apprendre.

Les autres divisions se bornent à deux ou trois noms et quelquefois à des points. Heureusement M. Fortin, qui se donne depuis trois ou quatre ans cinquante-neuf ans, en a plus de soixante ; on va le mettre à la retraite. M. l'inspecteur primaire, M. le sous-préfet, M. le recteur m'ont promis de m'en débarrasser avant la fin des vacances. J'ai remué ciel et terre pour être dédommagé du passé. J'espère alors régénérer la commune. En attendant, que de couleuvres il me faut avaler !...

Nous arrivions. Mon pauvre ami tira de sa poche son écharpe à franges d'or, en ceignit ses reins et franchit le seuil de l'école.

M. Fortin était sur le pas de sa porte. C'était un gros homme, court, au teint rouge, violacé, apoplectique et réduit par son obésité à une immobilité presque complète. Ses yeux à fleur de tête exprimaient fidèlement le degré d'intelligence que le Créateur lui avait départi. Il était clair que l'éducation n'y avait pas ajouté grand'chose. Ses gros souliers à cordons de cuir étaient fraichement huilés ; le col de sa chemise blanche dépassait ses longues oreilles. M. Fortin était endimanché ! on le voyait donc dans son beau.

Bernard monta sur l'estrade de la classe où se trouvaient M. le curé et M. l'adjoint, les salua et prit place entre eux. On me fit donner une chaise adossée au pied de cet aréopage. Les écoliers, au nombre de dix, étaient debout en face de leurs juges, échelonnés par rang de taille comme les tuyaux d'une flûte de Pan, le plus grand à gauche (c'était le mathématicien), et le plus petit à droite (c'était Létourneau). Derrière eux, et debout aussi, M. Fortin s'appuyait sur une table boiteuse chargée d'un paquet de feuillage et de quelques livres cartonnés et dorés. Une demi-douzaine de mères de famille et autant de commères du voisinage garnissaient le fond de la salle.

M. le maire nous devait une harangue ; il la fit, et l'on peut la résumer ainsi :

» Jeunes élèves,

« Je n'ai pu vous féliciter l'an dernier de vos progrès. Je ne suis pas plus heureux cette année. Vous n'avez rien appris... (M. Fortin fit un sourire approbateur en s'inclinant et regardant M. le maire ; c'était sa manière de faire sa cour à l'autorité)... Ce n'est pas tout-à-fait votre faute... (nouveau salut de M. Fortin)... Votre digne instituteur n'a pu mettre à votre disposition que sa bonne volonté... (autre salut de M. Fortin, flatté du compliment)... Mais la vôtre n'a pas répondu à la sienne. (Ah! non! bien sûr! dit M. Fortin. M. le maire le regarda sévèrement pour lui faire comprendre qu'il n'aimait pas à être interrompu)... Cependant, jeunes élèves, vous n'en êtes pas moins l'espoir de la patrie et, plus vos vertus sont rares, plus il importe de les encourager. Vous n'avez pas déserté le drapeau de la commune; vous n'avez pas désespéré des destinées de l'école; vous l'avez fréquentée jusqu'au dernier jour de l'année. Avec de la persévérance on arrive à tout et la vôtre est de bon augure. Secondée par un enseignement éclairé, elle portera ses fruits une autre année. (Il faut l'espérer, dit à voix basse M. Fortin, les yeux au ciel comme s'il eût invoqué le Saint-Esprit et sans comprendre que la foudre menaçait sa tête)...

» Nous allons terminer celle-ci en vous décernant *ex-æquo* dix prix de persévérance. Monsieur l'instituteur, posez sur la tête de chacun de ces enfants une couronne de laurier et donnez-leur ces dix abécédaires dorés sur tranche. »

Un respectueux silence accueillit cette munificence administrative. La distribution terminée, Bernard, avec une satisfaction mal contenue, prononça ces paroles sacramentelles : « La séance est levée. » Il remercia M. le curé et M. l'adjoint du concours qu'ils avaient bien voulu lui prêter, et descendit de l'estrade.

J'avais eu beaucoup de peine à garder mon sérieux pendant la cérémonie et n'attendais qu'un prétexte pour lâcher la bride à mon hilarité.

Comme nous faisions volte-face pour sortir de la classe, ce prétexte se dressa devant nous sous la forme d'un grand bohémien maigre, noir, efflanqué, à la livrée déguenillée et digne du crayon de Callot. Il était chaussé à droite d'un bas bleu et d'un soulier noir, à gauche d'un bas rouge et d'une sorte de sandale jaune qui devait venir d'une salle d'armes. Un haut-de-chausse mi-parti de deux couleurs claires, mais assez difficiles à définir, un pourpoint orange aux coudes en loques, une fraise de toile dont le temps et l'usage avaient fait une guipure, complétaient son accoutrement.

Ayant appris des écoliers que M. le maire était encore là, il avait pris la liberté d'entrer pour lui demander la permission de donner aux enfants et à leurs parents une petite représentation. Il était question d'un âne savant. Le pauvre homme était courbé dans l'attitude de la plus profonde humilité : il tenait bien bas à deux mains son chapeau, aussi bizarre que le reste de sa friperie, et, tandis que sa large bouche, s'efforçant de sourire, montrait trente-deux dents qui devaient en peu de temps faire beaucoup de besogne, son regard attentif exprimait le désir extrême d'une réponse favorable et même une véritable anxiété.

La patience de Bernard était à bout : depuis le matin il ne s'appartenait pas; il avait hâte de rentrer chez lui et repoussait assez durement la requête du bohémien. Deux grosses larmes s'échappèrent des yeux du solliciteur : « Hélas! Monsieur le maire, dit-il, j'avais là un public que la Providence semblait m'avoir envoyé et qui ne demandait qu'à rester. J'aurais pu gagner un morceau de pain, et je l'aurais partagé avec Martin! Il y a vingt-quatre heures que mon âne ni moi n'avons rien mangé... Allons, mon pauvre Martin, ajouta-t-il en se retournant, et comme si son âne eût été présent, puisque M. le maire ne veut pas de nous, continuons notre chemin... »

Henri avait bon cœur. Tant de misère et de résignation le touchèrent. Il permit ce qu'il avait d'abord refusé, et pour avoir un prétexte de réparer ses torts envers l'indigence, il ajouta qu'il assisterait à la représentation. Je m'invitai moi-même au spectacle.

Transporté de joie, le saltimbanque ne fit qu'un saut de la classe hors de la cour, et l'on entendit dans la rue un tambour battant le rappel. C'était notre homme qui courait vers quelques maisons groupées à cinquante pas de l'école pour obtenir une as-

sistance et une recette plus honorables, tandis que
Bernard répondait à M. le curé demandant, sur le bud-
get municipal, un secours en faveur de sa fabrique.

Durant ce colloque, je recueillais de M. l'adjoint
des renseignements sur l'école et les écoliers. Le
mathématicien, que sa taille élevait au-dessus de ses
camarades comme un peuplier parmi les saules, se
nommait Nicaise Michon. Il était fils unique de Blaise,
le forgeron, l'homme le plus fort du pays (il portait
à bras tendu une barre de fer de 50 kilog.). Nicaise
était l'enfant chéri de M. Fortin, parce que, celui-ci
ne pouvant se baisser, le mathématicien lui faisait
cuire tous les jours ses pommes de terre et ses œufs
sur le plat dans le poêle de la classe et de Mme Fortin,
parce qu'il lavait ses assiettes et balayait la cour.
Cette dernière fonction était évidemment une siné-
cure, car la cour était fort malpropre et parsemée
de papiers souillés de mélasse et de jus de réglisse,
les seules friandises que l'on trouvât chez le Siraudin
du village. Nicaise avait cependant un jour abusé de
la confiance de M. Fortin : il lui avait dérobé une
baguette de jonc dont le maître se servait souvent
pour battre les habits des élèves sans avoir soin de
les leur faire quitter, et, de cette baguette, coupée
en une multitude de tronçons, il s'était fait autant de
cigares qu'il fumait avec la gravité d'un peau-rouge.

Depuis ce larcin, on l'avait doté du sobriquet de Fumichon. On commençait à me conter l'histoire de Létourneau, haut comme une botte et malin comme un singe, lorsque le bateleur nous voyant assis sur la petite place formée devant l'école par l'élargissement de la route, se hâta de revenir tambour battant.

L'élégance de son âne égalait la sienne. On me dispensera de la décrire : quelques lambeaux de velours d'Utrecht, de vieilles plumes d'autruche défrisées... enfin, l'attirail ordinaire de son rôle. Les bambins lui faisaient mille agaceries et lui tiraient les oreilles, sans doute en souvenir du traitement qu'ils avaient eux-mêmes subi plus d'une fois.

Bernard avait fait apporter du cabaret voisin dans la cour de l'école un pot d'avoine, un pot de cidre, du pain et le reste d'une omelette froide. Il voulait que l'âne et son maitre mangeassent avant la représentation. « Non, Monsieur le maire, répondit celui-ci, avec une fermeté mêlée de respect, en se grandissant de deux pouces et baissant les yeux. On est pauvre, mais on a du cœur. Ni Martin, ni moi n'avons encore mangé le pain de l'aumône, et nous ne ne commencerons pas aujourd'hui. Nous ne dînerons que quand nous aurons gagné notre dîner ! » Ces mots étaient accompagnés d'un geste qui me rappela celui d'Hippocrate refusant les présents d'Artaxerxès.

Plaisanterie à part, j'avoue qu'en cet instant cet homme me parut transformé : il me semble qu'il avait dû être beau et connaître des temps meilleurs.

La noblesse de sa réponse lui gagna tous les cœurs.

« Messieurs, Mesdames, s'écria le bohémien, avec la permission de M. le maire, nous allons vous donner une représentation de notre savoir-faire. La pièce intitulée : l'*Ane savant*, est à deux personnages : Buridan et Martin. Le premier seul use de la parole. Le second pourrait en user aussi, mais il s'est exclusivement consacré à la pantomime, et ses gestes suffisent pour répondre à toutes les questions. »

Létourneau, qui avait passé entre les jambes des spectateurs du premier rang pour se mettre devant eux, osa rompre le silence général, et ce pygmée, le poing sur la hanche, interpellant le colosse : « Si votre âne peut parler, lui demanda-t-il, pourquoi donc qu'il ne parle pas ? — Mon bel enfant, répondit Buridan avec le calme et l'accent de la vérité, cela tient à ce qu'ayant commis dans sa jeunesse une indiscrétion compromettante, Martin a juré de ne plus ouvrir la bouche que pour manger ! »

— Voyons, Martin, veux-tu nous montrer tes petits talents ? — L'âne dit oui en baissant la tête.

— Alors salue ces Messieurs et ces Dames. — Trois

saluts à l'instant furent faits : un en face, et les autres à droite et à gauche, comme il se pratique sur les premiers théâtres du monde.

— Fais-nous voir jusqu'où va ton respect pour l'honorable assistance ? — L'âne plia ses jambes de devant et s'agenouilla sur un lambeau de tapis.

— Veux-tu nous dire l'heure qu'il est ? — Oui, répondit l'animal en son langage.

— Comment feras-tu pour nous dire l'heure ? — Un trépignement des pieds de devant suivit cette question.

— Montre-nous la jambe des heures ? — Martin leva la jambe droite.

— Et celle des minutes ? — L'autre jambe fit le même mouvement.

Buridan tira de son gousset une montre d'argent grosse comme une bassinoire. Nous allons, dit-il, faire constater l'heure par quelqu'un de la société, afin que l'on puisse s'assurer de l'exactitude de Martin. Ce disant, il s'approcha de Nicaise. — Vous voyez, lui dit-il, que les deux aiguilles sont sur quatre heures. Dites tout haut quelle heure il est ?

— Cela fait huit heures, répondit Nicaise.

— Huit heures ! répéta Buridan étonné.

— Mais oui ! quatre et quatre font huit ; et puisque les deux aiguilles marquent chacune quatre heures.

A la première réponse de Nicaise, j'avais remarqué qu'un des spectateurs s'était rapproché de lui. Avant qu'il eût fini la seconde, on entendit un bruit sec et l'on vit Nicaise s'élever dans les airs à la hauteur d'un demi-pied et retomber stupéfait à sa place. C'était l'auteur de ses jours qui venait de récompenser ses connaissances en mathématiques d'un vigoureux soufflet et d'un coup de genou à soulever un bœuf.

— Ignorant ! s'écria l'excellent père de famille, soufflant son fils après l'avoir souffleté, ne sais-tu pas que si la petite aiguille dit quatre, la grande veut dire vingt ?... Oh !...

Nicaise, qui avait roidi ses deux bras et fermé ses poings avec une sorte de fureur, reprit possession de lui-même, ouvrit successivement les quatre doigts de sa main droite pour compter combien pouvaient faire vingt et quatre, et répondit avec aplomb : « Eh bien ! il est vingt-quatre heures. »

Une hilarité générale à laquelle il ne comprit rien, accueillit le résultat de son nouveau calcul. On le sépara de Blaise, qui l'aurait assommé, et la représentation poursuivit son cours.

L'âne, à qui la montre fut présentée, frappa la terre quatre fois de son pied droit et vingt-cinq fois de son pied gauche, ce qui voulait dire 4 heures 25 minutes.

Létourneau, triomphant et battant des mains, s'é-
criait déjà que l'âne s'était trompé ; mais on lui fit
voir que la grande aiguille avait marché pendant
l'incident Fumichon et qu'il était bien 4 heures
25 minutes. Martin obtint trois salves d'applaudissements, tandis que le mioche cachait sa confusion
sous le tablier de sa mère.

— Quel est le plus savant de la société ?

L'âne indiqua M. le maire, qui rit de bon cœur de
l'hommage rendu publiquement à son mérite. Les
méchantes langues prétendirent qu'avant de répondre Martin avait jeté les yeux du côté du picotin
d'avoine et que son suffrage avait été corrompu.

Enhardi par la gaîté du magistrat, Buridan demanda s'il lui serait permis de poser cette question :
« Quel est le plus paresseux et le plus ignorant de
toute l'école ? » — Accordé, répondit Bernard. —
« L'âne, me dit-il à l'oreille, sera bien embarrassé
de choisir ! » — Point ! L'âne, sans se presser, mais
sans hésiter, sortit du cercle pour aller chercher derrière les autorités... qui ?... M. Fortin !... L'hilarité
fut à son comble, lorsqu'on vit celui-ci refuser la
double palme qui lui était décernée, et faire à reculons une retraite aussi prompte que le permettait
son énormité, jusqu'à ce qu'il se trouvât acculé
contre un mur où Martin alla pour ainsi dire le

clouer, lui posant son muffle en pleine poitrine.

Il fut ensuite demandé quel était le plus gourmand de la société, le plus galant, etc. ?

Lorsque maître Buridan eut épuisé son répertoire : « Mes petits Messieurs, dit-il aux écoliers. Martin est fort intelligent, mais vous l'êtes tous plus que lui... ou presque tous... Vous voyez à quel degré d'instruction il est parvenu. Jugez par là de ce que vous pouvez apprendre avec de bonnes leçons et de l'application. Martin gagne sa vie et celle du maître qui l'a élevé. Imitez-le et vous serez un jour les soutiens de vos familles. »

Après cette morale, Buridan fit appel à la générosité des spectateurs. Quelques sous tombèrent sur le vieux tapis. Il les ramassa sans se plaindre de l'exiguité de la recette, remercia de ses bontés M. le maire, qui lui glissa furtivement une rémunération, puis s'inclina et prit avec son compagnon le chemin du pot de cidre et du pot d'avoine.

Nous étions déjà loin, retournant au château, Henri et moi, lorsque nous entendîmes qu'on nous appelait et que l'on courait après nous. C'était encore Buridan ! « M. le maire, dit-il à Bernard, dès qu'il eut repris haleine, vous avez sans doute entendu me mettre dans la main cinquante centimes et voici une pièce d'or de dix fr. que vous m'avez donnée par erreur...»—Où diantre! la vertu va-t-elle se nicher? s'écria mon ancien condisciple, répétant le mot de Molière. — Il eut toutes les peines du monde à persuader au bohémien qu'il ne s'était pas trompé et n'avait fait qu'une très-modeste appréciation du mérite des deux acteurs. Pour moi, qui avais eu la pensée de doubler la somme, je dus y renoncer; mais Buridan me promit très-volontiers de venir exercer ses talents dans ma commune, qui ne l'éloignait pas beaucoup de son itinéraire.

Peu de temps après cette journée, dont les souvenirs sont encore présents à ma mémoire, j'appris que M. Fortin avait été admis à la retraite, qu'il était allé planter ses choux à cent lieues du théâtre de ses derniers succès et qu'il était mort sans laisser de postérité.

Quant aux ânes savants, j'en ai rencontré beaucoup dans ma vie; ils m'ont toujours fait regretter de n'avoir point revu mes bons amis Buridan et Martin.

FIN.

TABLE.

L'ANE GLORIFIÉ.

Meulan, imprimerie de A. Masson.

OUVRAGES DU MÊME AUTEUR :

Du Duel, considéré sous les différents rapports de la Morale, de l'Histoire, de la Législation et de l'opportunité d'une loi répressive ; suivi du duel et combat des seigneurs de la Chasteneraye et de Jarnac. 1 vol. in-8°, Troyes, 1829. (Édition épuisée).

Du Droit de propriété et de transmission des offices ministériels, de ses précédents historiques, de son principe actuel et de ses conséquences. 1 vol. in-8°, Paris, fév. 1840, librairie de Cotillon. Prix : 6 fr.

Les Origines de l'Histoire des Procureurs et des Avoués, depuis le V° siècle jusqu'au XV° (422? — 1483), suivies de notices sur quelques procureurs célèbres et de textes justificatifs. 1 vol. in-8°, Paris, 1868, Librairie de Cotillon. Prix : 7 fr.

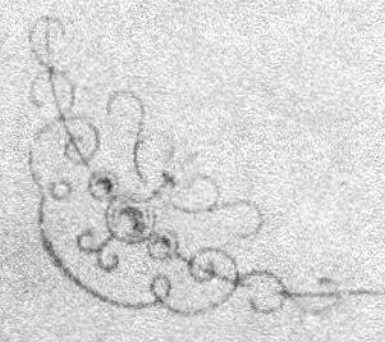

Meulan, imprimerie de A. Masson.